APOCA
LIPSIS

LIZZIE WADE

APOCALIPSIS

CÓMO LAS CATÁSTROFES HAN TRANSFORMADO NUESTRO MUNDO Y PUEDEN DAR FORMA AL FUTURO

geoPlaneta

APOCALIPSIS
Cómo las catástrofes han transformado nuestro mundo y pueden dar forma al futuro

1.ª edición
geoPlaneta
Diagonal 662-664. 08034 Barcelona
info@geoplaneta.es - www.geoplaneta.com

DE LA EDICIÓN ORIGINAL
Título original: Apocalypse - *How Catastrophe Transformed Our World and Can Forge New Future*
Publicado por primera vez en 2025 por Harper Collins Publishers

Mapas: John Wyatt Greenlee, Surprised Eel Mapping

DE LA EDICIÓN ESPAÑOLA

Realización: Planeta

ISBN: 978-84-08-31617-6
Depósito legal: B. 335-2026
Impresión y encuadernación: Liberdúplex
Printed in Spain - Impreso en España

Para Luckez

SUMARIO

NOTA DE LA AUTORA

Este libro se levanta sobre los cimientos de la evidencia científica y el rigor periodístico. He leído innumerables artículos de investigación y he entrevistado a muchísimos científicos, tanto a distancia como sobre el terreno. He hecho cuanto he podido para recopilar las evidencias arqueológicas más recientes vinculadas a las sociedades y los acontecimientos sobre los que escribo, y también para reflejar la generosidad, la compasión y la empatía con las que la comunidad arqueóloga actual se acerca al pasado y a la gente que lo habitó. Dicha comunidad me ha enseñado a ver nuestra historia como un espacio de sorpresas y posibilidades, lo que me ha permitido reinventar aquellos relatos que creía conocer cuando era posible mirar ese espacio desde una perspectiva distinta. Por tanto, este libro es asimismo un acto de imaginación. En sus páginas hay escenas narrativas que se desarrollan en el pasado; algunas de ellas recorren el arco completo de un apocalipsis ya ocurrido y otras intentan ver un momento temporal con los ojos de una persona concreta. Entre esas personas se incluyen figuras históricas conocidas, identificables porque aparecen con nombre propio, mientras que otras son personajes que yo misma he creado tras investigar a fondo la vida cotidiana en lugares y momentos específicos, imaginando cómo sería ocupar esos lugares y momentos. Al final del libro, en la sección «Bibliografía seleccionada y lecturas adicionales», se puede consultar una lista detallada de fuentes y la explicación de cómo las he utilizado (así como algunos puntos de vista alternativos y muy estimulantes).

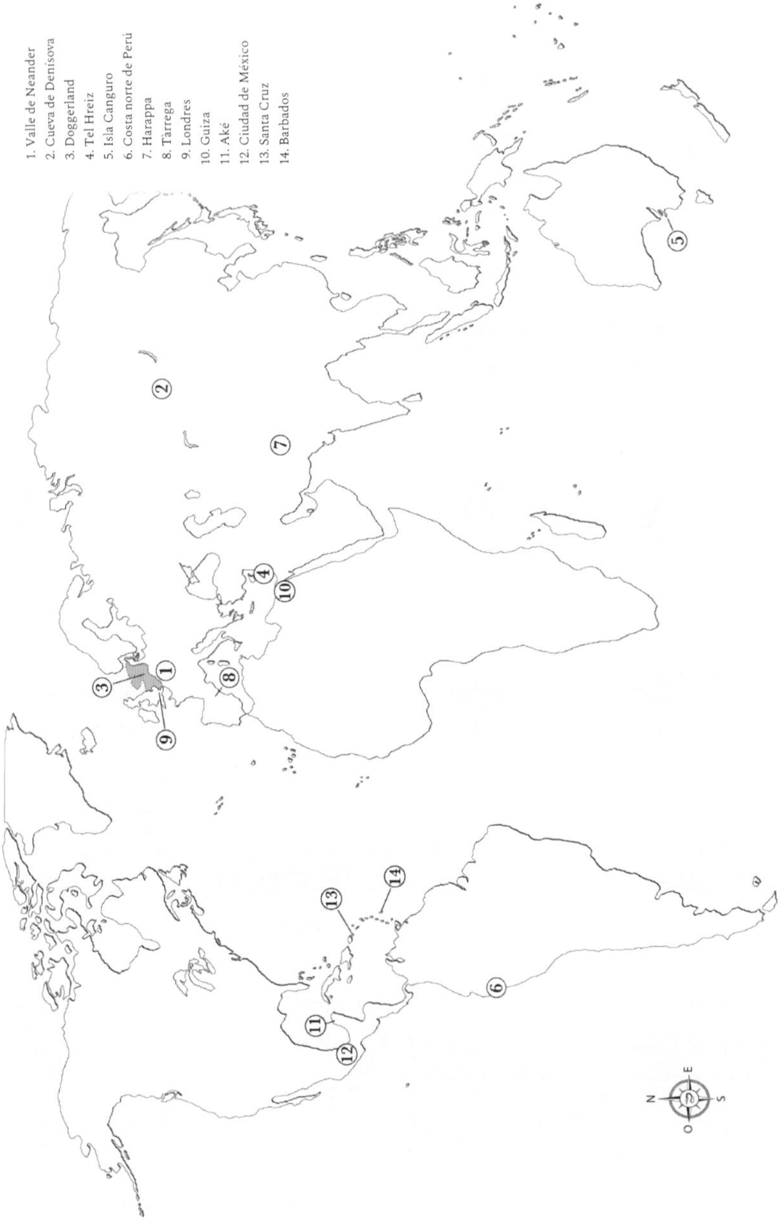
1. Valle de Neander
2. Cueva de Denísova
3. Doggerland
4. Tel Hreiz
5. Isla Canguro
6. Costa norte de Perú
7. Harappa
8. Tàrrega
9. Londres
10. Guiza
11. Aké
12. Ciudad de México
13. Santa Cruz
14. Barbados
N
E
S
O

INTRODUCCIÓN

EL FIN

Hace siete mil años llegó el fin del mundo. El mar se comió la tierra, remontando las costas con sigilo y con la persistencia de un depredador que da alcance a su presa. Primero devoró las playas. Luego cubrió desembocaduras de ríos y estuarios en los que el agua dulce fluía hacia el océano, mandando torrentes tóxicos de agua salada corriente arriba. Les chupó la vida a las plantas que los pobladores recolectaban y a los animales que cazaban y pescaban. Al principio, esas personas aprendieron a recoger otras plantas y a cazar otros animales, pero esa solución solo funcionó un tiempo. Al final, el mar anegó sus tierras y se vieron obligadas a buscar unas nuevas. Sin embargo, en cuanto se acomodaban a los ritmos de un nuevo lugar, en cuanto aprendían qué animales vivían allí y cuál era la mejor forma de cazarlos, qué plantas alimentaban y cuáles mataban, el mar volvía.

El agua los seguía a todas partes, por el mundo entero, incansable en su persecución. Personas que habían vivido en vastos continentes se encontraron de repente habitando islas, desconectadas de todo. Los niños recorrían en barca los pueblos en los que habían crecido sus abuelos. Aunque el mar acabó por rendirse, el daño ya estaba hecho. A la gente le quedó un simple remanente del mundo que habían habitado sus ancestros.

Hace cuatro mil años llegó el fin del mundo. La ciudad era una maravilla, casi un milagro. Aparecía gente procedente de lugares remotos para comerciar, y muchas personas incluso se quedaban para hacer fortuna y labrarse un futuro. Ideas, culturas, religiones y mercancías se mezclaban y entremezclaban, como también lo hacían quienes llevaban todo ello a la ciudad. La vida era emocionante, mucho, pero también cómoda, con un Gobierno que se afanaba en construir casas y caminos para atender a su floreciente población. Pero entonces las lluvias que todos los años llenaban los embalses de la ciudad dejaron de caer. La gente perdió la fe en sus líderes, y cuando los defenestraron no hubo nadie para sustituirlos. Las prístinas calles se convirtieron en vertederos, y entretanto se levantaban chozas improvisadas a base de saquear casas recias que habían permanecido en pie durante generaciones. La ciudad se desintegraba a la par que el sentido de ciudadanía de la población, su sentido de pertenencia. La gente empezó a retirarse con sus familias y grupos afines y a enfrentarse a cualquiera foráneo. Todo el mundo se acostumbró a acostarse con hambre y a despertarse entre sobresaltos durante la noche, siempre alerta ante un posible ataque. Algunos afortunados tenían otro sitio al que ir y los más inteligentes se marcharon aun sin tenerlo. Al final, la bulliciosa ciudad se convirtió en un conjunto de ruinas vacías, y sus ordenadas calles solo eran de utilidad para sus fantasmas.

Hace setecientos años llegó el fin del mundo. Circulaban rumores sobre una plaga que estaba asolando continentes enteros, y todo el mundo sabía que era cuestión de tiempo que alcanzase también sus costas. Sin embargo, cuando eso ocurrió, fue peor de lo que cualquiera habría imaginado. La mitad de una ciudad podía morir en un solo año. La plaga extinguió linajes enteros, sin dejar con vida a nadie que los pudiese recordar o llorar. Los cuerpos se amontonaban en las calles y los enterradores trabajaban día y noche hasta que ellos también caían enfermos. Quienes pudieron permitírselo huyeron al campo, aunque ningún sitio era seguro de verdad. El país estaba salpicado por aldeas llenas de muertos, cuyos únicos supervivientes se alejaban tambaleantes de unas casas que no podían mantener o en las que ya no soportaban vivir. La vida previa a la plaga parecía un recuerdo lejano y nadie era capaz de imaginar una vida posterior.

Hace quinientos años llegó el fin del mundo. El ejército conquistador marchó sobre la capital derrotada, decidido a rehacerla a su imagen y semejanza. Los invasores se instalaron en los palacios más opulentos y arrasaron con el resto. Derribaron los templos de la vieja religión y usaron sus piedras para construir iglesias de la nueva. Hombres que habían sido poco más que mendigos y proscritos en el viejo mundo mataron a los antiguos líderes de la ciudad y se casaron con sus viudas, reclamando el derecho a asumir linajes nobles. Los residentes de la capital que no murieron en la guerra se vieron forzados a trabajar y a borrar para siempre el lugar que habían conocido mientras construían uno nuevo. Enfermedades que allí eran desconocidas avanzaron rápidamente entre sus comunidades ya devastadas, y quienes buscaban consuelo no tuvieron más elección que recurrir a la nueva religión. Por su parte, los conquistadores proclamaban por todos los rincones del mundo su heroica victoria frente a los bárbaros. La gente acudía en masa al centro de ese nuevo imperio, ansiosa por hacerse con algún trozo de su riqueza robada, y al poco pareció que los horrores eran, sencillamente, cosa del destino.

Hoy está llegando el fin del mundo. El clima está cambiando y ya es demasiado tarde para detenerlo. Por todo el mundo se pierden cosechas mientras se desertifican amplísimas tierras de cultivo, lo que desemboca en hambrunas y guerras. Las tormentas y los incendios forestales, cada vez más potentes, engullen pueblos enteros y amenazan a las ciudades. Comunidades costeras y países insulares comienzan a hundirse por completo bajo la subida del nivel del mar. El agua dulce es cada vez más escasa, lo que desestabiliza a las ciudades que van quedando atrás. Millones de personas se ven expulsadas de sus casas y se topan con episodios de violencia al intentar mudarse a otros lugares. Nuevos patógenos saltan de los animales a los humanos que invaden sus territorios, y aterradoras enfermedades desconocidas se expanden a la velocidad del rayo por un mundo interconectado pero desestabilizado. Los ricos y poderosos están empezando a aislarse, y hay Gobiernos que viran hacia el autoritarismo, controlándolo todo sin proteger a nadie. Algunas fronteras, y los países que delimitan, desaparecen poco a poco; otras se vuelven más violentas y militarizadas. A veces, los cambios son demasiado lentos para que los notemos, pero enseguida alcanzan tal velocidad que es imposible pararlos.

La vida en la década de 2020 no es apta para corazones delicados. Hace menos de diez años, a mucha gente nos parecía que los apocalipsis que sabíamos que se avecinaban —cambio climático, una nueva pandemia, colapso de Estados, invasiones inesperadas y guerras brutales— aún quedaban muy lejos. Los temíamos, y quizá incluso estuviésemos esperándolos, pero todavía no vivíamos en ellos. Ahora sí, y es innegable. Parece como si la historia hubiera acelerado de repente y nos hubiera dejado tambaleándonos, en busca de un punto de apoyo en un futuro que no pensábamos que fuésemos a vivir.

Con ese telón de fondo, tengo lo que espero que sea una buena noticia: ya hemos pasado por esto. No todas las generaciones, ni siquiera todos los siglos. Pero la historia es larga y la gente ya se ha enfrentado en el pasado a casi todos los apocalipsis que tenemos por delante, desde megasequías hasta plagas, desde el final de imperios hasta la extinción de especies humanas. Lo que une esos apocalipsis del pasado no es el sufrimiento ni la muerte, aunque desde luego comparten ambas cosas; no es el colapso absoluto del orden social; no es la violencia en masa; no es el endurecimiento del corazón frente a los forasteros; no es la pérdida absoluta de esperanza. Lo que los une es la supervivencia.

No es solo que la gente se haya enfrentado antes a casi todo apocalipsis posible, sino que además ha sobrevivido a ellos. A todos. Y todas las veces. Esa supervivencia no siempre ha sido fácil ni, por supuesto, agradable. Algunos de esos apocalipsis supusieron un empeoramiento incuestionable de la vida, al menos por un tiempo; a menudo, unas personas sufrieron más que otras, aunque la cuestión de quién acaba corriendo la peor suerte durante un apocalipsis es sorprendentemente variable. En cualquier caso, mucha gente salió adelante.

Eso no equivale a afirmar que la vida continuase tal y como había sido antes de que sobreviniera el apocalipsis. No ocurrió así, y está bien que no ocurriese así. Los apocalipsis transformaron a las personas y las sociedades que los vivieron. Fueron puntos de inflexión, momentos en los que toda la gente, de manera individual y colectiva, tuvo que tomar una decisión. ¿Vamos a seguir igual que siempre? ¿O vamos a cambiar?

Y cambiaron. No les quedó más remedio. Los inicios de los nuevos mundos que nuestros ancestros tuvieron que crear fueron caóticos y desordenados, y nunca hubo ninguna certeza de qué ocurriría el día de mañana. Ningún cambio garantizó ninguna mejora en el momento, mucho menos de cara al futuro; de hecho, aún seguimos sufriendo algunos de esos cambios nacidos de apocalipsis pasados. Sin embargo, a veces los apocalipsis crearon sociedades más igualitarias, fomentaron la creatividad de la gente, fortalecieron las comunidades.

Para entender quiénes somos y de dónde venimos, necesitamos comprender esos apocalipsis del pasado y saber cómo conformaron todo lo que vino después, para bien y para mal. Necesitamos comprender lo que significan —y cuestan— la supervivencia, la resistencia y la transformación en mitad de unas condiciones que preferiríamos no imaginar. Nuestros propios apocalipsis empiezan a llegar, o quizá estén ya aquí. Cuanto más sepamos sobre los apocalipsis que vinieron antes, más preparados estaremos para avanzar hacia nuestros inciertos días de mañana. Necesitamos cambiar nuestra forma de pensar en la historia humana: no verla como un progreso inevitable, sino como un relato de crisis, cataclismos y finales. Solo así seremos capaces de ver nuestro mundo actual como una opción más entre muchas maneras de existir, una opción imperfecta y ya postapocalíptica, y además podremos entender todos los finales que están por venir como oportunidades para un nuevo comienzo.

¿Qué quiero decir exactamente con «apocalipsis»? Este término ha tenido muchos significados diferentes a lo largo de milenios, desde un día del juicio final vinculado a la religión hasta un desastre natural destructor de ciudades, pasando por la aniquilación imaginada de la sociedad moderna a manos de hordas de zombis. No obstante, en esa polisemia reside también su fortaleza. Al pensar en las amenazas existenciales que sufren nuestras sociedades y nuestra especie, necesitamos concebirlas y comentarlas de una manera que trascienda catástrofes y desastres concretos, que vaya más allá de sus efectos relativamente localizados y temporales, de sus símbolos emblemáticos pero específicos, como los cuerpos moldeados en cenizas de Pompeya o las imágenes de personas varadas en tejados tras el huracán Katrina. Los desastres pueden formar parte de un apocalipsis, sí, pero los tentáculos del apocalipsis se extienden por una sociedad alcanzando una mayor distancia y profundidad que una crisis o calamidad concreta.

En el presente libro defino el apocalipsis como una pérdida brusca y colectiva que transforma esencialmente el modo de vida y el sentido de identidad de una sociedad. En primer lugar, un apocalipsis es una pérdida experimentada por una sociedad al completo; no se trata de una tragedia individual, sino de una vivencia colectiva. La pérdida puede ser ambiental, como un litoral salpicado por asentamientos que queda sumergido bajo un mar en alza o una climatología estable que de repente se hace impredecible. O puede ser una pérdida política, como un Gobierno que se hunde o un país que se fragmenta. O humana, como el casi inconcebible número de personas que murieron en epidemias tales como la peste negra o las enfermedades llevadas a los americanos por los colonos europeos. A menudo, un apocalipsis encaja en más de una categoría: por ejemplo, cuando una pérdida ambiental provoca una pérdida política en un bucle retroalimentado de devastación. Un apocalipsis pueden provocarlo agentes foráneos, como en el caso de una conquista, o puede sobrevenirle a una sociedad por sus propias acciones. También es posible que sea totalmente aleatorio: inmerecido, impredecible e inevitable.

En segundo lugar, para que se experimente de forma colectiva, esa pérdida ha de producirse relativamente rápido. Todas las sociedades viven cambios graduales y no apocalípticos que son capaces de asimilar y a los que se adaptan con el tiempo. Parte de lo que determina un apocalipsis es su velocidad extrema: la pérdida ha de ser perceptible y disruptiva dentro de lo abarcable para la memoria colectiva de una comunidad, lo que quizá equivalga a unos cuantos años o quizá a unas cuantas generaciones. A veces, un apocalipsis se desarrolla durante el período de vida de una persona. En ocasiones, provoca que abuelos y nietos crezcan en mundos esencialmente distintos. Sin embargo, para que un cambio se experimente como un apocalipsis, el antes ha de recordarse durante el después. Cuanto más rápido ocurra el cambio, más probabilidades hay de que así sea.

Por último, un apocalipsis ha de transformar una sociedad. Una sequía aislada puede conllevar unas cuantas cosechas malas y algunos años duros, pero no obligará a una sociedad a abandonar por completo la agricultura. Por el contrario, una sequía que dure décadas quizá sí tenga esa consecuencia, o a lo mejor conduce al derrocamiento o a la desintegración del Gobierno, por no haberse preparado del modo adecuado para una crisis así. Un apocalipsis puede desintegrar imperios y vaciar ciudades; puede obligar a la gente a aprender nuevas maneras de mantenerse con vida; puede plantar las semillas de religiones o formas de gobierno por entero distintas, que conformarán la vida de las generaciones venideras. Un apocalipsis abre un camino nuevo para cierta sociedad, un camino con frecuencia inimaginable antes de que sobreviniera.

Quizá parezca que mi definición de apocalipsis carece de un elemento esencial: la obligatoriedad de que sea una tragedia. Los apocalipsis pueden entrañar muertes masivas, una violencia de una crueldad inconcebible y la desaparición repentina de la cooperación e incluso de la empatía, pero no tienen por qué desarrollarse así, ni ocurre eso en todos los casos. Lo que se pierde en un apocalipsis puede llorarse durante siglos, o a lo mejor es un final que se agradece. En ocasiones, distintas clases de personas dentro de una misma sociedad reaccionan a un apocalipsis de maneras totalmente opuestas. Para calificarla de apocalipsis, una pérdida ha de percibirse en la comunidad o sociedad al completo, aunque no todos sus individuos tienen que reaccionar a ella del mismo modo; de hecho, casi con total seguridad no lo harán.

En resumen, los apocalipsis no son finales. Son transformaciones.

Mientras está viviéndose, un apocalipsis puede resultar sorprendentemente complicado de entender e incluso de reconocer. En cualquier caso, existe un colectivo dedicado por entero a estudiar los apocalipsis que ya han ocurrido: se trata de la comunidad arqueóloga, científicos que se valen de objetos, edificios y huesos dejados atrás por personas del pasado para reconstruir sus culturas y comprender su forma de vida.

Yo no soy arqueóloga, aunque sí paso mucho tiempo junto a dicha comunidad, tratando de ver el pasado a través de sus ojos y de entender cómo su conocimiento puede ayudarnos al resto a navegar mejor por el presente y por el futuro. Como periodista científica, he reptado por túneles, me he adentrado en pirámides, me he abierto camino por la impertérrita selva a la caza de ruinas perdidas, he buscado indicios de los primeros humanos antiguos que llegaron a una isla desierta y he visitado laboratorios en los que genomas antiguos procedentes de todo el mundo desvelan sus historias. Resulta divertido, y también fascinante. Existen muchísimas formas de ser humano y muchísimas maneras de construir una sociedad, y observar de cerca aunque solo sea un puñado de ellas abre una ventana deslumbrante a la complejidad del pasado, del modo en que hemos llegado a ser quienes somos y podríamos llegar a ser si la historia hubiera seguido un camino ligeramente diferente.

Gran parte de la arqueología (aunque no toda) consiste en reconstruir y comprender las culturas que llegaron y se fueron antes que nosotros. En su estudio hay una pregunta inherente: ¿qué les ocurrió? ¿Por qué no sigue habiendo faraones egipcios que construyan pirámides? ¿Por qué ciudades mayas como Tikal y Chichén Itzá ya no son prósperas capitales? Es más, ¿por qué ya no somos cazadores-recolectores, como fueron nuestros ancestros durante casi toda la historia humana? ¿Por qué, después de siglos o milenios viviendo de una manera, las personas y sus culturas cambian de forma radical?

El apocalipsis es una respuesta, aunque la comunidad arqueóloga observa el apocalipsis de un modo distinto a como lo concebimos el resto, que tendemos a pensar en esos sucesos como algo totalmente descontrolado: un desastre natural que estalla, una sequía que dura décadas o siglos, una enfermedad que arrasa una ciudad... Los arqueólogos son capaces de ver el relato entero, reflejado en objetos, elementos arquitectónicos y, a veces, huesos dejados atrás por personas del pasado. Ven lo que ocurrió antes de un suceso que sacudió el mundo y también lo que ocurrió después. Saben distinguir las tendencias que hicieron vulnerable una sociedad y cómo los supervivientes se reagruparon y se transformaron. Para los arqueólogos, la pieza más importante de esos relatos no es el apocalipsis en sí, sino la reacción de las comunidades: adónde trasladaron sus asentamientos para escapar, cómo cambiaron sus rituales para afrontarlo, qué conexiones establecieron entre sí para sobrevivir. Ahí es donde encuentran innumerables historias de resistencia, creatividad e incluso esperanza.

Para gran frustración de estos científicos, dichos momentos de supervivencia, y en ocasiones resurgimiento, son precisamente la parte de los relatos apocalípticos que a menudo nadie cuenta. Si una ciudad, un imperio o una cultura llegaron a su final en algún punto del pasado, se asume que fracasaron y nos resulta muy fácil convertir su historia en una fábula. Buscamos qué hicieron mal, tanto para aplacar nuestros miedos como para confirmar nuestras expectativas. Decimos: «Talaron árboles y echaron a perder la tierra», «No lograron sobrevivir a una sequía», «No supieron protegerse frente a los extranjeros». Es fácil convertirlos en un hecho aleccionador, o quizá en un toque de atención.

No obstante, las civilizaciones pasadas no eran parábolas, ni sus ciudadanos fueron unos necios imprudentes ni unas víctimas pasivas. Eran personas igual de complicadas, sensibles, capaces, extrañas e imaginativas que cualquiera de nosotros. Incluso a los neandertales, considerados en otros tiempos los *ur*-brutos de nuestro árbol genealógico, se les está reconociendo por fin como seres sensibles, artísticos y humanos. Y eso significa que no hay una respuesta sencilla a la pregunta de cómo vivieron esos pueblos del pasado o cómo fueron sus culturas, y menos a la de por qué murieron. Si pretendemos entender cómo y por qué el apocalipsis cambió su mundo para siempre, está en nuestra mano formular mejores preguntas.

Una vez que ocurre un apocalipsis, no hay vuelta atrás. Y, sin embargo, ningún apocalipsis es inevitable; solo lo parecen en retrospectiva, desde atalayas firmemente emplazadas en el mundo nuevo, al otro lado. Las rutas que conducen a un apocalipsis y lo atraviesan están llenas de opciones, decisiones, éxitos y fracasos por parte de personas que no sabían cómo acabaría su historia; personas que tomaron las mejores decisiones que pudieron en el mundo que conocían y, de repente, descubrieron que el mundo cambiaba por completo a su alrededor en cuestión de meses o años; personas que, como cualquiera de nosotros, estaban más preocupadas por sobrevivir al futuro inmediato que por analizar cómo esas decisiones se recordarían, se entenderían o se malinterpretarían al cabo de los siglos.

Este libro narrará las historias reales de apocalipsis pasados usando las evidencias arqueológicas más recientes para iluminarlos en toda su complejidad. Que no se me entienda mal: muchos de esos apocalipsis fueron vivencias horribles. Veremos lo que supone perder la tierra en la que naciste bajo un mar creciente, despedir a personas de tu entorno que mueren por una enfermedad incurable o tener que vivir en una ciudad antaño grandiosa que se derrumba bajo el peso de la guerra. No obstante, también veremos que, incluso en el peor de los tiempos, las comunidades tuvieron opciones. Se trasladaron, se adaptaron y cambiaron: sobrevivieron.

La arqueología nunca ha sido tan poderosa ni tan emocionante como ahora. Tras identificarse durante casi un siglo con intrépidos exploradores extranjeros que saqueaban tumbas ancestrales, palacios y templos de otros países en busca de objetos imponentes que llevarse a casa, la arqueología es ahora una empresa plenamente científica. Sus profesionales ya no persiguen dar con piezas individuales destinadas a una existencia estática en la vitrina de un museo; por el contrario, pretenden entender en su totalidad el contexto de las culturas que generaron esas piezas, y eso incluye saber en qué momento exacto vivieron sus pobladores, qué comían, qué enfermedades sufrían, qué trabajos hacían y cómo reflexionaban sobre grandes cuestiones como la religión, el gobierno y el liderazgo. Pese a que los arqueólogos continúan siendo exploradores, ya no expolian ruinas antiguas en busca de los tesoros de monarcas muertos mucho tiempo atrás. Ahora van en aviones equipados con láseres que sobrevuelan selvas impenetrables para detectar ruinas ocultas más abajo; o bien secuencian el ADN de pueblos antiguos para ver cómo las migraciones y mezclas culturales de nuestros ancestros conformaron nuestras identidades actuales. Y en ocasiones, durante ese proceso, descubren una especie humana nueva por completo; o se sumergen en barcos naufragados o en cuevas repletas de misteriosas ofrendas antiguas; o analizan los isótopos preservados en dientes y huesos de personas fallecidas hace largo tiempo para reconstruir su dieta y redescubrir las tierras que habitaron. El conocimiento sobre el pasado humano está experimentando una explosión, a menudo de formas totalmente inesperadas.

El hallazgo de nuevos datos procedentes de todos los rincones del mundo permite —e incluso exige— a la comunidad arqueóloga plantear preguntas sobre el pasado hasta ahora inimaginables. Mediante el uso de isótopos alimentarios y ADN antiguo, son capaces de redescubrir migraciones, por lo demás invisibles y largamente olvidadas, para reconstruir, a veces año a año, la modificación de ciertos patrones climáticos locales y globales y sus efectos en la gente que los experimentó. En el proceso de plantear nuevas preguntas, los arqueólogos a veces se topan con que sus respuestas reescriben las densas narrativas históricas que todavía muchos seguimos aprendiendo. Los arqueólogos saben ver los experimentos, los callejones sin salida y los mundos alternativos que la gente del pasado construyó y habitó, en ocasiones durante siglos, y que no encajan en el relato de progreso que a nuestras sociedades les encanta contar. Son capaces de entender que la historia humana no es una línea recta de crecimiento económico, mejoras tecnológicas y avances culturales que conduce inevitablemente a donde estamos hoy. Ven que el pasado fue mucho más caótico, incierto y contingente de lo que nos han enseñado a creer, y distinguen asimismo las jerarquías y los prejuicios contemporáneos que se esfuerzan por ocultar esa verdad y por limitar las posibilidades que imaginamos para nosotros y para nuestras sociedades, en el pasado, en el presente y en el futuro.

Ante todo, gran parte de la comunidad arqueóloga actual pretende contar el relato íntegro de las comunidades pasadas, no solo la narrativa oficial que suele conservarse y codificarse en la historia escrita, recopilada y popularizada por sus «vencedores». Los arqueólogos van a la caza de información sobre la vida no solo de reyes y gobernantes supremos, sino también de trabajadores, plebeyos, mujeres, niños y marginados. En los documentos históricos se excluyen voces de índoles muy distintas, y eso puede llevarnos a pensar que los marginados de una sociedad no importaban o que ni siquiera existían. Sin embargo, para la arqueología ningún tipo de persona es invisible.

Esta visión más amplia hace de la arqueología una herramienta extraordinaria para el estudio de los apocalipsis, que por definición afectan a todos los escalafones de una sociedad, aunque raras veces del mismo modo. Los arqueólogos pueden examinar fosas comunes que conservan evidencias de masacres y muertes generalizadas, o redescubrir cuándo se abandonó una ciudad hasta decaer en las ruinas que visitamos ahora. Pero también, gracias a los objetos que se transportan por ciertas rutas comerciales, a los vestigios de nuevos estilos arquitectónicos, a residuos químicos que quedan en la cerámica o al ADN que se conserva en huesos antiguos, logran ver pueblos que migran a otros lugares, que prueban alimentos antes desconocidos y que forman religiones y gobiernos sin parangón. No solo ven la destrucción causada por un apocalipsis, sino también la regeneración que viene después.

Empezaremos por viajar a las profundidades del pasado, al tiempo en que, tras una oleada de extinciones, el *Homo sapiens* pasó de ser una de las muchas especies humanas que habitaban el planeta a ser la única: al apocalipsis que, en cierta manera, dio comienzo a todo. Veremos el nivel global del mar subir a una velocidad devastadora, sumergiendo, en unas pocas generaciones, innumerables tierras habitadas a lo largo y ancho del mundo, aunque también creando otras nuevas. En algunos lugares, los desastres naturales se hicieron recurrentes, por lo que prepararse para afrontarlos conformó algunos tipos de sociedades en los que aún vivimos.

Todo el mundo habrá oído hablar sobre determinados apocalipsis que llegaron después: la caída del Imperio Antiguo de Egipto, el colapso de la sociedad maya clásica, la peste negra... Otros quizá sean menos conocidos, como la caída de Harappa, en la actual Pakistán. Analizaremos cómo a veces las sociedades se organizaron de formas que suscitaron esos apocalipsis y multiplicaron el sufrimiento, y también cómo las personas aprendieron, o no, de los errores de sus ancestros. Veremos cómo la gente reaccionó a los apocalipsis con violencia y crueldad, pero también con creatividad, solidaridad y un sentido de liberación. Aprenderemos asimismo a mirar el mundo moderno no como un triunfo del progreso tecnológico y cultural, sino como un hijo del apocalipsis, construido a partir de los escombros que nos rodean, ocultos a nuestra vista.

Casi con toda seguridad habré dejado fuera muchos de los apocalipsis más conocidos de nuestra historia compartida, aunque confío en haber incluido otros que sorprendan por lo inesperado. He intentado elegir ejemplos de numerosos lugares distintos del mundo, desde lo que (quizá) podría calificarse como el inicio de la historia humana hasta el presente. Al igual que nunca ha habido dos culturas o sociedades exactamente iguales, tampoco hay dos apocalipsis idénticos. Ninguna de estas historias por sí sola puede o debe sobrescribir las demás: es en la especificidad de cada una de ellas donde podemos distinguir la silueta de verdades más amplias.

Mientras se congregan en el horizonte las fuerzas del próximo apocalipsis, es hora de asimilar una nueva concepción de los finales que nos han traído hasta aquí: debemos dejar de verlos como lugares de sufrimiento y destrucción —o, al menos, únicamente como eso— y empezar a mirarlos como momentos de cambio, incertidumbre, resistencia, supervivencia, renovación y oportunidad. El presente libro ofrece ese relato, teniendo en cuenta qué son los apocalipsis, cómo la gente ha sobrevivido a ellos y aquello que nos han legado a nosotros y a nuestras culturas. Cuanto más aprendo de los apocalipsis del pasado, más crece en mí la esperanza de que sobreviviremos al nuestro, no me cabe la menor duda. No será agradable. No será justo. Al otro lado habrá un mundo distinto, y nuestras culturas y comunidades —quizá incluso nuestra especie— también cambiarán. Y tenemos la suerte, y la desgracia, de estar aquí para presenciar el principio.

PARTE 1

CIMIENTOS

Capítulo I

CÓMO HEMOS MALINTERPRETADO EL APOCALIPSIS DE LA EXTINCIÓN HUMANA

El río Düssel serpentea por un valle de Alemania occidental en su fluir hacia el oeste, camino del Rin y de la metrópolis de Düsseldorf. Los senderos que avanzan junto al Düssel ofrecen un respiro en mitad de la región del Rin-Ruhr, un conglomerado de ciudades que conforma la zona urbana más grande de Alemania. Sin embargo, a la versión actual de ese paisaje le falta algo, algo que generaciones y generaciones de personas vieron y experimentaron desde mucho antes de que el río recibiese el nombre de Düssel y de que existiese la más mínima noción de Alemania o de cualquier otro país. Durante milenios, en lo que acabaría por denominarse el «valle de Neander», se alzaron unos enormes muros de caliza que custodiaban las orillas del Düssel. Y en esos acantilados había innumerables cuevas.

Durante los largos y últimos días del verano de 1856, en el mes de agosto, una cuadrilla de trabajadores descendió a duras penas por una cara de esos acantilados hasta aterrizar en un saliente de roca, unos veinte metros por encima del río, justo delante de una cueva. Esos hombres eran la avanzadilla de la industrialización: tenían la tarea de picar las paredes de caliza y hacerlas pedazos que poder sacar en carretillas para usarlos en el *boom* de la construcción que empezaba a transformar a toda máquina la ciudad de Düsseldorf y el resto del Rin-Ruhr. Pese a que la caliza que rodeaba la cueva de repente era muy valiosa, con el metro y medio de barro que cubría el suelo no ocurría lo mismo. Durante los preparativos para la excavación de los acantilados, la cuadrilla fue acarreando cargas y cargas de barro que lanzaba por el saliente al suelo del valle, más abajo.

Entre todo ese fango desechado, alguien divisó por primera vez aquel cráneo, o cráneo parcial más bien, porque le faltaba la zona de la cara por debajo de la frente. El propietario de la cantera era miembro de la asociación de historia natural de la zona y les pidió a los trabajadores que estuvieran atentos por si veían más huesos. Quizá perteneciesen a algún animal extinto, el oso cavernario, por ejemplo, cuyos huesos estaban apareciendo por todo el norte de Europa; sus fósiles y los de otras criaturas extintas, como mamuts y dinosaurios, despertaban un interés creciente entre los científicos, que se habían percatado hacía muy poco de que la Tierra era mucho más vieja de lo que enseñaba la Biblia, y su pasado remoto, mucho más extraño. Al final, los trabajadores hallaron 15 huesos más en la cueva, entre ellos unas piezas largas y robustas que correspondían a extremidades y unas costillas curvadas.

Johann Carl Fuhlrott, profesor y fundador de la asociación de historia natural de la zona, recibió una petición para echar un vistazo a los huesos. Basándose en su anatomía general, Fuhlrott reconoció de inmediato que no pertenecían a un oso cavernario. Sospechaba que eran de un humano, aunque de uno muy inusual y seguramente muy antiguo. Necesitaba ayuda para entender lo que estaba viendo, así que le envió una carta, junto con un molde del cráneo parcial, a Hermann Schaaffhausen, un respetado anatomista de la Universidad de Bonn. Poco después, el propio Fuhlrott haría el mismo viaje que la carta, cargado con las piezas originales, para que Schaaffhausen pudiese examinarlas.

Schaaffhausen coincidió con Fuhlrott en que los huesos pertenecían a un humano. Pero ¿de qué tipo? El anatomista se puso a medir los huesos para compararlos con esqueletos humanos modernos y antiguos de todo el mundo. De inmediato reparó en que los huesos sacados del valle de Neander —o *Neander Thal* en el alemán de la época— eran muy diferentes de los de cualquier humano conocido. Las piezas de las extremidades y las costillas tenían un grosor inusual, y el cráneo presentaba una forma muy característica: en vez de la bóveda redondeada de los cráneos humanos conocidos, el neandertal era más plano y alargado, mientras que los arcos superciliares eran notablemente prominentes y le sobresalían de manera muy llamativa sobre las cuencas de los ojos. Schaaffhausen no logró encontrar nada similar en ningún museo de Europa. Su «forma extraordinaria» respondía a una «existencia desconocida hasta la fecha», escribió el anatomista.

Más allá de la cuestión de su naturaleza humana, el esqueleto neandertal estaba envuelto en otro misterio: su edad. Tanto Fuhlrott como Schaaffhausen sospechaban que el cráneo era antiguo porque había permanecido enterrado bajo un metro o metro y medio de barro y tierra, hecho que Fuhlrott se aseguró de confirmar con los trabajadores de la cantera en cuanto cayó en la cuenta de que esos huesos podían ser especiales. Sin embargo, al contrario que algunos huesos humanos hallados en diferentes partes de Europa y del mundo, el esqueleto neandertal lo encontraron solo, sin la compañía de huesos de mamuts, osos cavernarios ni otros animales extintos que, en el siglo XIX, eran la única prueba inequívoca de antigüedad.

Incapaz de situar los huesos en un contexto ancestral, Schaaffhausen decidió analizar si estaban fosilizados. Si no era así, se supondría que databan del período histórico y, por tanto, tendrían poco que decir sobre el pasado más remoto de la humanidad; pero si se habían fosilizado, eso implicaría que habían estado en la cueva durante muchísimo tiempo, quizá desde antes de la existencia de ningún pueblo o cultura europeos conocidos. Para ello, Schaaffhausen empleó la técnica de datación de referencia en el siglo XIX: los lamió. Un hueso fósil se le adheriría a la lengua, mientras que uno reciente se deslizaría sin problemas. El hueso neandertal se le quedó pegado: era antiguo. Schaaffhausen pensó que debía de pertenecer al mundo de la última glaciación o incluso a una era geológica aún más antigua y, por entonces, en gran medida desconocida. Fuhlrott y él presentaron sus hallazgos en una conferencia científica celebrada en Bonn en 1857, y Schaaffhausen publicó un estudio sobre los huesos fósiles en 1858.

La investigación de Schaaffhausen desencadenó una oleada de interés y encendidos debates entre el *establishment* científico europeo, en especial después de que se tradujese al inglés en 1861. Había quien coincidía con la teoría de Schaaffhausen de que el esqueleto pertenecía a un miembro «bárbaro» del *Homo sapiens*. Otros no estaban tan seguros. El geólogo inglés William King fue el primero en dar el salto y sugerir que el neandertal representaba a una nueva especie. Su cráneo le parecía «eminentemente simio», más próximo a los de chimpancés y gorilas que a los del *Homo sapiens*. King denominó a esa nueva especie *Homo neanderthalensis*.

Y así fue como la ciencia se dio cuenta de que el *Homo sapiens* no siempre había estado solo: en algún momento habíamos compartido el mundo con otros humanos. El descubrimiento de los neandertales en el barro de aquella cueva sacó a la luz el abrumador desconocimiento del pasado más remoto y apuntó a un apocalipsis hasta entonces insospechado que habría acechado en aquel lejano período: la extinción humana. Más allá de lo que hubiese ocurrido, de cómo y por qué habían sucumbido los neandertales (y quizá otros humanos desconocidos por el momento), de pronto éramos los únicos supervivientes.

Con pocas pistas reales para resolver el misterio, las suposiciones y los sesgos impregnaron y llenaron por completo las grandes lagunas del conocimiento científico. Haciendo conjeturas basadas solo en un único grupo de huesos, Schaaffhausen, King y otros científicos de la paleoantropología temprana se sintieron lo bastante seguros para caracterizar a los neandertales de primitivos, bárbaros y salvajes. En ausencia de información sobre su cultura o su época, las disimilitudes de sus cráneos con respecto a los del *Homo sapiens* (esto es, la forma más alargada y plana y los arcos superciliares pronunciados) de inmediato se interpretaron no solo como indicadores de su inferioridad, sino también como las causas de esta.

Esos mismos científicos habían pasado décadas estudiando cráneos de *Homo sapiens* de todo el mundo, principalmente con el objetivo de clasificarlos y ordenarlos por razas. Para Schaaffhausen, los neandertales encajaban a la perfección en el nivel inferior de su jerarquía de la humanidad, dado que, en su opinión, los rasgos craneales del neandertal existían en un continuo con los de seres «salvajes vivos». King, por su parte, consideraba que el cráneo neandertal tenía más en común con cráneos simios que el de «la raza más degradada» de *Homo sapiens*, es decir, según King, el pueblo de las islas Andamán, un archipiélago del océano Índico. A su juicio, los habitantes de Andamán estaban «apenas por encima de los animales», por lo que los neandertales quedaban directamente fuera de la categoría de humanos. «Me veo forzado a creer que los pensamientos y deseos que alguna vez albergó [su cráneo] nunca llegaron a superar los de una bestia», escribió King en 1864.

Poco a poco, se fueron hallando más huesos de neandertal en otras partes de Europa, desde Gibraltar y Bélgica (donde se habían descubierto antes que el cráneo de Alemania, pero se habían dejado arrumbados, sin identificar) hasta Francia y Croacia. Cuanto más observaban esos primeros paleoantropólogos a los neandertales, más alejados de nosotros les parecía aquel pueblo ancestral. A principios del siglo XX, el paleontólogo Marcellin Boule analizó el primer esqueleto casi completo de neandertal, encontrado en Francia, en la cueva de La Chapelle-aux-Saints. Se fijó en las vértebras deformadas y en las articulaciones dañadas y llegó a la conclusión de que los neandertales presentaban una postura encorvada, desgarbada, que reflejaba su torpeza y su estupidez. «Incluso los primitivos que habitaban las periferias de la tierra son considerablemente más avanzados», escribió Boule en 1908. No fue hasta la década de 1950 cuando otros científicos reexaminaron los huesos y descubrieron que el esqueleto de La Chapelle-aux-Saints pertenecía a un hombre neandertal anciano con artritis.

Al tiempo que consolidaban su impresión de los neandertales como bestias primitivas, los antropólogos empezaron a reflexionar sobre su extinción. En virtud de las secuencias estratigráficas de muchos emplazamientos europeos, los huesos de los neandertales y los tipos de objetos asociados a ellos parecían haber perdurado durante muchos siglos, si no milenios, para luego desaparecer de manera abrupta más o menos cuando surgieron los primeros *Homo sapiens* en la región. La posibilidad de datar directamente el material arqueológico tardaría aún décadas en ser una realidad, así que nadie sabía con exactitud cuándo se había producido ese reemplazo de los neandertales por nosotros. No obstante, los antropólogos estaban en su mayoría bastante seguros de lo que eso significaba. «Quienes analizan el destino de las razas aborígenes de América y Australia no tendrán ninguna dificultad en explicar la desaparición del *Homo neanderthalensis*: una forma más viril lo extinguió», escribió el antropólogo Arthur Keith en 1915.

Cuando esos primeros antropólogos echaban la vista atrás, a las profundidades del pasado de la evolución humana, veían violencia, dominación y reemplazo. Para ellos, el *Homo sapiens* no era tan solo el superviviente de un apocalipsis que barrió a nuestros primos cercanos. Fue el responsable de ello y, lo más importante, el ganador. Nosotros fuimos ese apocalipsis y expulsamos del escenario a nuestros parientes inferiores y menos evolucionados para asumir nuestro legítimo papel como la especie más avanzada y extendida del planeta. Los primeros paleoantropólogos no veían ningún motivo para lamentar la extinción neandertal como una pérdida, ni tampoco para dudar de su rapidez ni de su totalidad. Como forma inferior de ser humano, la extinción era sencillamente su destino evolutivo.

Muchos días, al presentarse en su puesto de trabajo en el Instituto Max Planck de Antropología Evolutiva de Leipzig, Johannes Krause debía asegurarse de evitar a todo el mundo. Usaba una entrada especial que conducía directamente a una serie de salas situadas en el sótano, dado que tenía prohibido charlar con sus colegas que trabajaban arriba, en distintos laboratorios, e incluso estar en su presencia: no podía correr el riesgo de contaminarse, o al menos no más de lo que ya estaba.

Con ese objetivo, Krause iba directo al sótano y se cambiaba de ropa. Se ajustaba una mascarilla, se enfundaba los zapatos en unos patucos de papel y se cubría la mata de rizos rubios con una especie de gorro mullido de ducha. Se ponía no un par de guantes quirúrgicos, sino varios. Sabía que, una vez dentro del laboratorio, dejar caer un solo pelo o manchar una única superficie con una huella podía suponer un retroceso de años para todo su equipo.

Krause, que entonces trabajaba en el equipo del paleogenetista Svante Pääbo, iba detrás de un tesoro que quizá fuera solo una fantasía: ADN neandertal, conservado durante decenas de miles de años en los huesos que esos seres habían dejado atrás. El genoma del *Homo sapiens* se había secuenciado hacía menos de una década, a partir de muestras de sangre recogidas de personas vivas en unas condiciones inmaculadas. En cualquier caso, Pääbo, asesor de Krause, ya había hecho ciertos progresos en la extracción y el estudio del ADN con huesos de animales extintos, como los mamuts y los perezosos gigantes que deambularon por la tierra durante la última glaciación. Parecía plausible que el ADN de huesos neandertales conservados en entornos similares y guardados en los mismos museos hubiese podido superar también la prueba del paso del tiempo.

Si había sobrevivido algún resto de ADN neandertal —y ese «si» iba en letras mayúsculas—, el equipo debía asegurarse de secuenciar los restos auténticos, no un ADN humano más reciente de alguien que hubiese manipulado los huesos, una contaminación que desacreditaría cualquier resultado. Por tanto, había que hacer lo imposible por mantener el ADN del equipo alejado de los restos neandertales; de ahí el laboratorio aislado del sótano, la ropa esterilizada, el gorro de ducha y los varios pares de guantes que Krause (que resultaba ser del mismo pueblo en el que había nacido Johann Carl Fuhlrott) se ponía cuidadosamente antes de tocar cualquier hueso neandertal, todas y cada una de las veces que lo hacía. En el laboratorio, Krause respiraba un aire filtrado para eliminar el 99,99 % del polvo, la piel, el polen, las bacterias y demás partículas que suelen andar flotando en cualquier espacio interior; además, trabajaba bajo el brillo azul de unas luces ultravioletas destinadas a descomponer cualquier doble hélice transgresora que escapara a esos filtros. Solo en esas condiciones meticulosamente limpias Krause se atrevía a tocar los huesos neandertales que habían llegado al laboratorio desde emplazamientos de toda Europa. A continuación, sacaba un torno dental, lo encendía y colocaba con sumo cuidado su delicada punta sobre uno de los huesos.

Muchos de esos huesos se habían descubierto décadas antes y habían permanecido todo ese tiempo en museos, expuestos a auténticas avalanchas de ADN moderno. A lo largo de esos años, los habían tocado (o, peor aún, lamido) innumerables científicos, dejando tras de sí fragmentos minúsculos de sus seres modernos. Krause empleaba el torno en cada uno de los huesos para pulverizar con meticulosidad su superficie y llevarse consigo todo el ADN moderno que pudiera estar aferrado a ella (o eso esperaba él). Seguidamente, abría un agujerito en el hueso con la misma delicadeza que un dentista perforaría una caries; o quizá con más cuidado incluso, dado que Krause debía detenerse cada pocos segundos para evitar calentar el hueso con la fricción del torno, algo que destruiría cualquier resto de ADN antiguo, ya de por sí frágil.

La acción del torno generaba una fracción de un gramo de polvo óseo pulverizado que Krause recogía concienzudamente, con la esperanza de que contuviese lo que necesitaban. Incorporaba ese polvo a una solución que liberaba cualquier molécula de ADN superviviente, separándola del resto de los minerales del hueso, y luego utilizaba una enzima para añadir secuencias cortas y artificiales de ADN a ambos extremos de las moléculas extraídas. Dichas secuencias artificiales permitían a las máquinas de secuenciación de ADN (desarrolladas hacía muy poco tiempo) leer y amplificar el material genético antiguo que hubiese en el espacio intermedio para, a continuación, compararlo con los genomas de humanos modernos y otros primates con el fin de descubrir qué tenía de único.

El cuidadoso trabajo de Krause dio sus frutos: los huesos neandertales contenían ADN que no podía haber salido de los investigadores ni de los trabajadores de los museos. El equipo de Pääbo publicó el primer genoma neandertal en el 2010. Dicho genoma y otros que siguieron desvelarían mucha información sobre las características genéticas de diferentes grupos neandertales a lo largo del tiempo, como el tamaño más probable de sus grupos (pequeño) y sus posibles habilidades lingüísticas (altas). No obstante, la mayor sorpresa para Pääbo, Krause y los demás miembros de la comunidad científica surgiría al comparar el genoma neandertal con el genoma del *Homo sapiens*: hallaron fragmentos de genoma neandertal en los genomas de todas las personas vivas analizadas fuera de África. Resultó que los genomas de europeos, asiáticos orientales y nativos americanos, y del resto de la población con antepasados de fuera de África, son neandertales en un 2 % aproximadamente. Los antropólogos tenían así una prueba científica determinante de que los humanos modernos se habían apareado con los neandertales, y de que su descendencia había sobrevivido hasta llegar a tener hijos propios.

Algunos antropólogos del siglo XX habían pensado siempre que los neandertales podían ser nuestros ancestros directos, pero quienes suscribían esa teoría, por lo general, concebían a los neandertales como una «fase» evolutiva de los humanos arcaicos, heredada y luego dejada atrás en el camino hacia la aparición del *Homo sapiens*, anatómicamente moderno y avanzado en cuanto al comportamiento. Según esos científicos, nosotros no habíamos extinguido a los neandertales, sino que los neandertales habían evolucionado hasta convertirse en nosotros por efecto de la selección natural y, quizá, por haberse apareado con otras especies arcaicas. En todo caso, en la época en que el equipo de Pääbo secuenció el genoma neandertal, la visión mayoritaria de la evolución y la extinción neandertales no difería tanto de la visión del reemplazo que prevalecía un siglo antes. En el 2010, los paleoantropólogos creían en su mayoría que el *Homo sapiens* y los neandertales eran especies distintas y que el *Homo sapiens* había evolucionado en África, mientras que el neandertal lo había hecho en Europa y en Asia occidental, separados geográficamente unos del linaje de los otros. Se defendía la teoría de que, después de que los humanos modernos nos hubiéramos expandido por el territorio neandertal, habíamos sustituido rápidamente a los neandertales sin ningún tipo de interacción que pudiera dejar un rastro genético o cultural, y quizá con una pizca de violencia.

En general, tanto los que pensaban que los habíamos sustituido por evolución como los que creían que había sido por rivalidad, los antropólogos veían a los neandertales como un trampolín hacia una mejor versión de la humanidad, más inteligente y preparada: el *Homo sapiens*, destinado a heredar la Tierra. La revelación de que casi toda la población viva contiene una pequeña cantidad de ADN neandertal puso patas arriba esa suposición. La evidencia genética demostraba que, si bien los neandertales no se habían transformado en humanos modernos, sí se habían cruzado y mezclado con nosotros después de que nos extendiéramos fuera de África. Eso significaba que los neandertales no eran una versión menos evolucionada del *Homo sapiens*, y también que no los habíamos conducido directamente a la extinción. Nuestros árboles genealógicos no estaban separados; no había uno marchito desde hacía mucho y otro aún floreciente. Se trataba de dos árboles entrelazados que se extendían juntos hacia el futuro. Según sugería la evidencia científica, quizá los neandertales no se extinguieron nunca. Por el contrario, se convirtieron en nosotros, aunque nosotros también nos convertimos en ellos.

Gracias al descubrimiento de la ascendencia neandertal generalizada entre los humanos modernos, y a una arqueología intensiva que atiende a cómo vivieron nuestros parientes antiguos en los cientos de miles de años previos a que se cruzaran nuestras especies, la imagen que tiene la comunidad científica de los neandertales y de su lugar en la historia humana es ahora muy distinta a la de hace quince años, y no hablemos ya de hace ciento cincuenta años. Los huesos neandertales más antiguos conocidos, hallados en España, datan de hace cuatrocientos mil años, es decir, tienen cien mil años más que el fósil de *Homo sapiens* más antiguo descubierto hasta la fecha, en Marruecos. Se han encontrado huesos de neandertales (a veces, según parece, enterrados o sepultados de forma deliberada en cuevas) en lugares tan dispares como Portugal, Gales, Croacia, Irak, Uzbekistán o Siberia. Los vestigios de sus alimentos ancestrales sugieren que cazaban camellos gigantes en Oriente Medio, recogían moluscos en las orillas del Atlántico y abatían a montones de caballos prehistóricos tendiendo emboscadas a las manadas migrantes. Las técnicas de datación directa han demostrado la existencia de pinturas rupestres de diseños geométricos y de espectrales perfiles de manos que preceden en veinte mil años a la llegada del *Homo sapiens* a Europa, por lo que sus únicos artistas posibles serían los neandertales. Se han hallado asimismo fragmentos de sus huesos, identificados gracias a proteínas específicas de los neandertales, en las mismas capas arqueológicas que joyas talladas a partir de dientes de animales, conchas y marfil. Dicho esto, los neandertales deambularon por Europa y Asia occidental durante más de trescientos cincuenta mil años, hasta que acabaron por desaparecer hace alrededor de cuarenta mil años. Nuestra mezcla genética tuvo lugar en muchos lugares y períodos, aunque la eclosión más relevante seguramente ocurriera, durante varios milenios, hace unos cuarenta y siete mil años.

Continúa todavía el acalorado debate en torno a la dimensión de las capacidades culturales y cognitivas de los neandertales, y a lo similares o distintas que eran con respecto a las del *Homo sapiens*. No obstante, a la vista de que las dos poblaciones tuvieron hijos viables y fértiles en común, tal y como evidencia nuestra actual ascendencia neandertal generalizada, algunos científicos han empezado incluso a cuestionar si de verdad eran dos especies independientes. Las categorías establecidas por los primeros científicos para identificar y estudiar a los neandertales —nosotros y ellos, superiores e inferiores, ganadores y perdedores, vivos y extintos— definitivamente se han desdibujado, aunque la imagen completa de sus capacidades y de nuestra relación siga estando algo desenfocada.

Junto con el ADN antiguo, las técnicas de datación directa han desempeñado un papel crucial a la hora de reescribir la historia del neandertal. Una tecnología como la datación por radiocarbono habría resultado inimaginable para paleoantropólogos pioneros como Schaaffhausen y Fuhlrott, que dependían de que los fósiles se hallasen junto a huesos de animales extintos para determinar su antigüedad (o, al menos, de que se les pegasen a la lengua). Los primeros arqueólogos, por su parte, se apoyaban en el puñado de culturas antiguas que habían dejado fechas escritas descifrables, principalmente el antiguo Egipto. Valiéndose de calendarios de la época, sabían definir el período de años específico durante el que se había creado y usado un estilo concreto de cerámica, joyería o herramienta. El antiguo Egipto comerciaba con culturas de todo el Mediterráneo oriental; por tanto, si aparecía un tipo particular de vasija, arma o joya egipcias en alguna excavación de Atenas, Roma, Damasco o Túnez, los arqueólogos sabían dar marcha atrás y vincular ese objeto con la horquilla de fechas conocida gracias a Egipto. Las cadenas de fechas, que se remontaban todas a Egipto y a otras culturas con fechas conocidas, «se expandían como ondas en un charco», afirma Tom Higham, experto en datación por radiocarbono. No obstante, cuanto más se alejaban los arqueólogos de esas culturas, tanto geográfica como temporalmente, más débiles se volvían esas ondas. Datar un emplazamiento antiguo de Gran Bretaña, Siberia, China o América mediante ese método resultaba por completo imposible, y remontarse hasta el mundo prehistórico habitado por los neandertales quedaba aún más lejos de su alcance.

Eso cambió en la década de 1940 con la invención de la datación por radiocarbono. El fisicoquímico Willard Libby descubrió que todos los organismos vivos absorben de la atmósfera una pequeña cantidad del isótopo radioactivo carbono-14. Mientras el organismo está vivo y absorbe carbono-14, la proporción de este con respecto al otro isótopo del carbono presente en su estructura, el carbono-12, se mantiene fija. Cuando el organismo muere, sin embargo, el carbono-14 empieza a disminuir a un ritmo constante, y, transcurridos unos cinco mil setecientos años, habrá desaparecido la mitad; la cantidad de carbono-12, por el contrario, permanecerá inalterada. Midiendo la proporción de isótopos del carbono en un hueso, el mango de madera de una lanza, una semilla o un trozo de comida quemada o de carbón de una hoguera antigua, los arqueólogos pueden averiguar cuánto tiempo lleva muerto ese organismo.

Libby ganó el Premio Nobel de Química en 1960 gracias a la datación por radiocarbono y su trabajo transformó el estudio del pasado. Por primera vez, los arqueólogos tenían la posibilidad de calcular la edad precisa de objetos y huesos antiguos valiéndose solo de la información que contenía el propio elemento. Esta área del conocimiento pasó a poder presentar hipótesis comprobables, las cuales era posible confirmar o refutar mediante datos que cualquier investigador del mundo tenía la capacidad de replicar o cuestionar. En otras palabras, la arqueología se hizo científica.

La datación por radiocarbono tiene un tope. En huesos, semillas o carbón con más de cincuenta mil años aproximadamente no queda ya radiocarbono que medir. No obstante, Higham estaba desarrollando técnicas de muestreo capaces de aislar incluso cantidades diminutas de carbono, lo que le permitía datar material orgánico cada vez más próximo a ese límite natural. Pretendía utilizar esas técnicas para identificar con precisión cuándo desaparecieron los neandertales y cuándo llegó el *Homo sapiens* a Europa, algo que se remontaba casi hasta donde llegaba la datación por radiocarbono. Cuando Higham se embarcó en el proyecto, afirmó: «Estaba aferrado a la idea de que los humanos modernos eran superiores, desde un punto de vista cultural, tecnológico, etcétera. Y era de la opinión de que los humanos modernos entraron de golpe en Europa y los neandertales se extinguieron muy rápido».

Para datar huesos de neandertal, Higham y su equipo tenían además que destruirlos, o al menos destruir pedacitos de ellos: los perforaban para extraer unos cientos de gramos de polvo óseo de su interior y someter luego ese polvo a baños de ácido y otras soluciones químicas con el objetivo de aislar y purificar su colágeno, y así obtener una fecha más fiable. Esas moléculas de colágeno pasaban luego a un acelerador de partículas que medía su carbono-14 y, con ello, su edad. En el 2014, solo unos años después de que se publicase el primer genoma neandertal, la datación por radiocarbono de Higham a la que se sometió a huesos neandertales y de primeros *Homo sapiens* procedentes de toda Europa demostró que las dos especies se habían solapado durante un período de hasta cinco mil cuatrocientos años, y desde entonces ese posible tope no ha hecho más que superarse. Los neandertales sobrevivieron durante muchos milenios tras la llegada del *Homo sapiens* a su territorio, lo que complica las suposiciones previas sobre su rápido y quizá violento reemplazo. Es probable incluso que ambas especies ocupasen las mismas cuevas en diferentes años, tal y como evidencia el diente de bebé hallado entre capas de huesos y herramientas neandertales en una cueva de Francia y que, casi con toda seguridad, perteneció a un joven *Homo sapiens.*

Con tantísimo tiempo para conocerse los unos a los otros, y dadas las evidencias arqueológicas y genéticas que demuestran un contacto cercano e incluso íntimo, Higham considera ahora ese período como una época de probable intercambio y experimentación. «Imaginemos que llega un grupo de gente nueva que hace las cosas de manera un poco distinta. Puede que tengan algunas ideas o materiales que no hayamos visto nunca. ¿Qué hacemos? Bueno, como seres humanos, copiamos. Imitamos.» Y cuanto más aprende Higham sobre las capacidades de los neandertales, más probable le parece que el conocimiento y las ideas fluyeran también en la otra dirección. Esos encuentros eran un «terreno fértil» que pudo cambiar a ambas especies, asegura el experto. Nuestra relación empezaba a asemejarse menos a un reemplazo inmediato e inevitable que a una danza fluida de un grupo alrededor del otro, y en ocasiones conjunta.

Aun así, en el núcleo de esta historia sigue acechando un apocalipsis. Los neandertales ya no caminan junto a nosotros sobre la faz de la tierra. Son nuestros ancestros, pero no nuestros contemporáneos. Su contribución genética a los humanos modernos, si bien importante y generalizada, solo supone un pequeño porcentaje de nuestros genomas. Tras millones de años durante los que diferentes especies de humanos compartieron nuestro planeta, solo hemos quedado los *Homo sapiens*.

En comparación con sus predecesores del siglo XIX y principios del XX, la comunidad antropóloga actual está mucho más dispuesta a admitir que ignora por qué somos los únicos supervivientes de nuestro género. Hay quien sigue creyendo que nos impusimos a los neandertales, que algún elemento del *Homo sapiens* nos hizo de verdad más capaces, más adaptables, más resistentes. Y también hay quien desea concederles a los neandertales el crédito que merecen como cazadores, artesanos, artistas y humanos, tras más de un siglo exponiéndolos como una «forma inferior» o una «raza degradada», algo que ha distorsionado la opinión científica y pública sobre ellos. En lo que respecta a los neandertales y a su extinción, los antropólogos han renunciado a pensar que exista una respuesta única y global, o a que la hipótesis que ahora mismo los convence no se verá superada mañana por nuevas evidencias. Pasar de la certeza de una historia coherente a la incertidumbre mientras se desmorona la narrativa en la que confiábamos quizá despierte en nosotros insatisfacción o una sensación de traición, pero al mismo tiempo, casi siempre, eso es señal de un progreso científico hacia algo más próximo a la caótica e impredecible verdad.

Con el respaldo de estos nuevos hechos y posibilidades sobre los neandertales, podríamos concedernos, a nosotros mismos y a nuestros ancestros, el regalo de imaginar un tipo de narración distinta sobre el apocalipsis de su extinción, relatos que pongan en el centro la mejor parte de nuestra naturaleza, no la peor, y que permitan a la gente del pasado (de todas las especies) tener deseos, miedos e imaginaciones propias. Esos relatos admitirían el carácter contingente de la historia, en vez de insistir en lo inevitable de las narrativas que creemos conocer. Es posible que esos nuevos relatos estén equivocados, pero a lo mejor no tanto como los que antes imperaban.

Para ofrecer una narración más completa de la historia neandertal, incluido su final, hay que comenzar por reconocer lo capaces y adaptables que fueron esos humanos. En el transcurso de sus más de cuatrocientos mil años de existencia, los neandertales habitaron de forma satisfactoria muchos ecosistemas y climas distintos, desde montañas hasta bosques o litorales. Algunos vivían en frías cuevas de montaña y otros en las templadas orillas del Mediterráneo. Sobrevivieron mientras esos climas cambiaban lentamente y la Tierra entraba en glaciaciones y salía de ellas de manera periódica y natural. La climatología podía resultar dura, sobre todo la más fría, aunque una vez que un clima se asentaba en las tierras de los neandertales, por lo general se volvía estable y predecible. Los grupos de neandertales lograban adaptarse a las nuevas condiciones, concentrando su caza en animales amantes del frío como el reno y, seguramente, ahumando y almacenando carne para los largos inviernos.

Sin embargo, en los últimos milenios de los neandertales sobre el planeta, la climatología se volvió irregular e inestable, en especial en el norte de Europa. Las condiciones oscilaban con relativa rapidez entre el frío y el calor, que de nuevo daba paso al frío. El paleoantropólogo Chris Stringer, que lleva más de cincuenta años estudiando a los neandertales y a otros humanos antiguos, imagina a los neandertales de este período retirándose con regularidad a un puñado de lugares relativamente cálidos durante las olas de frío, todos acurrucados en poblaciones pequeñas y menguantes, para luego volver a expandirse cuando llegaba el deshielo a sus territorios ancestrales. «Las cosas mejoraban durante un par de miles de años y los neandertales se recuperaban numéricamente», afirma Stringer. Pero entonces volvía el frío, rápido e impredecible, y «muchos de esos migrantes acababan borrados de la faz de la tierra», por lo que solo quienes habían permanecido en zonas cálidas estaban ahí para repetir el proceso entero. «Su merma era constante —dice Stringer—. Nunca lograron desarrollar su diversidad, nunca pudieron crecer en número de manera permanente.» En torno a los últimos diez mil años de su existencia, los neandertales «ya estaban en un brete», según Stringer, y entonces apareció otra especie humana, con intención de cazar los mismos animales, recolectar las mismas plantas y vivir en las mismas cuevas: entonces aparecimos nosotros.

Esos humanos modernos quizá no tuviesen ninguna clase de ventaja intelectual ni conductual sobre los neandertales. No obstante, por los datos genéticos, sabemos que los grupos neandertales del momento, en su mayoría, eran pequeños y no paraban de menguar. Por su parte, el recién llegado *Homo sapiens* tenía acervos genéticos más diversos e intercambiaba piedras y otros materiales cubriendo distancias más largas, por lo que quizá viviera en grupos ligeramente más grandes o mantuviera unos vínculos sociales más fuertes con otras comunidades de humanos modernos que viviesen tanto cerca como lejos. «Ser bien recibidos en las hogueras de amigos a muchos valles de distancia podría determinar la diferencia entre niños que sobreviven con posos de leche o cuerpecitos escuálidos depositados en frías oquedades», escribe la arqueóloga Rebecca Wragg Sykes. Es posible que los recién llegados dispusieran además de agujas para coser pieles de animales y convertirlas en prendas más cálidas para los bebés, o alguna otra tecnología en apariencia trivial que terminase siendo determinante a la hora de sobrevivir a las fluctuaciones del clima, añade Stringer.

Los neandertales, con sus comunidades menguantes, un clima impredecible y otro tipo de humanos que podían estar siendo notablemente más capaces que ellos de soportar los retos sociales y ambientales, no se estancaron ni se quedaron a esperar apáticos a que se les agotase su tiempo en la Tierra. Quizá, mientras los grupos reducidos de neandertales sufrían, algunos de sus miembros aprovecharan la oportunidad para unirse a algún grupo de esos otros humanos, optando por la comunidad y la vida en vez de por el aislamiento y la muerte. Al sobrevenirles un apocalipsis, asumieron un riesgo final y se permitieron —a sí mismos y, lo que quizá sea más importante, a sus hijos— entrecruzar culturas, idiomas y tradiciones, y convertirse en algo totalmente nuevo dentro del mosaico de la humanidad. Un proceso que ahora se asemeja a una extinción pudo parecerles, a quienes lo protagonizaron, el camino más seguro hacia la supervivencia.

Los neandertales fueron los primeros humanos «extintos» en descubrirse, pero no serían los últimos. Actualmente, la comunidad científica tiene conocimiento de la existencia de otras especies de humanos que compartieron el planeta con el *Homo sapiens*, entre ellas el *Homo erectus*, que evolucionó en África y quizá fuese el primer humano en viajar fuera de sus fronteras; el *Homo floresiensis*, un humano diminuto cuyo ínfimo tamaño pudo ser el producto evolutivo de milenios de aislamiento en la isla indonesia de Flores; el *Homo naledi*, del que solo se han hallado restos en las profundidades de una cueva de Sudáfrica, lo que plantea evocadoras dudas sobre sus ideas en torno a la muerte, el enterramiento y el más allá; y el *Homo luzonensis*, otro humano pequeño y morador de islas, encontrado en Filipinas, cuyos dedos curvados en pies y manos sugieren que se balanceaba entre los árboles.

Muchos de los huesos de estas especies se han recuperado en entornos que no favorecen la conservación de ADN antiguo, como los calurosos y húmedos trópicos, y, sin la posibilidad de revisar sus genomas, los científicos no tienen la seguridad de que conocieran de verdad a su contemporáneo, el *Homo sapiens*. En cualquier caso, el quinto tipo de humano que coexistió con nosotros únicamente se ha descubierto a través de ADN antiguo, presente tanto en sus huesos como en nuestros genomas. Se trata de los denisovanos, cuya historia llega más lejos que ninguna otra a la hora de revelar cuánto desconocemos del pasado humano y de los apocalipsis que este albergó.

Fue Johannes Krause, trabajando con su uniforme quirúrgico en el laboratorio del sótano de Leipzig, quien se topó con la primera señal de los denisovanos. Estaba inmerso en sus años de «jugar a ser dentista», como él mismo los ha descrito, abriendo agujeros diminutos en huesos antiguos y desarrollando innovadores métodos químicos y computacionales para aislar y secuenciar cualquier ADN que esos restos pudieran contener. Svante Pääbo y él habían recibido un fragmento pequeñísimo del hueso de un meñique, del «tamaño de dos granos de arroz puestos juntos», según lo caracterizaría más tarde Pääbo. Ese hueso había salido de la cueva de Denísova, en el macizo siberiano de Altái, cerca de donde coinciden Rusia, Kazajistán y Mongolia. Era demasiado pequeño y anodino para identificar a qué especie pertenecía, aunque se antojaba plausible que fuese neandertal; por aquel entonces, Krause y compañía se encontraban elaborando el primer genoma neandertal y codiciaban cualquier ADN que pudiesen hallar de ese grupo humano.

Cuando Krause extrajo y secuenció el ADN del hueso, enseguida se percató de que su genoma no coincidía con el de los neandertales. Sin embargo, tampoco encajaba con el genoma del *Homo sapiens*. Era otra cosa, una especie humana perdida con cuya existencia nadie había soñado siquiera, mucho menos buscado. El equipo anunció el descubrimiento en el 2010, el mismo año en que publicaron el primer genoma neandertal. Llamaron a ese nuevo grupo «denisovanos», por la cueva en la que se halló el hueso. Krause y sus colegas no lograron definir el aspecto de esos individuos, ni dónde vivían ni en qué diferían su cuerpo o sus culturas de los de neandertales y *Homo sapiens*. Solo consiguieron determinar que los denisovanos eran tan genéticamente distintos del *Homo sapiens* como los neandertales.

Más de una década después, se han encontrado muy pocos huesos denisovanos más. En el momento de escribir este libro, los científicos aún no han confirmado el hallazgo de un esqueleto completo, ni siquiera un cráneo. Los neandertales, casi desde el momento de su descubrimiento, han sido objeto de innumerables reconstrucciones que los muestran como «bestias» o simiescos, o bien con un aspecto agradable y humano. Por el contrario, los denisovanos siguen siendo unos fantasmas; su forma física es invisible e inimaginable. Casi con toda seguridad, esto cambiará algún día, posiblemente más pronto que tarde. De hecho, sus huesos podrían estar ya en museos, guardados, sin reconocer y mal clasificados por generaciones pasadas de científicos que no supieron cómo buscarlos, o que hubiese siquiera alguien más a quien buscar.

En todo caso, los científicos interesados en los denisovanos han comenzado entretanto a excavar no ya en cuevas, o al menos no solo en cuevas, sino también en los genomas de *Homo sapiens* vivos en los que sigue sobreviviendo una cantidad sorprendente de ADN denisovano. En apariencia, los denisovanos tuvieron hijos con humanos modernos en el territorio que comprende desde Siberia hasta China y el sureste de Asia, y se aparearon además con neandertales; en un asombroso golpe de suerte, la comunidad científica descubrió, también en la cueva de Denísova, el fragmento de un hueso que pertenecía a la hija de un denisovano y una neandertal. Teniendo en cuenta dónde se están encontrando sus huesos y sus genes, las comunidades denisovanas debían de vivir en bosques lluviosos tropicales, en tundras glaciales e incluso en algunas de las altitudes habitables más elevadas del mundo, en el Tíbet, adaptándose satisfactoriamente a una amplia variedad de ecosistemas de un modo que algunos antropólogos solo creían posible en el *Homo sapiens*. No obstante, por el momento a los denisovanos solo se los conoce por su ADN. Sin emplazamientos, herramientas o esqueletos denisovanos, la comunidad arqueóloga no puede estudiar todavía su vida ni su cultura, tal y como sí puede hacerlo con los neandertales.

Si la extinción neandertal es un misterio para el que quizá nunca tengamos una respuesta completa, la desaparición de los denisovanos resulta aún más desconcertante. Al contrario que los neandertales, cuyos genomas apuntan a un declive en número hacia el final de su existencia, los denisovanos parece que fueron una especie próspera con una capacidad de adaptación impresionante. Hasta que dejaron de serlo. «No da la sensación de que tuviesen problemas igual que los neandertales —afirma Stringer—. Y aun así también desaparecieron.» Sobre nuestros otros primos extintos —*erectus*, *naledi*, *luzonensis*, *floresiensis*— sabemos incluso menos. Su desaparición pudo tener mucho que ver con nosotros y nuestra llegada a sus tierras, o nada en absoluto.

Pese a este misterio abierto con tan pocas pistas, o quizá precisamente por eso, tenemos la oportunidad de imaginar a los denisovanos y a otros mejor que los primeros paleoantropólogos pudieron concebir a los neandertales. Ante estos ancestros humanos, muy antiguos a la par que nuevos, nos es posible aprovechar la evolución del pensamiento científico sobre los neandertales para rechazar suposiciones desfasadas relativas a la inferioridad y al reemplazo inmediato, o al menos partir de la premisa de que hay otras ideas más interesantes y generosas con las mismas probabilidades de ser ciertas. ¿Qué podríamos aprender si observásemos el apocalipsis de la extinción humana no a través del prisma de la violencia, la competencia y la desaparición, sino del prisma de la comunidad, la creatividad y la supervivencia? ¿Y si mirásemos a nuestros ancestros, a todos, como socios y colaboradores, no como vencedores y víctimas? ¿Y si creyésemos no solo que los neandertales, los denisovanos y quizá otros fueron capaces de unirse a nuestras comunidades, sino también que nosotros fuimos capaces de acogerlos?

La comunidad permanecía siempre en movimiento. Caminaban por valles y junto a ríos, subían y recorrían montes. Transitaban principalmente por lugares en los que ya habían estado, donde aún distinguían las manchas cenicientas de fuegos que ellos mismos y sus ancestros habían encendido. La cadena de conocimiento y experiencia que se remontaba muy atrás en el pasado les indicaba dónde se encontraban las mejores cuevas para pasar una noche, un mes, una temporada entera; cuándo los caballos empezarían a trasladarse a lugares más cálidos y dónde era mejor cruzarse con ellos para la caza que sustentaría a su grupo durante todo el invierno; cómo despiezar los animales que mataban, tratar sus pieles y ahumar la carne para que durase; dónde encontrarían las mejores piedras y cómo convertirlas en las herramientas que necesitaban para hacer las tareas que constituían su vida.

Un día, hace unos cuarenta y siete mil años, la comunidad llegó a una de sus cuevas y de inmediato vio que allí había estado alguien más. Las cenizas del círculo de fuego eran recientes. Había huesos de animales tirados por el suelo, cocinados y comidos tan poco tiempo atrás que las hienas no los habían encontrado aún para limpiarlos de los últimos restos de carne y tuétano. No tenían idea de quién podría haber ido allí. Esa cueva estaba en el núcleo de su territorio. Solo se habían cruzado con otros grupos en los márgenes de sus tierras, y muy raras veces; algunas generaciones podían pasarse una vida entera sin ver a un desconocido. La comunidad sabía que los osos usaban sus cuevas en ocasiones, pero los osos no encendían fuegos.

Se sintieron intranquilos, por supuesto, pero empezaba a caer la noche y aquella era la cueva que conocían. Se quedaron allí los pocos días que habían previsto y luego continuaron su viaje, que estaba cuidadosamente planeado para interceptar una manada de caballos durante su migración estacional. No tenían tiempo que perder buscando a los Otros, aunque los mejores rastreadores del grupo permanecieron muy alerta, en busca de signos que indicasen adónde habían ido y quiénes podían ser. Los rastreadores vieron las ramitas rotas y la tierra removida que marcaba el camino por el que los Otros se habían marchado de la cueva, igual que veían dónde habían estado los uros, ciervos, osos y lobos. La comunidad partió en una dirección distinta, como bien sabían hacer en el caso de animales que querían evitar, y pronto desaparecieron todas las huellas de otras gentes. Durante mucho tiempo no volvieron a pensar en los Otros.

Un buen día, cuando los niños que recordaban haberse topado con señales de los Otros se habían hecho ya adultos, los rastreadores del grupo detectaron una huella inusual. Se parecía a las que ellos mismos dejaban, a aquellas que los rastreadores siempre sabían encontrar. Sin embargo, hacía mucho que no caminaban por esa tierra. Aquel rastro era reciente y revelaba que su dirección era la misma que la de ellos.

Cuando llegaron a un punto desde el que se avistaba su destino, una cueva de piedra caliza en el valle de un río, los Otros ya estaban allí. La comunidad se mantuvo a una distancia de seguridad y los cazadores se pusieron en guardia, con las lanzas listas. Mientras discutían lo que hacer, los Otros se dieron cuenta de que no estaban solos y se reunieron a la entrada de la cueva para observarlos. Los Otros eran más altos y delgados que la gente de la comunidad, y sus cejas y narices parecían muy pequeñas en relación con el resto de la cara. «¿Cómo van a oler nada? —se susurraban los miembros de la comunidad—. ¿Cómo van a cazar si no pueden oler?» Era como ver su propio reflejo distorsionado por un río revuelto y lleno de pequeñas olas tras una tormenta. Tú mismo, pero distinto. Tú mismo, pero cambiado.

Uno de los jóvenes de los Otros llevaba los dientes de un animal colgados al cuello. Los muchachos de la comunidad lo señalaban y comentaban exaltados aquel detalle. El joven del collar entendió que estaban hablando de él. Una mujer —su madre, seguramente— trató de contenerlo, pero el joven se alejó unos pasos de su grupo camino de los visitantes. La comunidad retrocedió un poco, aunque qué iba a hacerles un muchacho estando sus mejores cazadores justo ahí, con las lanzas en ristre. El chico se quitó el collar de dientes y lo dejó en el suelo, entre ambos grupos, y luego corrió de vuelta con su madre.

Antes de que alguien pudiese detenerla, una de las niñas salió disparada del grupo de críos, agarró los dientes y volvió rápidamente con sus amigos. Se colocó el collar igual que lo llevaba el otro chico. Los críos se volvieron locos: ese objeto era lo más especial que habían visto nunca. Otra niña, envalentonada y un poco celosa por no haber sido la que había recogido el collar, se quitó una de las plumas que llevaba en el pelo, se acercó a los Otros —no tanto como el otro chico, pero bastante— y la dejó en el suelo. Al día siguiente, el chico del collar llevaría esa pluma en el pelo.

La temporada estaba demasiado avanzada para proseguir camino, y la comunidad había acabado por conocer muy bien los peligros de aquel clima impredecible, hasta el punto de no querer asumir riesgos. Sin embargo, parecía que a los Otros les ocurría igual. Ambos grupos sabían que ese valle era el mejor lugar para pasar el invierno, y ambos estaban decididos a quedarse. Hallándose su cueva predilecta ocupada por los Otros, la comunidad tuvo que buscar otra que habían usado antes, en los años en los que algún oso les arrebataba su destino habitual para el invierno. Esa otra cueva serviría.

A veces, los cazadores de ambos grupos se encontraban por el bosque; otras, un adulto salía a buscar a su hijo y lo veía jugando con uno de los hijos de los Otros y tenía que arrastrarlo de vuelta al campamento. En cierta ocasión en la que tuvieron una buena caza y los Otros no, la comunidad les dejó con cuidado una pierna de reno a la vista de su cueva. Silbaron para llamar la atención de los Otros antes de que las hienas oliesen la carne, aunque no esperaron a que los Otros llegaran a la altura del regalo para marcharse. No era la mejor carne ni mucho menos, pero la comunidad sabía lo que significaba pasar hambre y tener que comerse casi cualquier cosa. No querían que los Otros estuviesen hambrientos mientras ellos se daban un banquete. Nadie sabía de lo que serían capaces llegado el caso.

En cuanto la nieve empezó a derretirse y los ríos a descongelarse, uno de los rastreadores emprendió la ruta que más lo acercaba a la cueva de los Otros para ver cómo se las estaban apañando. Los Otros se habían marchado, habían salido con la luz del amanecer. Cuando el rastreador regresó con el grupo, aquello era un hervidero. La comunidad tenía su propia noticia: no encontraban por ninguna parte a una de las jóvenes. La muchacha había estado pasando una cantidad inusual de tiempo lejos del grupo y en una ocasión un rastreador la había visto en el bosque con un joven de los Otros. No podían hablar entre ellos —el lenguaje de los Otros era indescifrable para la comunidad—, pero se sonrían y reían juntos, con los cuerpos casi pegados para protegerse del frío. Según había ido avanzando el invierno, las ancianas empezaron a sospechar que la joven estaba embarazada de su primer hijo, aunque no dijo nada al respecto y ninguno de los muchachos del grupo había estado con ella. Cuando el rastreador les contó que los Otros también se habían esfumado, no albergaron dudas de lo ocurrido.

Existían leyendas de gente que se unía a otros grupos, almas aventureras que, en algún momento lejano del pasado indefinido, habían abandonado su comunidad por una vida con otra diferente. Algunas de esas historias hablaban de recién llegados cuyos conocimientos útiles e ideas novedosas habían salvado a sus nuevos compañeros en tiempos de necesidad. Otras historias advertían contra ese tipo de decisiones y hablaban de la miseria y la nostalgia que se colaba en el corazón de los recién llegados en cuanto se desvanecía el primer arrebato de excitación y atracción, y a veces de la violencia con la que los recibían. La vida de la joven se había bifurcado ya de ellos, de su familia, y tomaría una de esas dos direcciones. Ellos nunca sabrían cuál. Nunca volverían a verla, ni a ella ni a los Otros.

Capítulo 2

CÓMO LA SUBIDA DEL NIVEL DEL MAR AVIVÓ EL INGENIO

Doggerland estaba condenada, pero nadie lo sabía aún. Para los miles de personas que vivían allí, aquel lugar seguía pareciendo el paraíso. Era una tierra de agua y ellos eran un pueblo de agua. Muchos vivían a orillas de un lago tan grande que bien podría haber sido el mar: se extendía mucho más allá del horizonte y casi todos los ríos desembocaban en él. Este pueblo había vivido en torno al lago y las riberas de los ríos durante generaciones y conocía hasta el más mínimo detalle de su entorno. Pescaban con redes y lanzas de tres puntas, capturaban pájaros y recogían huevos. Vadeaban las aguas poco profundas y recolectaban moluscos de las rocas. Cortaban los juncos que crecían junto a las orillas y los tejían con el fin de elaborar cestas, alfombrillas y tejados para sus chozas. En los bosques cercanos, cazaban ciervos y uros, recolectaban bayas dulces de los arbustos y recogían hierbas amargas para usos medicinales. Remaban en embarcaciones por todo el lago, se mezclaban con sus vecinos e intercambiaban alimentos y artesanía. Cuando era temporada, seguían a los salmones que iban a desovar o a las aves migratorias. El paisaje entero era su hogar y se movían por él siguiendo los tiempos de bonanza; además, se reunían periódicamente en grandes grupos con motivo de celebraciones que podían durar días. En definitiva, los canales de Doggerland rebosaban de tanta vida todo el año que su pueblo rara vez pasaba hambre. Doggerland les daba todo lo que necesitaban y, a cambio, ellos amaban esas tierras.

Dicho amor se expresaba en una profunda atención al paisaje y a todos sus detalles, por sutiles que fuesen. Por eso aquel pueblo percibió el cambio de inmediato: el mar se acercaba. Parecía imposible y aun así era indudable. Generaciones de ancianos contaban que, cuando de jóvenes subían a los montes del lado norte del lago, veían en el horizonte el bosque y los ríos que los separaban del distante brillo del mar. Ahora, los jóvenes que ascendían a esos mismos montes veían la costa justo al otro lado.

Conforme crecieron y ellos mismos se hicieron ancianos, el agua salada se fue colando entre los montes y por los ríos que aquel pueblo conocía tan bien, hasta que al final llegó al lago. El agua del lago se volvió salobre y empezó a fluir junto con la marea. Dichas mareas traían consigo arena, una arena que poco a poco creó bancos que troceaban el lago en fragmentos cada vez más pequeños. El lago se convirtió en una marisma, un espacio liminal que unía tierra y mar sin pertenecer a ninguno de los dos.

El pueblo del lago se transformó así en el pueblo de la costa. Doggerland ya no era el lugar que recordaban sus ancestros, pero en cualquier caso se las apañaban. Siempre habían sido gentes de agua, y el mar era agua al fin y al cabo, solo que de otro tipo, no tan amable como el lago. Las inundaciones y las tormentas resultaban más peligrosas y las nuevas corrientes podían desviar con facilidad a cualquier embarcación de su rumbo. Acorralado por aguas bravas y bancos de arena que cambiaban de forma impredecible, el pueblo perdió el contacto con los vecinos a los que en otros tiempos visitaba remando por las tranquilas aguas del lago. No obstante, la pesca seguía siendo buena, la marisma continuaba llena de juncos y había aves de sobra que capturar y comerse. Ahora, en vez de cazar uros, cazaban focas. Llegaron a conocer las plantas y algas de la marisma igual de bien que las hierbas y bayas del bosque en el pasado.

A veces, el pueblo visitaba sus antiguas tierras, a las que accedía en embarcaciones surcando los valles, las gargantas y los ríos anegados que sus ancestros habían conocido. Aún se sabían los nombres de algunos de esos lugares, aunque nadie los hubiese visto durante generaciones. Con la marea baja podían caminar entre bosques fantasmales de tocones petrificados cuyas raíces, muertas mucho tiempo atrás, todavía serpenteaban por la arena y se hundían en ella. Sus ancestros habían conocido esos bosques cuando bullían de vida, y el pueblo siguió cuidando de los árboles que habían cruzado al más allá. Cuando uno de los suyos moría, el pueblo a veces lo enterraba en la orilla, cubierto por conchas, o trasladaba el cuerpo en una embarcación hasta algún islote usado como cementerio. Era una forma de devolver a los muertos al hogar de sus ancestros.

Al final, los montes que en otros tiempos se alzaban junto al lago acabaron por formar una isla. La gente se apiñó en su superficie menguante, batallando por el espacio. Quienes a duras penas lograron labrarse una vida allí se convirtieron en viajeros y comerciantes que surcaban el nuevo mar, llevando mercancías y personas de una comunidad a otra, igual que habían hecho sus ancestros por el lago. Se enfrentaban a las crecidas del mar, una de las cuales lanzó olas de casi diez metros contra la poca tierra que les quedaba. Entonces, un buen día, la propia isla desapareció: de Doggerland no quedó más que un recuerdo, y al poco ni siquiera eso.

Unos doce mil años antes de su desaparición, el lugar que se convertiría en Doggerland, junto con buena parte del resto de la Tierra, les habría resultado irreconocible a sus futuros habitantes. Muy avanzada la última glaciación, hace unos veinte mil años, enormes láminas de hielo descendían desde los polos de nuestro planeta y cubrían gran parte del territorio que conocemos actualmente. Los glaciares oscurecían muchas zonas de Canadá, Noruega, Escocia y la mayor parte del norte de Inglaterra; otros se extendían desde la Antártida hasta cubrir la mitad de Chile. Esos glaciares habían chupado tanta cantidad de agua de los océanos que habían transformado la geografía de nuestro planeta. Los continentes que conocemos hoy en día eran todos bastante más amplios, con litorales que se extendían muchísimos kilómetros más allá de donde acaban ahora nuestras playas. Muchas de las islas actuales estaban conectadas con tierra firme, o unas con otras. La tierra ocupaba todo el estrecho de Bering uniendo Asia y América del Norte. Varios archipiélagos del sureste de Asia estaban unidos y formaban un continente casi tan grande como la India. Doggerland se extendía por el sur del actual mar del Norte, el callejón sin salida del océano Atlántico que se ubica entre Inglaterra, Países Bajos, Alemania y Dinamarca.

Con los glaciares acechando por su límite septentrional, Doggerland era en ese momento de la historia una tundra inhóspita. Mamuts y rinocerontes lanudos deambulaban por sus llanuras glaciales, pastando entre abundantes hierbas y arbustos árticos. Es posible que grupos de cazadores humanos los siguieran, aunque serían pocos en número. Lo más probable es que la mayoría de la gente se retirase a los climas más cálidos y acogedores del sur de Europa cuando los glaciares comenzaron su avance.

Y entonces, con tal lentitud que al principio resultó imperceptible, llegó el apocalipsis. La órbita de la Tierra abandonó la alargada forma oval que había descrito en el transcurso de la glaciación y adoptó una trayectoria algo más próxima a un círculo, colocando así el planeta ligeramente más cerca del Sol durante más tiempo a lo largo del año. La inclinación del planeta también cambió, y con ello aumentó la intensidad de la luz solar que impactaba en su superficie. Doggerland, igual que muchos lugares en todo el mundo, comenzó a deshelarse. Los glaciares en retroceso dejaron atrás lagos enormes, y sus extensas llanuras se vieron atravesadas por ríos. Los mamuts desaparecieron y llegaron ciervos y uros. Brotaron árboles en bosques templados. Hace entre quince y diez mil años, un clima cada vez más cálido y la subida del nivel del mar transformaron Doggerland en uno de los mejores lugares para vivir del continente europeo.

Sin embargo, el mar no se detuvo ahí. Conforme las capas de hielo se fundían y liberaban Doggerland y otros sitios de su dominio glacial, el agua corrió de vuelta al mar. El propio océano se hizo más cálido y disolvió poco a poco las capas de hielo de más abajo, en un declive constante que provocó colapsos repentinos. El mar empezó a salpicar zonas bajas, Doggerland incluida. Hace nueve mil años, lagos desbordados y valles fluviales se habían transformado ya en marismas salobres que se inundaban siempre que subía la marea. Parches de terreno más elevado se iban convirtiendo en islas según se sumergía la tierra que los rodeaba, cada vez a mayor velocidad. Hace siete mil años, los últimos vestigios de Doggerland desaparecieron bajo las olas. Por todo el mundo, el nivel del mar había ascendido unos ciento veinte metros. A este apocalipsis podemos llamarlo la Gran Inundación.

Doggerland quedaría borrada de los mapas que científicos y cartógrafos dibujarían del mundo, así como de las narraciones que los pueblos del norte de Europa contarían sobre su historia. No obstante, durante los siguientes siglos y milenios, reaparecerían a cada tanto fragmentos de esa tierra perdida, como si intentaran mostrarnos todo lo que nos estábamos perdiendo, todo lo que se nos había olvidado, todo lo que no comprendíamos del pasado.

Lo más obvio era la presencia de bosques sumergidos. Igual que los habitantes de Doggerland pasearían a veces entre los restos de árboles anegados por el mar en alza, las mareas bajas de la costa este de Inglaterra a menudo dejaban a la vista paisajes fantasmales de tocones petrificados y raíces onduladas que ahora quedaban muy por debajo de la cota del agua. Mucho antes de que la comunidad científica fuese capaz de explicar su existencia, los lugareños llamaban a esos paisajes el Bosque de Noé. Tenían razón al pensar que aquellos bosques inundados pertenecieron a un mundo antediluviano, aunque Doggerland desapareció miles de años antes de que se escribiesen las primeras versiones del mito de la inundación bíblica. A pesar de que el pueblo de Inglaterra no recordase ya Doggerland, algunos seguían caminando entre sus fantasmas.

Los científicos habían estado recopilando asimismo pruebas de la existencia de Doggerland antes de saber lo que significaban tales hallazgos. A mediados del siglo XIX, arrastreros que faenaban en las aguas de una zona poco profunda del mar del Norte (llamada Banco Dogger por un tipo de embarcación pesquera medieval holandesa, y origen del nombre Doggerland) empezaron a levantar huesos, en ocasiones muy grandes, junto a los bloques de turba. Algunos de esos inusuales descubrimientos llegaban a puerto y acababan primero en colecciones de investigadores y luego en museos. Buena parte de los huesos pertenecía a especies que habían desaparecido hacía mucho de Gran Bretaña, como lobos, caballos salvajes, mamuts y rinocerontes lanudos. La turba contenía semillas de flores silvestres que crecían en lagunas de agua dulce, fragmentos de madera de abedul, esporas de helechos y polen de maleza de abundante floración. Esas cápsulas ecológicas del tiempo desvelaron que el Banco Dogger había sido en otra época una tierra seca.

En 1931, unos siete mil años después de que Doggerland se inundase, emergió un hallazgo impactante después de que el arrastrero *Colinda* lanzara su red al agua turbia, a unos cuarenta kilómetros de las costas de Inglaterra. Mientras el barco se deslizaba por la superficie, la red revolvía el suelo oceánico 30 metros más abajo y atrapaba montones de peces entre sus paredes de malla. Además de eso, desencajó un bloque de turba que se coló en la propia red y subió hasta la cubierta del barco junto con el resto de la captura. En el interior de la turba se había conservado una punta que en otros tiempos había sido uno de los dientes de una lanza de pesca, de unos veinte centímetros de largo y tallada a partir del asta de un ciervo. Tenía un extremo especialmente afilado y en uno de sus largos bordes mostraba una serie de delicadas muescas. Claramente, era una herramienta fabricada por manos humanas; de hecho, se trataba de la primera evidencia directa de que alguna vez hubo gente deambulando por los lagos, marismas y valles fluviales de Doggerland. La comunidad arqueóloga sospechaba que esa punta de lanza había estado amarrada a un mango de madera y se había utilizado para la pesca con arpón. Cinco décadas después, los científicos la estudiaron por primera vez y la datación por radiocarbono del asta sugirió que se había tallado hacía más de trece mil años.

Durante casi cien años desde el descubrimiento del *Colinda*, esas evidencias «estuvieron ahí sin más, en mitad del mar del

Norte, gritándole a la gente», dice el arqueólogo Vince Gaffney. Bajo las olas había una tierra perdida y sus restos permanecían a la espera de que los encontrasen. Sin embargo, desde un punto de vista arqueológico, «había poco que hacer», según Gaffney. La comunidad científica solo podía estudiar los fragmentos de Doggerland que llegasen a sus manos por casualidad, en su mayoría gracias a las redes de pesca. Para los inicios de la arqueología submarina, los más leves incluso, aún habría que esperar décadas, y muchos arqueólogos, formados con una visión firmemente terrestre de la historia, creían que, en caso de hallarse, los paisajes sumergidos revelarían poco más que la existencia de antiguos puentes terrestres tendidos entre regiones ahora habitables para que la gente se moviera de unas a otras.

El propio período temporal de Doggerland se consideraba una especie de puente entre otras épocas más interesantes, más que como una era fundacional para la historia humana. El tiempo durante el que Doggerland fue más acogedora para los seres humanos —antes de desaparecer con relativa rapidez— se conoce como Mesolítico o Edad de Piedra Media. Esta era vino después del Paleolítico y sus impresionantes pinturas rupestres de animales en movimiento, y antes del Neolítico, cuando la gente adoptó la agricultura y, en consecuencia, los mimbres de la vida humana cambiaron para siempre. El clima y la geografía de Europa quedaron modificados de forma drástica en el transcurso del Mesolítico, y la vida y la tierra se volvieron inherentemente inestables. Dicha inestabilidad condujo a muchos arqueólogos a considerarla una época de transición en la historia humana, un trampolín más que un lugar de parada. «Al leer libros de arqueología, a veces se tiene la sensación de que el Mesolítico fue únicamente un período por el que hubo que pasar, de algún modo a la espera de que el mundo se convirtiera en algo con lo que los autores se sentían más familiarizados y cómodos», escribieron Gaffney y dos colegas.

No obstante, a finales del siglo XX cada vez más arqueólogos sospechaban que Doggerland no fue solo un puente periférico para cazadores-recolectores migratorios, sino el corazón cultural y geográfico del mundo de esos pueblos nómadas. Las excavaciones de emplazamientos sumergidos bajo las aguas costeras y poco profundas de Dinamarca habían desvelado cantidades ingentes de objetos mesolíticos, desde hachas y hojas de sílex hasta estacas de madera dispuestas como trampas de pesca o canoas y remos, algunos decorados con diseños geométricos. Piezas antiguas hechas de materiales orgánicos como madera, hueso y asta debían de haberse descompuesto mucho tiempo atrás en cualquier emplazamiento terrestre, pero su rápida inundación bajo el mar ascendente y los sedimentos que este transportaba propiciaron las condiciones ideales para su conservación. Si bien la gente de esos lugares sumergidos había cazado ciervos y recolectado avellanas, las grandes cantidades de huesos de peces y herramientas de pesca (por ejemplo, un anzuelo tallado a partir de un asta con un trozo de lino aún enganchado), así como, por supuesto, las embarcaciones, hablaban de su profunda relación con el agua, incluido el cercano mar creciente.

A raíz de estos hallazgos y lo que sugerían (que lo que estaba sumergido bajo el mar del Norte no había sido un mero puente terrestre), la arqueóloga Bryony Coles abogó por llamar Doggerland a este nuevo y aún hipotético país. La propia Coles, Gaffney y otros estaban cada vez más seguros no solo de que ese país perdido podía albergar información sobre la última vez que el ser humano había vivido un período de cambio climático prolongado y extremo, sino de que seguían existiendo al menos ciertas evidencias de lo que fueron su vida y su entorno.

Gaffney ya no se contentaba con esperar a que llegaran a sus manos esas evidencias de Doggerland. Estaba decidido a ir a buscarlas él mismo. Pero ¿cómo?

Cuando empecé a acompañar a los arqueólogos en su trabajo de campo, casi tenía la absoluta certeza de que lo único que hacían era excavar. Si bien las casas, pertenencias, fogones y tumbas de pueblos antiguos permanecerían conservados y a la espera bajo tierra, estaba convencida de que todo rastro de su presencia habría desaparecido de la superficie. No obstante, aunque la excavación sea la parte más conocida de la labor de un arqueólogo, en realidad se trata de un paso intermedio en un largo proceso de exploración, y ni mucho menos es el primero. Los arqueólogos llegan a dedicar años a inspeccionar un emplazamiento antiguo antes de que un paletín toque la tierra. Durante ese tiempo, deambulan por el paisaje y prestan una meticulosa atención al más mínimo detalle, desde las coordenadas del GPS hasta la ubicación en relación con ríos y montañas o los objetos antiguos que encuentran justo a sus pies.

Ese trabajo de inspección ayuda a los arqueólogos a determinar, en última instancia, dónde deben excavar; en cualquier caso, la tarea en sí facilita un amplio estudio del paisaje, con el objetivo de destapar dónde vivieron exactamente sus anteriores habitantes. En el transcurso de la inspección, los arqueólogos se centran, por ejemplo, en los componentes de la naturaleza que pudieron atraer a la gente a ese lugar durante siglos o milenios, como el fondo de un valle fluvial fértil o un manantial de agua dulce. Prestan asimismo especial atención a las alteraciones a gran escala del paisaje que puedan haber estado vinculadas a los seres humanos, como un montón inusualmente grande de conchas de moluscos, montículos de tierra sobre restos de edificios monumentales o remanentes de canales de riego inutilizados hace mucho. Seguidamente, en la forma más básica de esa inspección, los arqueólogos caminan agachados fijándose en la tierra con una concentración increíble. Buscan cualquier cosa claramente hecha por el ser humano, que en emplazamientos de la edad de Doggerland suelen ser herramientas de piedra. Algunas de esas herramientas presentan formas demasiado refinadas y deliberadas para darse por sí solas en la naturaleza, como las puntas de lanzas antiguas; otras son más sutiles y solo se distinguen gracias a las cicatrices dejadas en su superficie por antiguos artesanos que cincelasen algunos pedazos. Al ojo no entrenado, todos esos objetos le parecerán piedras normales, mientras que los arqueólogos saben ver el ingenio y la artesanía de los seres humanos en los diseños de sus ángulos afilados y en las roturas deliberadas.

Aprender a mirar como un arqueólogo requiere práctica, pero al final esa mirada concentrada y los diseños que logra entrever acaban por desvelar cantidades extraordinarias de información sobre emplazamientos y paisajes antiguos mucho antes de que se inicie la excavación como tal. Un cúmulo de herramientas en un paisaje por lo demás vacío puede apuntar a la pasada ubicación de un campamento o incluso de una aldea. El estilo de las herramientas quizá les diga algo a los arqueólogos sobre la cultura del pueblo que las fabricó; una preponderancia de puntas de lanza o de flecha, por ejemplo, indica una cultura que priorizaba la caza, mientras que unos raspadores con forma de luna creciente o unas ruedas de huso hechas de piedra demuestran que ese pueblo ancestral procesaba fibras vegetales y pieles animales para convertirlas en telas. En muchos lugares del mundo, a las herramientas de piedra se les terminan uniendo piezas de cerámica, cuyas formas y decoración tienden a cambiar con el tiempo y, por tanto, pueden proporcionar pistas preliminares sobre cuándo vivió la gente que las hizo. La inspección permite a la comunidad arqueóloga empezar a cartografiar un paisaje antiguo y hacer ciertas conjeturas fundamentadas sobre la gente que lo habitó, y en qué período. Al igual que cualquier primer borrador, el resultado estará sujeto a revisiones y desarrollos como consecuencia de los posteriores años de excavación, datación y trabajo de laboratorio. No obstante, sin el punto de partida que ofrece la inspección, nada de ese trabajo futuro sería posible.

Doggerland no estaba bloqueada por completo a la excavación, como habían confirmado los hallazgos de Dinamarca. Aun así, la amplia mayoría de esa tierra perdida no descansaba cerca de litorales modernos, y lo que quedase de ella estaba cubierto no solo por el mar del Norte, sino también por sedimentos. Capas de arena se habían aposentado sobre el país sumergido, y siete mil años de mareas, corrientes y tormentas oceánicas habían conformado dichos sedimentos para darles su propia topografía, que no necesariamente reflejaba la geografía más antigua situada bajo ellos.

Con un paisaje por entero invisible, la inspección parecía inviable. Sin embargo, era de una relevancia especial, dado que suponía la mejor oportunidad de ver el entorno de Doggerland a través de los ojos de quienes lo habitaron. Los antiguos pobladores de Doggerland eran cazadores-pescadores-recolectores y, como tales, debían de verse atraídos hacia lugares de abundancia natural, significara lo que significase eso para ellos. Quizá fueran montes de los que extrajesen piedra para fabricar herramientas, o zonas de marea en las que recolectaran moluscos, o bosques donde pudieran cazar ciervos y servirse de los árboles para fabricar remos, embarcaciones y chozas. Es posible que parte de la población de Doggerland, o toda, se trasladase de manera estacional o incluso con mayor frecuencia, llevando una vida nómada en su mundo de abundancia. Es asimismo probable que algunos permaneciesen enraizados en sus lugares de preferencia, construyesen asentamientos más estables y negociasen límites geográficos con otros grupos. Para abrir alguna posibilidad de hallar rastros de cualquier tipo de comunidad en mitad del mar del Norte, los arqueólogos debían comprender el paisaje de Doggerland y sus atractivos con todo detalle, incluido el modo en que había cambiado el entorno a medida que lo invadía el mar. Si querían encontrar el pueblo de Doggerland (y Gaffney estaba resuelto a ello), debían averiguar no solo cómo inspeccionar el paisaje, sino también cómo reconstruirlo.

Mientras le daban vueltas a este problema, Gaffney y sus colegas se percataron de que la comunidad arqueóloga no era la única interesada en rastrear el suelo del mar del Norte. Por debajo de lo que pudiera quedar de Doggerland reposaban amplias reservas de petróleo y gas natural, recursos que la industria energética llevaba décadas explotando. Para saber dónde perforar, las empresas energéticas necesitaban mapas no solo del lecho marino, sino también de la geología a mucho mayor profundidad. Crear esos mapas era caro, pero no imposible. Para cartografiar el lecho marino, las compañías energéticas mandaban barcos cargados con un dispositivo que emitía ondas sonoras dirigidas al suelo marino, así como receptores que medían cuánto tardaban esas ondas en impactar en sedimentos y devolver un eco. Las ondas sonoras de alta frecuencia rebotaban en la superficie del lecho marino o justo por debajo, pero las ondas de baja frecuencia podían viajar a las profundidades de la geología enterrada antes de reflejarse de nuevo en los sensores. Con estos datos, los científicos podían crear mapas de las formaciones geológicas que reposaban bajo el suelo marino.

No había seguridad de que esa tecnología pudiese ayudar a Gaffney y sus colegas a cartografiar Doggerland. Cualquier reserva de petróleo y gas estaría muy por debajo de lo que pudiese quedar de una tierra que empezó a sumergirse diez mil años antes, un abrir y cerrar de ojos en términos geológicos. Existía la posibilidad de que la tecnología típica de la industria energética para el cartografiado, orientada a esos sedimentos más profundos, no detectase rastro alguno de Doggerland. No obstante, Gaffney y sus colegas decidieron que valía la pena intentarlo. Un geólogo de su equipo se puso en contacto con un investigador de la empresa Petroleum Geo-Services para consultarle si su compañía compartiría parte de la información que ya había recopilado en la zona. El investigador no había oído hablar de Doggerland, por lo que, en cierto modo, la petición lo desconcertó (¿una tierra sumergida?, ¿en mis propios datos?), pero aceptó darles a los arqueólogos acceso a unos datos que cubrían unos seis mil kilómetros cuadrados del mar del Norte, en la zona del Banco Dogger, cerca de lo que una vez había sido el límite septentrional de Doggerland.

Gaffney y sus colegas emprendieron la meticulosa tarea de ensamblar todos los datos sísmicos y traducir esa caótica recopilación de ondas sonoras a imágenes y mapas comprensibles. Se centraron en aquellos lugares en los que el paisaje enterrado se hundiera, dado que ese era un cambio geológico relativamente fácil de distinguir. Mientras repasaban esos hundimientos del terreno, se percataron de que todos encajaban como piezas de un puzle en el antiguo cauce de un río que serpenteaba en sus pantallas de ordenador. No se trataba de un arroyo menor: la anchura y la profundidad del cauce sugerían que el río había sido casi tan grande como el Rin. El equipo logró seguir el curso fluvial durante cuarenta kilómetros y distinguir los hilos de los afluentes que en otros tiempos desembocaban en él.

Ahí estaba: Doggerland, un auténtico país sumergido, con un nivel de detalle hasta entonces inimaginable. Gaffney y sus colegas eran las primeras personas en «ver» ese río en unos diez mil años. No podían saber cómo lo llamaban quienes habían paseado por sus orillas o pescado en sus aguas, así que le asignaron un nombre nuevo: el Shotton, en honor a un afamado geólogo británico.

Petroleum Geo-Services acabaría por donar miles de kilómetros cuadrados de datos del mar del Norte, un área más grande que Gales. No todo ello dio lugar a una imagen tan clara como la que el equipo de Gaffney logró sacar del Shotton, pero en general los investigadores fueron capaces de cartografiar casi mil seiscientos kilómetros de ríos e identificar 24 lagos y marismas, apuntalando con ello la idea de Doggerland como un lugar en el que el agua era tan importante como la tierra, si no más. Entre los elementos más significativos de Doggerland, identificaron un lago enorme situado al sur del Banco Dogger, o más bien de los montes Dogger, dado que lo que ahora era un tramo poco profundo de lecho marino debía de haber sido un inusual terreno elevado en la llana y acuosa Doggerland. Ese lago cubría casi mil setecientos kilómetros cuadrados; actualmente es una cuenca submarina, muy conocida entre los pescadores modernos, cuyo suelo marino de repente cae a 80 metros bajo la superficie del agua. Tal y como ocurría con el río Shotton, su nombre antiguo se había perdido en el tiempo, pero ahora el lago se llama Mina de Plata Exterior. Cuando Doggerland existía, los abundantes y diversos recursos naturales del lago la convirtieron en un imán para la gente, quizá incluso en el centro de su mundo.

El equipo pudo asimismo empezar a ver cómo cambió esa parte de Doggerland cuando el mar comenzó a ascender y acercarse.

Mucho antes de que la tierra quedase inundada por completo, el lago se vio invadido por bancos de arena, constituidos por las mareas oceánicas que empujaban sedimentos de ida y vuelta y cuyas formas ondulantes aún se conservaban bajo el suelo marino. Con el tiempo, el agua salobre expulsó el agua dulce y el lago pasó a ser una marisma atravesada por arroyos cuyos cauces aparecían ahora como escasas líneas oscuras en las pantallas de los ordenadores de Gaffney y sus colegas. Su inspección de la Doggerland bajo el mar no solo había documentado un paisaje, como era habitual entre los arqueólogos: en esencia, lo había recreado.

Sus mapas del lago que dio paso a una marisma y luego a un mar demostraban que la vida en una Doggerland en proceso de anegamiento debió de ser muy distinta, aunque no necesariamente peor, en especial para la gente que ya organizaba su existencia y subsistencia en torno al agua. La transformación gradual de sus tierras de lago a marisma, de zonas fluviales a costa marina, de montes a islas, quizá no les pareciese una pérdida, o al menos no solo eso: al tiempo que destruía lugares existentes, la subida del nivel del mar creaba otros nuevos.

La gente de Doggerland cambió a la par que su tierra. Casi diez años después de la inspección de Gaffney, unos científicos de los Países Bajos recuperaron más de cincuenta piezas de huesos humanos entre los sedimentos de Doggerland, las dataron con radiocarbono y midieron sus proporciones de isótopos de nitrógeno y carbono, lo que les proporcionó información sobre la composición química de la dieta de aquel pueblo antiguo. Los resultados, publicados en el 2016, demostraron que, con el tiempo, las gentes de Doggerland se alejaron de las fuentes terrestres de alimento y se acercaron a las del agua dulce, algo que se reflejaba en un aumento de los valores de nitrógeno. Cuando su entorno pasó de bosque a tierras húmedas, la gente encontró la manera de cosechar las nuevas recompensas.

Como cualquier otra inspección, el trabajo llevado a cabo por Gaffney y sus colegas para reconstruir los paisajes de Doggerland fue solo un primer paso. En la década y media que ha transcurrido desde entonces, decenas de arqueólogos han cruzado la puerta que ellos abrieron. Han montado expediciones al mar del Norte con su propio equipo de cartografiado sísmico, mejor ajustado a las capas superiores de sedimento que quieren estudiar. Han sumergido tubos vibratorios en el suelo marino y han extraído largos testigos repletos de madera, sílex y otros rastros diminutos de los hábitats perdidos de Doggerland, para entender mejor los ecosistemas en los que vivía su gente. La expansión de parques eólicos por el mar del Reino Unido ha dado lugar a amplias cartografías de zonas marinas. Se han obtenido de este modo datos de paisajes sumergidos similares a los donados por Petroleum Geo-Services, así como un trabajo de rescate arqueológico que permite identificar y proteger posibles emplazamientos antes de su destrucción. En el 2019, los arqueólogos incluso extrajeron un trozo de sílex labrado: el primer objeto humano procedente de las zonas marinas de Doggerland que se descubría en una búsqueda activa. Más cerca de la costa, los investigadores han identificado y comenzado a excavar un puñado de emplazamientos sumergidos que antaño ocuparon seres humanos. En los Países Bajos, los arqueólogos están trabajando con rastreadores voluntarios de playas para buscar objetos entre los sedimentos de Doggerland que se han dragado y utilizado para ampliar un litoral que empieza a menguar de nuevo.

En el norte de Israel, después de cada tormenta de invierno, el arqueólogo Ehud Galili sale corriendo de su casa hacia las playas mediterráneas del sur de Haifa. Antes recorría la orilla en todoterreno, hasta que prohibieron conducir por la arena. Ahora va caminando, con la mirada entrenada para las aguas poco profundas que se extienden justo al otro lado de donde rompen las olas. Suele ser la única persona en el lugar, dado que el frío de la temporada baja y la falta de acceso en coche mantienen alejados a los visitantes menos apasionados. Para Galili eso no es problema: no necesita a nadie que pueda alterar lo que la tormenta haya revuelto y sacado a la luz.

Bajo el agua reposan los restos de aldeas antiguas abandonadas en su mayoría durante la Gran Inundación, ocurrida hace entre nueve y siete mil años. Por lo general, además de ubicarse debajo del agua, esas aldeas están cubiertas por una capa de arena. Dicha arena ha protegido las ruinas durante milenios evitando el desplazamiento y la erosión de sus objetos, casas, fogones y tumbas, aunque hace prácticamente imposible su descubrimiento. Sin embargo, las feroces tormentas de invierno que azotan la región son capaces de levantar y apartar la arena por unos días. En cuanto el viento, la lluvia y las olas remiten, Galili debe estar preparado para ir a mirar.

Al contrario que los arqueólogos dedicados a buscar Doggerland bajo el mar del Norte, Galili no trata de reconstruir un país sumergido por completo, sino de hallar aldeas concretas situadas relativamente cerca del litoral actual. De hecho, están tan cerca que a veces, cuando va caminando por la orilla, encuentra pedazos rotos de antiguas vasijas de arcilla a sus pies. Otras veces, el mar le manda un trozo de hueso animal o humano deformado por el agua y la arena hasta el punto de que apenas es reconocible. Si la marea baja y los efectos de una tormenta se alinean correctamente, Galili acaba en ocasiones paseando entre los restos de estructuras de piedra, como fogones o casas, con las olas rozándole los pies mientras explora un lugar perdido hace largo tiempo. Es consciente de que, si logra encontrar ese tipo de objetos o estructuras en la costa, debe de haber más bajo el agua.

Sin embargo, otras veces no llega a la orilla ninguna evidencia obvia del mundo submarino. Entonces Galili ha de plantarse en la playa a observar las aguas poco profundas, alerta a cualquier anomalía. La blanca arena mediterránea pone de relieve el color más oscuro de los suelos antiguos y las piedras expuestas, que destacan incluso bajo el agua. Las ruinas de casas, pozos, muros y círculos de piedra, en cuanto quedan brevemente liberadas de su cubierta de arena, interrumpen además el típico camino liso e impasible de las olas que se abre paso hacia la playa. Por tanto, cuando Galili ve una mancha oscura bajo el agua o un extraño patrón en las olas, vadea el mar y se sumerge para bucear con tubo o con botella, o bien se sube a un barco y sale a comprobar de qué puede tratarse. A veces no es más que un montón de algas o de *kelp*, agitados y sacados a la superficie del mar por las olas de la tormenta. Pero en otras ocasiones es una aldea que nadie había visto en, al menos, siete milenios. «Parece magia», afirma Galili.

Fue así como, en el 2012, Galili acabó buceando entre los restos de una aldea anegada que ahora recibe el hombre de Tel Hreiz. Al contrario que en Doggerland, donde la gente seguramente construía sus hogares con la madera de los árboles circundantes, estos aldeanos mediterráneos usaban piedras para levantar la mayoría de sus casas y otras estructuras, y los recios cimientos rectangulares de esos edificios aún se alzan en su ubicación original. Gracias a unos métodos de inspección submarina que había estado perfeccionando desde la década de 1980, Galili rápidamente dibujó, fotografió y cartografió esas estructuras de fácil identificación. Buscó asimismo elementos que había visto en otras aldeas sumergidas, como fogones antiguos, restos de herramientas de piedra o huesos animales, fragmentos de alfombras o cestas tejidas con juncos y cúmulos de piedras que quizá señalaran una tumba o marcaran la boca de un pozo. Más allá de llevar a cabo una inspección rápida, el equipo de Galili recogió muestras de madera y hueso para enviarlas a identificar y datar con radiocarbono. Las fechas demostraron que hubo gente viviendo en Tel Hreiz en algún momento hace entre siete mil quinientos y siete mil años, hacia el final de la Gran Inundación. En esa horquilla de tiempo, la aldea seguramente existió durante unos doscientos o trescientos años.

En muchos sentidos, Tel Hreiz era una aldea costera típica de su entorno y su tiempo. Su población sobrevivía a base de una mezcla de pesca, agricultura, pastoreo y caza. Construían casas permanentes allí donde podían vivir todo el año, más que moverse con las estaciones como aún hacía por entonces mucha gente en todo el mundo. Cultivaban trigo, cebada y lentejas, entre otras plantas, cuidaban de cabras y otro ganado (quizá con ayuda de perros), pescaban lanzando redes al mar y cazaban algún que otro ciervo. Fueron de las primeras poblaciones del mundo en prensar aceite de oliva, tal y como demuestran cientos de huesos de aceituna inundados que la arena y el mar protegieron de la descomposición.

Sin embargo, Galili dio en Tel Hreiz con algo que no había detectado en ninguna otra aldea sumergida. Pasadas las casas y la mayoría de los demás restos, distinguió una línea recta de peñascos que se extendían a lo largo de más de noventa metros. Cada peñasco pesaba más de cien kilos; eran mucho mayores que las piedras utilizadas para construir los hogares. El pueblo los había dispuesto formando un muro.

Valiéndose de cuadernos sumergibles y cámaras submarinas, Galili y su equipo dibujaron y fotografiaron las piedras del muro parcialmente expuesto en solo dos días; hicieron el meticuloso trabajo de inspección arqueológica en plena carrera contra la arena que regresaba. Pasarían tres años hasta que los arqueólogos volvieran a ver ese muro, tras una tormenta en el 2015. De nuevo corrieron al mar para documentarlo y tuvieron la oportunidad de confirmar los datos iniciales y ampliarlos. Con la información recopilada en esos dos breves períodos de inspección, Galili y su equipo cartografiaron el muro con respecto al resto de Tel Hreiz. En otros tiempos se había levantado sobre la antigua playa, entre la aldea y el mar. Aunque los arqueólogos no lograban calcular su altura con exactitud ahora que los peñascos estaban esparcidos por el lecho marino, el tamaño de las piedras apuntaba a su solidez y fortaleza. El lugar más próximo en el que había peñascos de ese tamaño eran unos lechos fluviales situados como poco a un kilómetro y medio de la aldea. Probablemente, todas las personas que vivían en la aldea cooperaron para llevar los pedruscos a la playa y apilarlos en su sitio, uno a uno.

En la época en la que los aldeanos de Tel Hreiz construyeron el muro, el Mediterráneo estaba avanzando por la playa. Su acercamiento no fue siempre constante. A veces era un arrastre lento, mientras que en otras ocasiones había una pausa lo bastante prolongada para que la gente pudiera plantearse si se habría detenido para siempre, hasta que una violenta tormenta de invierno mandaba unas olas enormes que rompían camino de la playa y el agua volvía a subir hacia Tel Hreiz. En aquel sitio, como en Doggerland, el apocalipsis no adoptó la forma de una única catástrofe, sino más bien de una acumulación de desastres menores. Las inundaciones eran frecuentes, y quizá el rocío salobre de las olas cayese en los cultivos y envenenase las cosechas. Entretanto, la playa se erosionaba bajo el constante golpeo de las olas, acercando cada vez más el mar y haciendo que la siguiente tormenta fuese incluso más peligrosa.

En Tel Hreiz, durante la Gran Inundación, el mar se estuvo elevando entre cuatro y siete milímetros al año. En el transcurso de un siglo —quizá tres o cuatro generaciones—, el agua subió más de sesenta centímetros, una proporción equivalente a la que se espera para el 2100. El muro, igual que los diques que actualmente hay por todo el mundo, debió de impedir el paso de crecidas y mareas altas, protegiendo la aldea del mar en alza durante el máximo tiempo posible. La gente de Tel Hreiz respondió al apocalipsis con ingenio y cooperación, robándole horas a su trabajo cotidiano para construir una barrera enorme que protegiese su hogar común. Quizá su inspiración radicara en saberse herederos de un largo linaje de comunidades que se habían enfrentado al mismo apocalipsis. Como pescadores, los aldeanos de Tel Hreiz y de más allá debían de estar íntimamente familiarizados con las aguas cercanas a sus orillas. En esas aguas, después de una tormenta o con la marea baja, es probable que también ellos vieran los contornos imprecisos de viejas casas de piedra, distinguieran los restos machacados de herramientas y huesos antiguos, y nadaran entre las ruinas de emplazamientos sumergidos mucho tiempo atrás. También ellos debían de saber que sus ancestros habían perdido sus casas ante el mar.

Tras aventurarse aún más en las aguas costeras del norte de Israel, Galili encontró las aldeas sumergidas todavía más antiguas que la población de Tel Hreiz debió de conocer solo como fantasmas, y pudo ver así un capítulo anterior de la historia de la adaptación de ese pueblo a la subida del nivel del mar. Unos cinco kilómetros al sur de Tel Hreiz hubo gente viviendo en el asentamiento ahora conocido como Atlit-Yam hace entre nueve mil trescientos y ocho mil cuatrocientos años, en una fase anterior de la Gran Inundación. Ahora mismo se encuentra a unos doscientos metros de la costa y bajo más de siete metros de agua, pero hace siete mil años sus ruinas estaban tan cerca de la playa como Tel Hreiz lo está ahora. En el período que separa la existencia de ambas aldeas cambiaron muchas cosas. En Atlit-Yam, la cerámica aún no se había inventado y la gente se dedicaba mucho más a la pesca que a la agricultura. Tel Hreiz y otras aldeas fueron sus descendientes y conservaron algunas de las viejas tradiciones pesqueras, al tiempo que ampliaron el consumo de plantas y animales terrestres. Quizá también heredasen, de manera directa o indirecta, la conciencia de que podrían proteger sus comunidades del ascenso del nivel del mar, al menos durante un tiempo, mediante la creatividad y la invención tecnológicas. Al excavar el pozo de Atlit-Yam, Galili descubrió una capa de piedras de gran tamaño, de unos dos metros de alto contando desde la base del hueco, lo que revelaba que los aldeanos habían intentado cegarlo parcialmente. Por entonces, el agua salobre del mar en alza habría estado filtrándose en las aguas dulces subterráneas de la zona. Se supone que elevar el nivel del pozo con piedras ayudaba a los aldeanos a extraer agua de una parte más alta del acuífero, aún sin contaminar, ampliando así la vida útil del pozo y quizá de la propia aldea.

A lo mejor la gente contaba historias sobre esta innovación, en tono de admiración o de incredulidad, o de ambas cosas. Con el tiempo, dichas historias tal vez se trocasen en fábula o mito, como un ejemplo de la habilidad y la supervivencia que mantuvieron el apocalipsis a raya, o que concedieron a la comunidad un poco más de tiempo cuando más lo necesitaba. Puede que, cuando volvió a ocurrir lo mismo, la gente recordase esas historias, ese rumor o ese mito, y supiera que podía recurrir de nuevo a lo mismo. Debían de saber que sus inventos no salvarían sus casas para siempre. Toda aldea, igual que toda persona, acabaría pasando algún día a la otra vida. Sin embargo, eso no era motivo para abandonar su hogar mientras pudieran seguir protegiéndolo, para no ayudarlo a existir mientras tuviesen la oportunidad de hacerlo. El pozo y el muro trasladaron al futuro el recuerdo de una posible respuesta al apocalipsis, antiguos susurros de la imaginación, la perseverancia y el tiempo rescatado.

Las esposas de Ngurunderi habían huido. Él aún alcanzaba a oírlas y verlas a lo lejos, así que salió en su busca. Sin embargo, cada vez que llegaba al lugar en el que las había divisado, las esposas ya no estaban allí. Ngurunderi las persiguió por el curso del río y por toda la costa, hasta el punto en el que una fina franja de tierra se extendía cruzando un estrecho y desembocaba en otra orilla distante. Ngurunderi les pisaba los talones, decidido a castigarlas. Alcanzó el inicio del estrecho cuando sus esposas habían recorrido la mitad.

Entonces bramó con voz de trueno: «*Prenkulun prakuldun!*», ¡Agua que sube, agua que cae! Una poderosa ola se precipitó contra el estrecho, barrió a las esposas y las arrastró al mar, donde se ahogaron y se transformaron en piedra. Ahí se convirtieron en islotes, atrapadas para siempre en mitad de su viaje. La terrible inundación no remitía y la poca profundidad del estrecho fue en aumento. Ngurunderi nadó hasta la tierra a la que se dirigían sus esposas, convertida ya en una isla separada del continente por el agua que él mismo había invocado. El sonido del viento que soplaba a través de un gran árbol parecía un llanto y le recordó a sus esposas.

Ngurunderi sabía que había llegado el momento de abandonar este mundo. Viajó al extremo occidental de la isla, arrojó sus lanzas al mar y se sumergió tras ellas. Desde el océano, ascendió al cielo y se convirtió en la estrella más brillante de la Vía Láctea. La gente del continente vecino pasó a conocer esa isla como la «tierra de los muertos»: las almas de los desaparecidos seguían los pasos de Ngurunderi y viajaban a la isla de camino al cielo.

Más allá de ser un mito sobre la vida después de la muerte, esta leyenda de Ngurunderi y la creación de la isla Canguro, contada por la nación ngarrindjeri y otros pueblos aborígenes del sur de Australia, quizá sea también un relato oral de la Gran Inundación. Llamada Karta Pintingga por los grupos aborígenes, la isla Canguro queda a unos dieciocho kilómetros de la costa meridional de Australia, al otro lado de un fino estrecho oceánico formado por la subida del nivel del mar. Decenas de cuentos similares —sobre inundaciones, muertes, lugares viejos y nuevos— se contaban y se cuentan entre las tribus indígenas de toda la costa australiana.

Muchas culturas del mundo entero tienen mitos sobre inundaciones y lugares sumergidos, y resulta tentador vincularlas a un recuerdo ancestral de la Gran Inundación. Sin embargo, en la mayoría de los casos, la conexión entre una historia concreta y el aumento del nivel del mar hace entre nueve mil y siete mil años es simbólica, si acaso. El mito de la inundación más conocido entre los occidentales se remonta solo al 2000 a. C. aproximadamente (unos tres mil años después de que se hundiera Tel Hreiz y desapareciesen los últimos restos de Doggerland), cuando el relato de un hombre al que una deidad le encarga construir un barco para salvar a los seres vivos de la Tierra de una inundación sobrenatural apareció por primera vez en unos poemas que acabarían por conformar la *Epopeya de Gilgamesh*. Esa historia influiría en otras muchas, como la de Noé y su arca. Si pudiéramos escuchar los cuentos aún más antiguos (los narrados en torno a fuegos o representados durante rituales) que dieron lugar a las versiones escritas que conocemos hoy, quizá descubriríamos que se trata de ecos de la destrucción y la renovación de la Gran Inundación. Sin embargo, con la información de la que disponemos solo podemos afirmar que las historias de inundaciones presentes en *Gilgamesh* y en la Biblia no están vinculadas a la formación de un paisaje concreto, como sí lo está claramente el mito de la isla Canguro. Y lo que es más: los relatos occidentales acaban con la retirada de las aguas, mientras que eso nunca llegó a ocurrir después de la Gran Inundación.

En los relatos de los aborígenes australianos, la inundación no acaba. El mar se precipita y nunca se retira. Los paisajes que la gente conocía no regresan. Nada vuelve a ser como era. La tierra y las gentes que la habitaban cambian para siempre, reconfiguradas y rehechas por un apocalipsis. Si esos relatos documentan la Gran Inundación, significa que el recuerdo de aquellos paisajes del pasado y del apocalipsis que los destruyó se ha transmitido de generación en generación durante al menos siete mil años, cuando el nivel del mar dejó de aumentar en torno a Australia. Eso los situaría entre los recuerdos culturales más antiguos del mundo.

Algunas de estas historias aborígenes quizá conserven la idea de lo complicada e incierta que pudo ser la supervivencia durante la Gran Inundación. En los relatos del pueblo narungga, el anegamiento de la tierra cenagosa que se transformaría en el golfo situado al norte de la isla Canguro se predice en las pesadillas de un emú y un abanico lavandera, una especie de ave muy común. El abanico lavandera sueña que está atrapado en una isla mientras las olas rompen a su alrededor; el emú sueña con unas lagunas conocidas que se convierten en «una tierra seca, polvorienta y árida. Había desolación por todas partes. Animales, aves y reptiles yacían muertos en derredor». Ese mismo día, su compañero canguro abre sin querer la tierra e invita a pasar al mar arrastrando por el suelo el hueso de un ser mágico.

Existen otras historias que hablan de manera más directa de un mar implacable y de una gente que temía que su acercamiento nunca se detuviera. El pueblo yidinjdji del noreste de Australia recuerda la época en que la tierra se extendía unos cuarenta kilómetros más allá de la costa actual, cuando lo que ahora es la Gran Barrera de Coral (uno de los ecosistemas marinos más ricos del mundo) se reducía a un matorral reseco. Esas historias hablan de un hombre que condujo a parte de su pueblo hasta una montaña para escapar de una inundación. Allí hicieron un fuego y calentaron peñascos, que lanzaron rodando al mar para detener el ascenso de las aguas. Aunque lograron parar su avance, el mar nunca se retiró a donde había estado. Por su parte, en el sur de Australia, los pueblos andingari, wirangu y wati nyiinyii cuentan cómo sus ancestros temían que el mar se extendiese sobre todo aquello que conocían. A modo de respuesta, construyeron barreras, con raíces de árboles en algunos relatos y con lanzas en otros, para impedir que la inundación se acercase más. Al igual que los constructores del muro de Tel Hreiz, parece que los ancestros de estas comunidades aborígenes llegaron muy lejos para permanecer en los lugares que conocían y apreciaban.

Y se quedaron en ellos, sí, incluso después de que su tierra y su vida cambiasen. En las islas de Murujuga, conocidas como el «archipiélago Dampier», junto a la costa del árido oeste de Australia, la comunidad arqueóloga ha documentado miles de obras de arte rupestre. Hace más de dieciocho mil años, todas las figuras talladas representaban a humanos y animales terrestres, canguros entre ellos. Luego el mar empezó a subir, convirtiendo lentamente el paisaje en una serie de islas. Los artistas de Murujuga empezaron entonces a tallar figuras de tortugas, peces, aves marinas y mamíferos del mar. Cuando el agua llegó hasta ellos, esta antigua población del desierto se adaptó a la vida insular. Seguía habiendo tierra de sobra para todo el mundo; solo debían cambiar su manera de habitarla.

Los recuerdos de tierras ancestrales fueron transmitiéndose entre innumerables generaciones a través de mitos, leyendas, conocimiento ecológico e incluso lenguas. El pueblo yidinjdji, que cuenta cómo sus ancestros detuvieron el mar con piedras calientes, conserva en su idioma una especie de mapa de su país sumergido. En la lengua yidin, *daruway* significa tanto «cerro» como «isla», lo que capta la transformación del paisaje con el acercamiento del mar. La isla Fitzroy, situada ahora mismo a unos cinco kilómetros de la costa noreste de Australia, se denomina *gabar*, o «brazo inferior», en «referencia a un tiempo en el que era un promontorio continental que cercaba un valle fluvial». El pueblo yidinjdji incluso conoce aún el nombre de una isla sumergida hace mucho y emplazada junto a su costa: Mudaga, llamada así por el tipo de árbol que crecía en ella. En el mar del Norte, los científicos han de redescubrir formaciones terrestres sumergidas y olvidadas como los montes Dogger (convertidos en la isla de Dogger y luego en el Banco Dogger) o el río Shotton. En Australia, lugares similares son recordados vívidamente por grupos aborígenes que desde tiempos inmemoriales han dependido de lo que ellos llaman el País del Mar y han cuidado de él.

Aunque en Israel o en los países que rodean Doggerland no hayan sobrevivido hasta el presente mitos o recuerdos vinculados directamente con la Gran Inundación, esas historias pudieron ser igual de cruciales para la vida, la identidad y las prácticas espirituales de sus pueblos antiguos que el País del Mar lo es ahora para los grupos aborígenes. En emplazamientos mesolíticos de los Países Bajos, Dinamarca y Noruega, la comunidad arqueóloga ha encontrado herramientas de piedra y algunos huesos de animales a modo de ofrendas enterradas a lo largo de antiguos litorales que ahora están bajo el agua. La población de Europa y más allá también sepultó al menos a una parte de sus muertos en la costa, y ubicó deliberadamente las tumbas en lo que podría parecer una cercanía precaria al mar en ascenso.

Por ejemplo, en uno de los primeros emplazamientos sumergidos que se excavó en Dinamarca en la década de 1990, la comunidad arqueóloga descubrió una embarcación funeraria de casi siete mil años. El cuerpo de un hombre de unos veinticinco años estaba colocado en una canoa parcialmente quemada, envuelto en láminas de corteza. Lo rodeaban un remo, un arco y fragmentos de asta. La embarcación la habían encallado en el fango cerca de la costa, de manera que no se moviese, pero asegurándose de que al final quedase inundada y enterrada bajo el nuevo suelo marino. Al parecer habían colocado unos grandes pedruscos formando una línea que conectaba el litoral con el lugar del enterramiento, lo que constituía una especie de camino para que la gente pudiera visitar el lugar incluso estando ya sumergido. Más de tres mil kilómetros al sureste, junto a la costa de Israel, en una aldea que fue vecina de Tel Hreiz y ahora se llama Neve-Yam, Galili y sus colegas hallaron el primer cementerio independiente de la región, al lado del pueblo actual que linda con la orilla. Descubrieron, además, los huesos de un niño de uno o dos años enterrado en lo que ahora es un islote y entonces sería un monte que se alzaba entre la aldea y el mar, en una posición similar al muro de Tel Hreiz.

Quizá las aguas poco profundas cercanas a la costa, salpicadas de ruinas visibles en Israel o de fantasmales bosques sumergidos en Doggerland, representaran la tierra de los muertos, lo aciago y el tabú. Enterrar ofrendas y sepultar a seres queridos —o quizá hacer sacrificios— a lo largo de la costa que empezaba a inundarse pudo haber sido una desesperada respuesta espiritual ante el ascenso del nivel del mar, «un grito a los dioses para que lo detuviese», escribe el arqueólogo Jim Leary. Es posible también que la gente viese esos lugares desaparecidos o en proceso de desaparecer como sus tierras ancestrales, lamentablemente perdidas pero aún recordadas. O, por el contrario, las ofrendas podían estar destinadas a los ancestros que habían vivido allí, y los enterramientos en la costa o en las islas quizá fuesen su manera de regresar a casa para reunirse con ellos.

A lo mejor esos recuerdos y tradiciones duraron miles de años. Entre los muchos objetos dragados del mar del Norte hay varias hachas de piedra de un estilo que no se inventó hasta varios milenios después del hundimiento de Doggerland. La agricultura había llegado a Gran Bretaña ya entonces y el estilo de vida de cazadores-pescadores-recolectores de Doggerland había desaparecido de la región hacía mucho, al igual que la tierra en la que se había practicado de forma tan provechosa. La explicación más extendida es que esas hachas fuesen el cargamento de embarcaciones hundidas durante un viaje comercial hace unos seis mil años. Sin embargo, algunos arqueólogos, como Leary y Gaffney, consideran que pudieron ser ofrendas hechas siguiendo la misma tradición que la de las herramientas mesolíticas enterradas a lo largo de la costa.

Las hachas se extrajeron de lugares elevados, como el Banco Dogger, que pudieron haber sobrevivido como islas mientras el resto de Doggerland desaparecía a su alrededor, adquiriendo así un nuevo significado como puntos de referencia y refugios. Serían los últimos pedazos de Doggerland en desaparecer y, por tanto, quizá los últimos en olvidarse. Puede que los descendientes del pueblo de agua de Doggerland remasen hasta esos lugares recordados e hiciesen el mismo tipo de ofrendas que sus ancestros, arrojando algunos de sus objetos más preciados al mundo acuático al que ya no tenían acceso pero que aún no habían perdido.

CAPÍTULO 3

CÓMO EL APOCALIPSIS UNIÓ A LA GENTE

La costa norte de Perú, que se extiende a unos mil kilómetros de la capital, Lima, subiendo hacia la frontera con Ecuador, es uno de los desiertos más áridos del planeta. Con una anchura inferior a treinta kilómetros en algunas zonas, está encajada entre las aguas gélidas del océano Pacífico al oeste y las abruptas cumbres de la cordillera de los Andes —las cuales impiden que el aire húmedo que se eleva de la selva amazónica se expanda por la costa— al este. Las frías aguas que cercan el desierto por un lado están abarrotadas de vida, en especial de peces pequeños como boquerones y sardinas. Sin embargo, el agua dulce escasea. La vida en la tierra gira en torno a su única fuente fiable: los ríos que bajan desde los Andes, alimentados por glaciares de montaña y lluvias de altitud. A menudo son poco más que unos arroyos de finos hilos. Aun así, el ecosistema está preparado para aprovecharlos, y los valles son unas impactantes explosiones de verde en contraste con el desierto marrón y polvoriento que los rodea.

En el transcurso de miles de años, la economía de la costa norte se ha centrado en dos actividades principales: agricultura y pesca. Ambas son de una productividad asombrosa en un entorno que, a primera vista, parece marginal e implacable. Los canales de riego, una tecnología usada allí desde hace miles de años, llevan agua de los ríos a los campos de cultivo. Actualmente, nutren amplias fincas de caña de azúcar, arroz y otros cultivos que requieren muchísima agua y que prosperan de forma incongruente en pleno desierto. En el mar, gigantescas explotaciones pesqueras sacan del Pacífico toneladas de boquerones, sardinas, calamares y peces limón. El constante afloramiento de agua del mar, fría y rica en nutrientes, sustenta bancos de peces de tamaños impresionantes y fáciles de capturar y de transportar a todo el mundo.

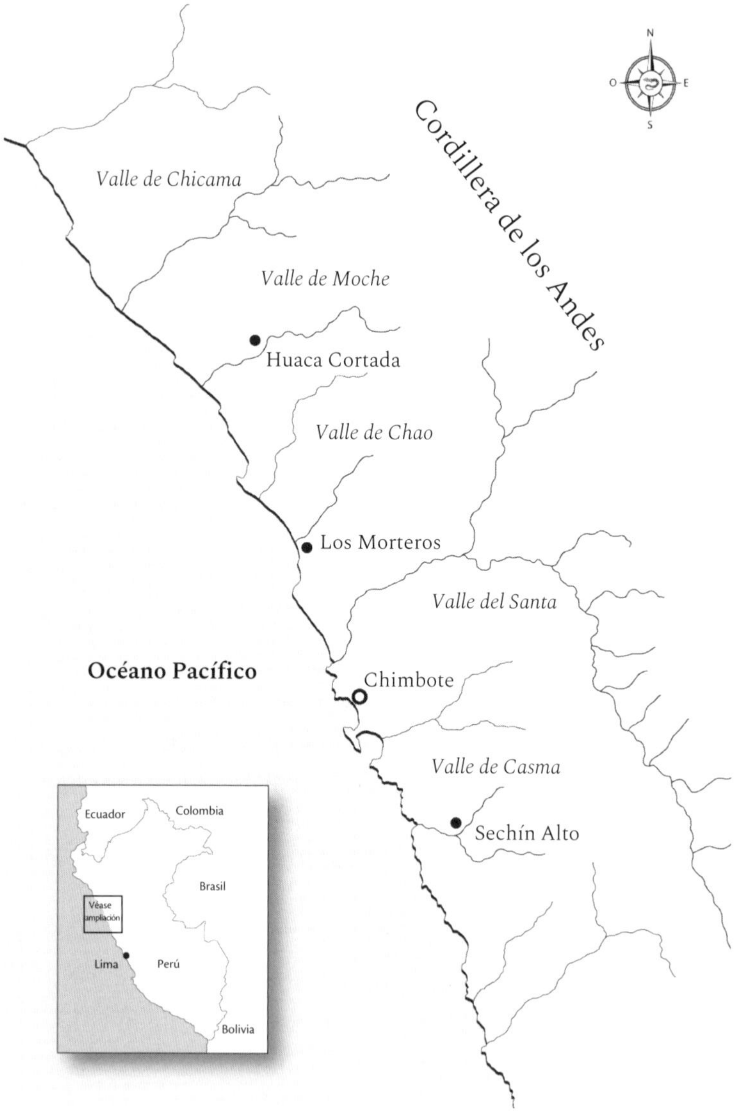

Principales valles fluviales en la costa norte de Perú.

La mayor parte del tiempo, este sistema en delicado equilibrio funciona. Sin embargo, cada cierto tiempo, entre tres y siete años, el entorno de la costa norte (y toda la vida que depende de él) da un vuelco. Por lo general, todo empieza después de Navidad, cuando de pronto aparece una corriente de aguas cálidas en un Pacífico normalmente gélido. Los pescadores de la costa norte de Perú, ya desde finales del siglo XIX, llaman a esta corriente El Niño, en honor al Niño Jesús, cuyo nacimiento celebran en la misma época. Con la llegada de El Niño, los peces adaptados a las aguas frías de la costa peruana se ven obligados a emigrar para no morir. Montones de peces muertos se pudren en las playas, mientras que las capturas, en general masivas, caen en picado. El mar, más cálido ya, no para de enviar agua evaporada a la atmósfera y las nubes se inflan de humedad por encima de una tierra que suele recibir poco más de dos centímetros de lluvia al año. Los chaparrones son torrenciales. Los ríos se desbordan y destruyen los canales y los cultivos que suelen nutrir. Barrancos casi siempre secos canalizan riadas directamente hacia los valles en los que vive la mayoría de la población. Esas inundaciones barren fincas, canales, cosechas, casas, ganado y también a personas, a veces en cuestión de horas. Las calles de las ciudades se convierten en ríos embravecidos. Las crecidas llevan consigo cargas inmensas de tierra que cubren hogares y cultivos bajo gruesas capas de barro y cieno, las cuales permanecen incluso después de detenerse la lluvia y remitir la inundación. Las pozas de agua estancada que se acumulan donde no suele haberlas se transforman en criaderos de mosquitos, y se producen brotes de enfermedades como la malaria o el dengue.

La comunidad científica sabe que El Niño, que dura entre doce y dieciocho meses, afecta al clima del mundo entero, con lluvias invernales inusualmente fuertes en California o sequías en el sur de África. No obstante, en ningún sitio golpea con mayor violencia que en la costa norte de Perú. En el 2017, incluso una versión breve y desacostumbradamente localizada de El Niño mató a 158 personas en Perú, desplazó a más de un millón y causó daños por valor de más de tres mil millones de dólares. Más del uno por ciento del PIB del país se perdió en solo dos meses.

Los científicos entienden ahora que El Niño ocurre por complejas interacciones entre la atmósfera y la superficie del océano. Sin embargo, siguen sin saber a ciencia cierta por qué se da en algunos años y no en otros, ni la fuerza que tendrá una vez que llegue. Lo único de lo que todo el mundo está seguro es de que algún día, no muy lejano, volverá a ocurrir.

Para las sociedades antiguas, una catástrofe así de frecuente y desestabilizadora, responsable de que un paisaje árido de pronto reciba lluvia suficiente para verse transformado en un reflejo malévolo de sí mismo durante más de un año, debía de significar por fuerza un apocalipsis. La gente podía recuperarse de un impacto aislado de El Niño, pero a sabiendas de que el retorno de esa destrucción era inevitable y de que se llevaría por delante, literal y figuradamente, años de restauración y progreso. Sin ningún patrón fijo y sin apenas advertencias previas, ese fenómeno atmosférico ponía claramente de manifiesto la precariedad de la vida y la sociedad.

Muchos de nosotros creemos por instinto que las comunidades se fracturan tras este tipo de catástrofes. Así, podríamos esperar que el nivel de inestabilidad climática y destrucción periódica pero irremediable que sufría la antigua población de la costa norte desalentara a sus miembros de construir cualquier cosa susceptible de ser destruida, incluida la propia civilización. Sin embargo, la arqueología ha desvelado que vivir a la sombra de un apocalipsis recurrente no dividió al pueblo de la costa norte de Perú. Por el contrario, quizá fue la fuerza motriz que lo unió.

En 1980, el estadounidense Dan Sandweiss, un joven estudiante de posgrado, se encontraba en el peruano valle del Santa rebuscando en basuras de seis mil años de antigüedad. La gente que las había dejado atrás había vivido sin cerámica, sin líderes políticos y sin agricultura intensiva. No necesitaban nada de eso para llevar una vida cómoda, porque tenían el mar. Igual que el pueblo de Doggerland, eran cazadores-pescadores-recolectores, aunque el grueso de todas esas actividades radicaba en el océano y su abundancia. Cuando cazaban, cazaban leones marinos y otros mamíferos acuáticos. Cuando recolectaban, recolectaban moluscos. Las únicas plantas que cultivaban con un mínimo de compromiso eran el algodón y la calabaza, que usaban para tejer redes y fabricar boyas. Ese pueblo, sobre todo, pescaba.

Para cuando llegó al valle del Santa —una de esas finas franjas de verdor en mitad de un desierto implacable—, Sandweiss ya poseía un conocimiento enciclopédico sobre los moluscos de los que se alimentaba aquel pueblo antiguo. Los moluscos tienen su propio envase casi indestructible, que los antiguos habitantes de la costa norte desechaban y que se acumulaba en pilas enormes. Al contrario que las delicadas espinas de los peces o las redes de algodón orgánico, las conchas no se descomponen ni se desintegran fácilmente, por lo que no desaparecen sin más en el paisaje del que salieron sus materias primas. Permanecen donde se las deja, por lo que son «tesoros de información» para la comunidad arqueóloga.

Sandweiss se encontraba en el valle del Santa para examinar una serie de emplazamientos que contenían antiguos muladares de conchas: el repositorio de los restos de generaciones de comidas y, como tal, una vasta fuente de información sobre la dieta de ese pueblo antiguo, la ubicación de sus asentamientos y los ecosistemas de los que dependían. Pese a que apenas había comenzado su carrera científica, Sandweiss ya había analizado multitud de conchas de emplazamientos similares, tanto sobre el terreno como en colecciones guardadas en laboratorios y museos. En el valle del Santa, adoptó esa postura encorvada tan habitual para cualquier arqueólogo que está de inspección, con los ojos ya entrenados para detectar evidencias de vidas pasadas aún esparcidas por el suelo. Esperaba ver las mismas especies que llevaba dos años examinando. Sin embargo, se encontró con las conchas oblongas de las ostras.

«Nunca había visto ostras en Perú», afirma Sandweiss. Los ojos se le abrieron como platos ante otras anomalías más, especies de almejas y vieiras que no había identificado antes. «Pensaba que conocía todas las conchas», pero aquellas con las que estaba familiarizado no las hallaba por ninguna parte en aquel emplazamiento. Intrigado y bastante confuso, recogió algunas de las extrañas conchas que estaban en la superficie y las guardó en su mochila. La siguiente vez que visitó Lima, llevó su improvisada colección a una experta en conchas del Instituto del Mar del Perú. Quizá un investigador más entendido pudiera explicarle lo que estaba examinando. La experta en conchas le pidió que le diera dos semanas para echar un vistazo a sus hallazgos.

Cuando Sandweiss regresó en busca de los resultados, la experta había redactado una lista de las especies encontradas en su colección y la había comparado con colecciones de especies que vivían en diversos ecosistemas vecinos. «¿Qué estabas haciendo por Ecuador?», le preguntó a Sandweiss al entregarle los resultados. Ecuador, al norte de Perú pero fuera del alcance de la corriente que mantiene frías las aguas de la costa peruana, era el lugar más próximo bañado por las aguas cálidas y tropicales que podían haber dado lugar a la colección de conchas de Sandweiss.

«Yo no he estado en Ecuador», le respondió. El valle del Santa queda casi quinientos kilómetros al sur de la frontera ecuatoriana.

«¡Tienes que haber estado allí! Estas especies no viven en Perú», añadió la experta. Era como encontrar cantidades ingentes de moluscos de la zona tropical de Puerto Rico en las playas de Nueva Jersey.

Sandweiss recuerda haberse quedado de piedra. Al mirar atrás, dice: «Ese fue el principio. La pista de que ahí había algo diferente».

El campo de la arqueología reposa sobre el hecho fehaciente de que las sociedades y las culturas están en constante cambio. En ocasiones, esos cambios son pequeños, como cuando se inventa un nuevo tipo de herramienta o de decoración, mientras que otras veces se trata de transformaciones monumentales, como el desarrollo de una nueva religión o la creación de un imperio. La comunidad arqueóloga se ha formado para detectar cómo se reflejan esos cambios en los objetos que usa la gente, en los alimentos ingeridos y en el modo de organizar hogares, pueblos y ciudades. Una nueva religión, por ejemplo, podría causar no solo la construcción de templos que reconfigurasen un paisaje urbano, decorados con imágenes de nuevas deidades, sino también la adopción de nuevos dictados alimentarios, detectable en la repentina desaparición de restos de alimentos recientemente prohibidos en los muladares de las casas plebeyas más humildes. En cualquier caso, los arqueólogos necesitan asimismo acostumbrarse a la posibilidad de otro tipo de cambios, aquellos sobre los que los pueblos antiguos apenas tuvieran control. Los arqueólogos han de mantenerse alerta para detectar transformaciones medioambientales. Allí donde trabajen, no deben dar por sentado que el ecosistema y el clima de la zona fueron en el pasado los mismos que hoy.

Durante los últimos cincuenta años aproximadamente, el cambio climático contemporáneo ha aumentado la urgencia de entender esquemas climáticos previos. La comunidad científica ha identificado una amplia variedad de materiales naturales que conservan registros de hábitats pasados que pueden proporcionarnos ciertos conocimientos de cara a nuestro futuro. Los equipos científicos extraen hielo de glaciares montañosos y capas polares de hielo y sacan tubos de sedimento de los lechos de océanos y lagos de todo el mundo. Parten estalagmitas y estalactitas de cuevas y las dividen en trocitos. Incluso se llevan muestras diminutas del interior de los corales para reconstruir cómo la temperatura y la composición química del agua que los rodea han cambiado con el tiempo. Todos esos materiales se formaron en capas, como los anillos de los árboles, y cada una de esas capas conserva marcas orgánicas o químicas que reflejan el entorno en el que se crearon. Contando hacia atrás a través de esas capas, los científicos pueden reconstruir instantáneas de hábitats pasados y rastrear sus cambios, remontándose a veces a cientos de miles de años.

Pese a ciertas limitaciones en cuanto al estudio de las sociedades y culturas humanas, estos archivos climáticos naturales han supuesto un beneficio enorme para los arqueólogos, que antes a duras penas lograban entender cómo los hábitats del pasado diferían de los actuales. La información climática que capturan dichos archivos suele cubrir regiones muy amplias, incluso un hemisferio entero, y a lo largo de un período que se extiende décadas o siglos. Los promedios que aportan, si bien son vitales para reconstruir tendencias climáticas globales durante eones, no necesariamente reflejan el tipo de patrones climáticos y meteorológicos más localizados en el tiempo y en la geografía que afectan a la vida humana y a los cambios sociales durante el período en el que se producen.

Por su parte, los moluscos hallados por Sandweiss en el valle del Santa eran un registro tanto climático como cultural. Al mostrarnos que el pueblo que vivió allí hace seis mil años comía ostras —que ahora no se encuentran en Perú—, las conchas ofrecían una pista prometedora aunque confusa sobre los ecosistemas marinos de los que se habían extraído. Mediante la combinación de información local (por ejemplo, especies de moluscos) con datos regionales (por ejemplo, isótopos de testigos de hielo), los arqueólogos pueden formarse una imagen más completa de un hábitat antiguo y, además, entender cómo lo experimentaron un pueblo y una sociedad en concreto.

Actualmente, muchos arqueólogos examinan sus datos en busca de esa clase de información sobre los climas antiguos y sus fluctuaciones, y eso incluye los desafíos ambientales que contribuyeron a los apocalipsis que exploraremos en la segunda parte del libro. Sin embargo, dicha práctica no era tan común cuando Sandweiss dio con sus extraños moluscos. Su hallazgo, en cualquier caso, resultó tan intrigante que un reducido equipo de arqueólogos y geólogos más experimentados solicitó ver los emplazamientos del valle del Santa. Allí, el equipo recogió más conchas de la superficie y excavó una pequeña cata, a modo de primera incursión en la basura convertida en tesoro que pudiera estar descansando bajo tierra. Gracias a la excavación, entre las conchas se hallaron trozos de carbón antiguo que luego se datarían por radiocarbono con el objetivo de establecer una cronología más sólida que definiera qué especies había, dónde y cuándo. No obstante, lo único que esos científicos podían saber con certeza era que las conchas de aguas cálidas estaban ahí, a solo unos kilómetros de un mar frío repleto de una serie de especies totalmente distintas.

Como muchos otros días de trabajo arqueológico de campo, aquel terminó con unas cervezas. Para procesar lo que habían visto, los componentes del equipo se reunieron en el bar de un hotel de Chimbote, la ciudad más cercana y, en aquellos tiempos, un importante centro productor de harina de pescado, cuya elaboración es especialmente maloliente. El olor pernicioso a pescado podrido y quemado lo permeaba todo, pero el bar era acogedor y ofrecía unas vistas al mar espectaculares, las bebidas estaban frías y, lo más importante para mantener a flote el buen ánimo, los científicos tenían un misterio entre manos.

Se pasaron la noche debatiendo posibilidades. La única ocasión concebible para la memoria o las circunstancias contemporáneas de que unas especies de moluscos así tuviesen alguna remota posibilidad de sobrevivir en aguas peruanas era la llegada de El Niño, cuando el mar que los científicos tenían delante se calentaba hasta más de ocho grados Celsius por encima de lo normal. Pero El Niño, por definición, era un fenómeno ocasional; solo podía haber dejado atrás algunas conchas tropicales sueltas entre la típica colección de especies de agua fría. Sin embargo, en los emplazamientos del valle del Santa no había más que especies de aguas cálidas, y eran lugares cuyos habitantes, supuestamente, se habían pasado siglos recolectando moluscos. El Niño podría haber transformado el entorno durante un tiempo breve, pero no la vida entera de ese asentamiento.

Con cautela, los científicos empezaron a sopesar la única explicación que tenía sentido. Quizá, plantearon, el océano Pacífico y sus corrientes fueron alguna vez «totalmente diferentes». A lo mejor las aguas costeras de Perú fueron en otros tiempos cálidas de forma permanente. Y tal vez, sin una corriente fría que alejar, El Niño no existía por entonces.

Aquellas conchas de ostras de seis mil años de antigüedad fueron la primera evidencia de que El Niño no siempre se había cernido sobre los pueblos de la costa norte. La población del valle del Santa llevó su vida y desarrolló su cultura libre de esa amenaza. Por el contrario, sus descendientes no solo vivirían con el apocalipsis, sino que verían su nacimiento mismo. La transformación de un mar cálido en uno frío, de un mundo de ostras en uno de boquerones, debió de ser un cambio ambiental lo bastante extremo para alterar la dieta de la gente y quizá su tecnología, si llegó a modificar su manera de pescar para sacar el máximo provecho de las nuevas especies de agua fría. Sin embargo, el paso de confiar en un entorno estable a temer uno impredecible y peligroso tuvo que ser una transformación incluso más profunda, y es probable que se extendiera entre las sociedades de la costa norte y las reconfigurase de maneras que Sandweiss, ese día en Chimbote, apenas empezaba a imaginar.

Así, tras aquel hallazgo fortuito como estudiante de posgrado, Sandweiss acabaría dedicando su carrera a desvelar el misterio del pasado de El Niño, con la esperanza de entender mejor sus efectos sobre las culturas antiguas de la costa norte de Perú. Entretejiendo archivos locales (como restos de pescados y moluscos extraídos de emplazamientos de toda esa costa) con registros climáticos regionales (como testigos de hielo), Sandweiss ha trazado una imagen de las idas y venidas de El Niño. Ha descubierto que este fenómeno probablemente apareciera hace entre once mil y nueve mil años, aunque sigue sin saberse con exactitud con qué frecuencia ocurría. Entonces, hace unos nueve mil años, El Niño se marchó, y su ausencia garantizó a los recolectores de ostras del valle del Santa, y a muchas generaciones de ancestros suyos, tres milenios de tranquilidad ambiental. Esa paz se vio sacudida hace cinco mil ochocientos años, cuando la corriente fría reapareció y El Niño volvió a nacer. El apocalipsis se cernió sobre la costa norte. Y no mucho después comenzó la civilización tal y como la conocemos.

¿Cómo sería para aquellos pescadores y recolectores de moluscos de la costa experimentar el regreso de El Niño después de tres mil años? Quizá conservaran leyendas sobre épocas en las que el entorno conocido por sus ancestros los había traicionado, y quizá en esas leyendas hubiera pistas sobre qué hacer cuando la temperatura del océano daba un vuelco y empezaba a caer la lluvia: abandonar el valle fluvial, marcharse a tierras altas, permanecer lejos más tiempo del que se creyera necesario y no tentar las crecidas que pudieran volver a producirse en cuestión de segundos. Aunque también es posible que, tanto tiempo después, El Niño y su eterno retorno se hubiesen difuminado, que su amenaza se hubiese olvidado; quizá a la gente le costaba creer que el mar y sus valles pudieran volverse en su contra, aunque ya hubiera empezado a ocurrir.

Según parece, en esa fase inicial del renacimiento de El Niño, el fenómeno ocurría un par de veces por siglo, no un par de veces por década como ahora. Es posible que no todas las generaciones lo experimentasen, pero su frecuencia y su impacto eran sin duda lo bastante importantes para que la vivencia se recordase y se transmitiera a las generaciones siguientes, vívida en la memoria colectiva de esa cultura. El apocalipsis ya no era cosa de un pasado lejano, procesado a través de mitos en el mejor de los casos. Se había convertido en algo para lo que la gente de la costa norte sabía que debía estar preparada, algo que con certeza volvería casi sin previo aviso. Aquel pueblo quizá experimentase su propio apocalipsis con esa sensación terrible, preocupante y aciaga de estar a la espera de una pérdida, sobre todo cuando la vivencia de El Niño todavía era nueva.

Cabría esperar que las comunidades y las culturas se desintegraran bajo la presión de la catástrofe, y a lo mejor en cierto modo ocurrió así. Los supervivientes que se alejaron tambaleantes de un valle fluvial revuelto por las inundaciones y cubierto por derrubios debían de haber perdido familia y amigos, casas y pertenencias, la noción de protección y seguridad. Puede que siguieran adelante sin mirar atrás en ningún momento o que añorasen para siempre lo que una vez habían poseído. No disponían de los nombres que tenemos ahora para calificar el estrés postraumático, la ansiedad climática y el duelo ecológico, pero seguro que manejaban sus propias palabras y maneras de entender y gestionar sentimientos similares.

No cuesta imaginar el desplazamiento posterior a un desastre como una experiencia solitaria y alienante, y es aún más fácil concebir el daño emocional y social que infligiría el impacto, impredecible pero inevitable, de un mismo desastre sobre una generación tras otra. Sin embargo, nuestro instinto con respecto a experiencias de esta índole, pese a estar profundamente enraizado, raras veces refleja cómo responden de verdad las personas y las comunidades al desastre. Nuestros mitos modernos en torno al desastre simplifican fenómenos complejos reduciéndolos a sus peores momentos, sentimientos y reacciones, mientras insisten en que no podemos esperar otra cosa.

En realidad, «el desastre es enormemente productivo», según escribe Rebecca Solnit en *Un paraíso en el infierno*, obra en la que documenta las comunidades de cuidado y solidaridad surgidas constantemente a raíz de fenómenos de este tipo, desde las cocinas improvisadas que se montaron en la calle tras el terremoto que sufrió San Francisco en 1906 hasta los refugios comunitarios antiaéreos construidos en el metro de Londres durante el Blitz o las operaciones voluntarias de rescate autogestionadas en el Bajo Manhattan después del 11-S. Una y otra vez, gente normal salta a la acción durante un desastre y también *a posteriori*, borrando viejas líneas divisorias entre los individuos y creando nuevas comunidades basadas en nuestra necesidad, inquebrantable aunque a veces reprimida, de ayudar y dejarnos ayudar, y de unirnos para sanar. «El sufrimiento y la pérdida se transforman cuando son experiencias compartidas», afirma Solnit.

Los desastres «nos permiten contemplar quiénes podríamos ser, en qué podría convertirse nuestra sociedad».

A pesar de que Solnit escribe sobre desastres de la era moderna y su poder para aflojar «los grilletes de los prejuicios y los roles convencionales» en sociedades mucho más grandes y menos adaptables que las de los recolectores del pasado lejano, la evidencia etnográfica y arqueológica sugiere que los antiguos cazadores-recolectores reaccionaban al desastre con nuestra misma compasión, generosidad y flexibilidad, si no en mayor medida. Algunas investigaciones sobre sociedades cazadoras y recolectoras más recientes, desde la Cuba precolombina hasta las islas Kuriles, que se extienden entre el norte de Japón y la península rusa de Kamchatka, demuestran que su principal estrategia para sobrevivir a desastres como huracanes o erupciones volcánicas consistía en apoyarse en vecinos y amigos. A veces, eso equivalía a mudarse con un grupo menos afectado y permanecer a su lado durante décadas y hasta un siglo; otras, la gente podía quedarse en sus casas gracias a redes y relaciones comerciales persistentes que ofrecían durante la recuperación una cantidad de alimentos y otros recursos superior a la usual. Los vínculos sociales a larga distancia y la disposición a asimilar a nuevos miembros pudo haber salvado incluso al *Homo sapiens* durante el período de inestabilidad climática que hizo caer a los neandertales por el precipicio de la extinción, tal y como vimos en el capítulo 1. Hasta donde podemos remontarnos, los seres humanos han sobrevivido al apocalipsis mediante la cooperación y la generosidad.

En la costa norte de Perú, el impacto ambiental de El Niño se extiende mucho más allá de su fase inicial de destrucción repentina. Cuando cesa la lluvia y remiten las inundaciones, la súbita afluencia de humedad en un desierto incapaz de absorberla deja a su paso humedales transitorios en los valles fluviales y a lo largo de toda la costa. Debía de ser en sitios así donde los recolectores de la costa norte se reunían una vez que la amenaza había pasado. Acudirían con la intención de aprovechar la repentina abundancia de agua dulce, pero también, a buen seguro, para compartir su experiencia con las inundaciones que habían transformado sus valles y sus vidas. Tras un desastre, «cualquiera puede hablar con quien le dé la gana, conocido o no, y compartir su experiencia», escribe Solnit, lo que explica por qué, «más que alentar la competición y el aislamiento, las crisis y las amenazas tienden a reforzar los vínculos sociales».

Tras el impacto de El Niño en la antigua costa norte de Perú, todos los habitantes de los valles afectados perdieron cosas, y posiblemente a muchas personas. Hablar sobre esa vivencia, o procesarla mediante rituales comunes, debía de ayudarlos a sanar y a reorganizarse. Al verse reunidos en paisajes desconocidos y de repente fértiles, creados por el propio desastre, se replantearían las tradiciones y los tabúes que hasta entonces consideraban inmutables, como viejas hostilidades o límites territoriales entre grupos. Quizá algunas comunidades se vieran más afectadas que otras, y las más afortunadas compartiesen sus recursos o incluso acogiesen a los peor parados durante su recuperación. Y a lo mejor, en la siguiente llegada de El Niño, la suerte de los grupos se invertía y podían saldar cualquier deuda, si es que creían que la había.

Otra vez había ocurrido lo mismo. Desde que misteriosamente el mar se había vuelto frío, la gente de la costa norte de Perú disfrutaba de una sorprendente abundancia de peces y moluscos, distintos de los que comían antes e incluso más copiosos. Sin embargo, cada pocas generaciones, el agua fría desaparecía, como si el mar cambiase de opinión. Los meses siguientes eran catastróficos y, en consonancia, todos los demás elementos del entorno invertían su curso normal. En vez de la suave y beneficiosa niebla habitual, unas nubes amenazantes se inflaban de lluvia. Se encadenaban las tormentas, ahogando la tierra seca del desierto. Los tranquilos arroyos de los que el pueblo recogía agua dulce se transformaban en ríos aterradores y veloces que arrasaban con todo lo que se interpusiera en su camino, incluidos los campamentos, las herramientas y los almacenes de alimentos y suministros. Enormes bancos de peces que los habrían alimentado durante años acababan varados en las playas, apiñados, muertos y pudriéndose. Al término de todo, los paisajes que tan bien conocían quedaban cubiertos de barro, y los lugares que les habían sido tan familiares desaparecían como si nunca hubiesen existido.

Durante el primer cataclismo, la comunidad desconocía si aquello tendría fin, si su hogar alguna vez volvería a ser un sitio reconocible. Ahora ya sabían que todos los cataclismos terminaban cediendo, aunque al mismo tiempo estaban aprendiendo que el caos podía durar un año y a veces incluso más. Que siempre llegaba otro cataclismo. En ocasiones, ocurría antes de lo esperado y afectaba a una misma generación dos veces. En otros períodos, el tiempo entre cataclismos se alargaba tanto que la comunidad llegaba a preguntarse si lo que los provocaba había decidido por fin dejar en paz su tierra, aunque esa inquieta esperanza al final volvía a verse traicionada.

Aquel pueblo estaba aprendiendo asimismo a saber qué hacer durante los cataclismos, y también después. Habían empezado por reunir suministros y dejar sus casas de inmediato en cuanto los pescadores percibían el regreso del agua cálida; podían pasar semanas o meses hasta que llegara la inundación a su valle en concreto, pero ya sabían que era mejor no quedarse a esperar. La comunidad siempre se había trasladado por tierra y mar siguiendo el alimento y cuidando de no agotar los recursos de un lugar; a esas alturas, comenzaban a asimilar lo distinto que era salir huyendo de algo.

Permanecían en las tierras altas todo el tiempo que podían. A veces, se encontraban allí con otros grupos, gente que había escapado de algún valle distinto. En ocasiones, las personalidades y prácticas de unos y otros chocaban, y no daban con el modo de cooperar. La mayoría de las veces, sin embargo, agradecían poder combinar recursos y conocimientos para afrontar los duros meses que tenían por delante. Al acabar un cataclismo, podía ocurrir que esas nuevas comunidades decidiesen permanecer juntas en vez de regresar a sus casas separadas, sobre todo si habían perdido a personas o se habían forjado vínculos entre los grupos, como dos bancos de peces dañados que se entrecruzan para crear un banco más grande y fuerte tras el ataque de un depredador.

Cuando por fin era seguro volver a casa y veían lo que había quedado, aquellos pueblos lloraban por los lugares que antaño habían conocido. El entorno dejado por el cataclismo no se parecía en nada a lo que aquellos emplazamientos habían sido. Estaba todo enfangado, infestado de insectos y húmedo. Quedaban cicatrices donde las crecidas se habían liberado de los cauces, donde las aguas impetuosas habían ido soltando tierra y rocas procedentes de las montañas. Sin embargo, de pronto, durante los meses posteriores al cataclismo, la gente no tenía que esforzarse tanto para llevar agua dulce de los ríos al campamento. De pronto, había agua dulce por todas partes. Podían acampar en nuevos lugares, recolectar nuevas plantas y saborear, por un tiempo, las ostras y vieiras de las aguas cálidas que habían alimentado a sus ancestros y que raras veces llegaban a probar.

En los años posteriores a la remisión de un cataclismo, un período afortunadamente tranquilo, algunos valles acababan por volver a lo que habían sido, mientras que la gente percibía cómo cambiaban otros. Hasta donde alcanzaban a recordar, en el suelo de un valle había un sitio en el que nadie había logrado vivir. Pese a que el océano se curvaba tierra adentro formando una bahía, el río en sí quedaba a una larga caminata de distancia, demasiado lejos para llevar suficiente agua dulce que aguantase, con suerte, más de una acampada nocturna. Como en todas partes, en aquel lugar el cataclismo también provocaba inundaciones repentinas y dejaba cantidades inimaginables de barro. Dado que el desastre golpeaba la bahía una y otra vez, el agua y el barro se iban acumulando en la orilla plana, y a nadie le importaba aquel sitio lo bastante para intentar limpiarlo. Tras muchas generaciones y no tantos cataclismos, el lugar se convertía en un espacio de lagunas y humedales repletos de aves y peces que, en apariencia, ralentizaban y absorbían la fuerza de aquel fenómeno de un modo que al desierto le resultaba inviable.

Así, cuando un cataclismo se calmaba lo suficiente para que la comunidad bajase de las tierras altas, pero no tanto para que sus miembros estuviesen seguros en casa, la gente se reunía en esos nuevos humedales. Se juntaban allí con aquellos con quienes habían compartido refugio en el pasado y con otros que no conocían. Cada grupo tenía sus tradiciones y protocolos para recibir a los extraños, pero después de un cataclismo esas normas se disolvían, como tantas otras cosas. Tras un cataclismo, nadie era un extraño. Quienes habían escapado con más pertenencias lo compartían todo con quienes se habían visto obligados a huir con lo puesto. Los grupos que se aventuraban hasta sus casas y se encontraban sus valles milagrosamente intactos llevaban suministros al resto y, al final, acogían a quienes no tenían hogar al que regresar.

Entre un cataclismo y otro, cuando los grupos (cada vez más grandes y más mezclados) necesitaban reunirse con motivo de ceremonias, negociaciones o banquetes, lo hacían en los nuevos humedales, en el lugar donde el mundo había renacido. Esa bahía, sus lagunas y sus montones de barro y arcilla se convirtieron en puntos de referencia tan importantes como las montañas que se alzaban al este o las pilas de conchas desconocidas que sus ancestros habían dejado por la orilla. Y así la gente decidió construir un espacio singular y adecuado para aquel lugar, usando lo que el cataclismo les había suministrado: pringosa y escurridiza arcilla. Cortaron bloques enteros directamente de las gruesas orillas dejadas por los sucesivos cataclismos y los pusieron a secar con la brisa marina. Cuando reunieron los suficientes, le preguntaron a una mujer que en el último cataclismo había perdido a toda su familia (desde sus abuelos hasta sus hijos pequeños) dónde debían colocar el primer ladrillo.

Todos los meses de julio, Ana Cecilia Mauricio Llonto abandona su cómoda vida de profesora en Lima y se dispone a pasar un mes en una zona especialmente inhóspita de la costa norte. El lugar está encajado en el valle de Chao, solo 50 kilómetros al norte de la franja verde del valle del Santa, aunque en comparación ese paisaje es casi lunar: se trata de un desierto dentro de otro, a unos siete kilómetros del río más cercano y a cuatro del mar. La arena pálida de llanuras salobres se extiende en todas direcciones. Ahí no vive nadie, y, más allá de Ana Cecilia y su equipo, casi nadie va de visita. No hay fincas, casas ni pueblos. «Es como si estuviese congelado en el tiempo», afirma Ana Cecilia.

Interrumpiendo esa llanura desértica se alza un montículo de arena y roca de 15 metros de altura conocido como Los Morteros. Durante siglos y posiblemente milenios, la gente creyó que se trataba de un cerro natural, quizá una antigua duna de arena que se había osificado con la alteración de los patrones del viento. Eso cambió en el 2006, cuando un equipo liderado por Sandweiss utilizó un radar para observar el interior del montículo. Los rayos rebotaron en patrones que desvelaban muros y suelos antiguos, delineando estancias y escaleras enterradas mucho tiempo atrás. En la superficie, los arqueólogos hallaron herramientas de piedra (entre las cuales había morteros, de ahí el nombre del sitio), huesos de animales y muladares de conchas. La datación por radiocarbono situó esos objetos, enterrados cerca de la superficie del montículo, hace unos cinco mil años. La estructura de debajo debía ser anterior, lo que la convertía en uno de los monumentos más antiguos de Perú.

Ana Cecilia sentía un interés especial por ese período formativo del pasado de su país, en el que los cazadores-pescadores-recolectores comenzaron a cooperar para construir estructuras de esa índole. Para levantar un lugar como Los Morteros, en especial por primera vez, una sociedad debía desarrollar maneras de organizar cantidades ingentes de trabajo, promover la cooperación entre grupos sociales pequeños con intereses diversos y distribuir alimento y otros recursos entre las personas que participasen en el proyecto. Muchos de los monumentos antiguos más famosos del mundo se irguieron en el seno de sociedades de gran tamaño, complejas y firmemente establecidas cuya economía agrícola y jerarquía social permitían que la organización de la logística de un proyecto de tal envergadura fuese, si no fácil, sí al menos relativamente fluida, desde un punto de vista político e ideológico. Las pirámides de Guiza, casi mil años más jóvenes que Los Morteros, sirvieron de tumbas para reyes divinos que encabezaban unas burocracias soberanas en expansión. Las construcciones situadas en el corazón de capitales mayas como Tikal, casi cuatro mil años posteriores a Los Morteros, eran palacios reales y templos establecidos en ciudades verdes salpicadas de fincas plebeyas a pequeña escala. La gente que construyó Los Morteros, en cambio, seguía viviendo en pequeños grupos igualitarios esparcidos por todo el paisaje. Ese montículo no era el centro de una ciudad o pueblo, conceptos que aún tardarían miles de años en surgir. No había ningún rey al que glorificar ni clases dominantes que mandasen y organizasen la tarea. No había almacenes de grano para alimentar a las personas ocupadas de su construcción. Entonces, ¿por qué lo hicieron? ¿Y por qué ahí?

El regreso de El Niño quizá ofrezca algunas pistas. Antes del renacimiento de este apocalipsis, hace unos cinco mil ochocientos años, el paisaje de Los Morteros debía de resultar igual de poco sugerente que hoy. Su único posible atractivo residía en que el océano estaba mucho más cerca: en una curva de tierra en pendiente que ahora atraviesa el desierto, los científicos distinguen el perfil de una antigua bahía. Sin embargo, el río Chao, la única fuente cercana de agua dulce, seguía quedando a ocho kilómetros de distancia. Ninguna cantidad de pesca, por excelente que fuese, compensaba esa lejanía, y menos en un mundo en el que los grupos nómadas vivían ligeros de equipaje y tenían sitios predilectos para acampar o pasar una temporada.

No obstante, con el regreso de El Niño el paisaje de esa parte del valle de Chao cambió rápidamente. Mientras las riadas y los derrubios inundaban la llanura desértica e impactaban en el borde de la bahía, el agua dulce y los sedimentos que esta transportaba se ralentizaban. Poco a poco, quizá tras varios fenómenos de El Niño, se acumularon tierra y agua dulce suficientes para transformar esa franja de costa en unos ricos humedales que perduraban hasta mucho después de que las lluvias y las crecidas hubiesen cesado. En el resto de la región, las inundaciones de El Niño se lo tragaban todo a su paso, dejando una estela de destrucción. Pero también crearon un oasis litoral, exuberante de vegetación, peces y aves, que se fue extendiendo. Y la gente no tardó en llegar.

Esos pueblos vivieron menos de un milenio después de los recolectores de ostras de aguas cálidas del valle del Santa, pero el regreso de El Niño ya había transformado su mundo. Se enfrentaban a la amenaza de unos apocalipsis frecuentes pero impredecibles que ocurrían cada tres o cuatro generaciones. Sin embargo, también debieron de darse cuenta de que esas nuevas marismas y lagunas costeras que les ofrecían sustento a manos llenas se veían a su vez sustentadas y renovadas por los inusuales años de lluvias y crecidas que tantas otras cosas se llevaban por delante. Quizá vieran asimismo que los desastres expandían y nutrían su comunidad al congregar *a posteriori* a grupos dispares, damnificados por el fenómeno climático, para dar y recibir ayuda.

En aquel contexto precario y simbólicamente poderoso, la gente empezó a colaborar de un modo nuevo. Las habilidades y los vínculos aprendidos en los períodos de recuperación de los recurrentes apocalipsis enseñaron a esas personas a administrarse y organizar sus recursos y el trabajo en beneficio de todos. Dichas habilidades podían usarlas, además, en un proyecto colectivo de índole distinta. El Niño les había proporcionado la materia prima para ese proyecto: los enormes depósitos de barro y arcilla dejados por las inundaciones.

En algún momento hace cinco mil cien años, tras experimentar muy probablemente entre cinco y diez fenómenos de El Niño, la población de la costa norte de Perú comenzó a cortar ladrillos rectangulares de arcilla húmeda directamente de los derrubios, que en sí mismos eran una especie de paraje natural en recuerdo de esos apocalipsis. A continuación, apilaron los ladrillos secados al sol para erigir Los Morteros, el monumento de adobe más antiguo de América, anterior en milenios al uso local de la cerámica y una de las estructuras monumentales más antiguas de todo Perú. Aunque ni la arquitectura ni los objetos de Los Morteros han revelado aún qué tipo de rituales se practicaban allí, ni lo que ese pueblo creía exactamente sobre las fuerzas naturales y sobrenaturales que regían su vida, se antoja plausible que el montículo, construido a partir de los mismos materiales que destruían casas y creaban nuevos ecosistemas, fuera una especie de monumento al poder mismo de El Niño.

Los rituales celebrados en Los Morteros podían ser súplicas espirituales a deidades o fuerzas de la naturaleza para que detuviesen la devastación de El Niño, o tributos de agradecimiento por el fértil entorno de reciente creación que aquel apocalipsis recurrente había propiciado. Levantar y mantener Los Morteros quizá ayudase también a la gente del valle de Chao y de los alrededores a consolidar lo que de otro modo habrían sido eventuales «utopías del desastre», como llama Solnit a las comunidades de cuidado y recuperación que surgen tras las catástrofes. El monumento debía de ser un lugar en el que la gente creaba y fortalecía vínculos sociales a sabiendas de que así podría superar ese apocalipsis y también el siguiente. O quizá fuese todo eso al mismo tiempo, y mucho más.

En Los Morteros, la gente pudo empezar a pensar en sí misma como una pequeña parte de un todo cada vez más grande y complejo. Cada grupo social o comunidad existente podía asumir una tarea concreta: fabricar ladrillos, colocarlos, pescar para que quienes trabajaban en el monumento no pasaran hambre... Es probable que, con todo el sentido, una persona de cada grupo notificase al resto sus actividades colectivas, y que luego esa comisión coordinase las tareas posteriores de cada cual. Quizá surgió una clase de arquitectos, formada por las personas que disfrutaban averiguando cómo hacer las casas y el monumento lo más recios y duraderos posible. Otros quizá aprendieron de manera innata cómo centrar la atención de grupos cada vez mayores, reunidos tal vez para conmemorar el aniversario de una pérdida vinculada a El Niño o para celebrar el fin de una nueva fase de construcción del monumento; y puede que esos dotados oradores se convirtiesen en sacerdotes.

La idea de que una sociedad tuviera un líder o un grupo de líderes nos resulta obvia y quizá incluso natural. Sin embargo, en uno u otro momento, a lo largo y ancho del mundo, esa idea fue nueva. Para la gente que empezaba a reunirse en el valle de Chao, cerca de lo que acabaría siendo Los Morteros, vivir en una sociedad jerárquica no debía de ser en absoluto natural. En el transcurso de la historia, hasta el día de hoy, la mayoría de los cazadores-recolectores han vivido en grupos pequeños e igualitarios en los que nadie tiene más poder que el resto y las decisiones las toma el grupo en su totalidad. Su vida tiende a ser lo opuesto del estereotipo, «pobre, tosca, embrutecida y breve», que muchos imaginamos. El estudio de sus restos ha demostrado que los antiguos cazadores-recolectores tenían dietas más variadas, sufrían menos caries y enfermedades y disfrutaban de mucho más tiempo libre que los primeros agricultores. Uno de los misterios perennes de la arqueología es por qué tanta gente en todo el mundo abandonó la comodidad y la igualdad inherentes al estilo de vida cazador-recolector y, en su lugar, construyó sociedades complejas y desiguales.

Para la comunidad arqueóloga, la complejidad y la desigualdad son un par indivisible. Las sociedades complejas se estructuran en torno a divisiones y jerarquías sociales. Incluyen a líderes y seguidores, agricultores y reyes, artesanos y burócratas. Al dividir roles y responsabilidades, e investir a un pequeño número de personas con el poder de tomar decisiones en nombre de toda la comunidad, las sociedades complejas pueden crecer hasta alcanzar un tamaño increíble, como el de cualquier nación del mundo actual.

El sitio arqueológico de Los Morteros capta los primeros pasos de una cultura hacia esa misteriosa transición. Demuestra que la complejidad no es un requisito previo para la cooperación; por el contrario, parece sugerir que la cooperación en un proyecto colectivo pone los cimientos para que surja la complejidad y, quizá, su jerarquía asociada. Y es que, después de Los Morteros, las sociedades de la costa norte nunca regresaron a la anterior constelación atomizada de grupos recolectores igualitarios. Se volvieron cada vez más complejas, con todos los beneficios e inconvenientes que esa condición entrañaba.

La gente que construyó Los Morteros no vivía aún en una sociedad con divisiones políticas ni diferencias en cuanto a la riqueza. Quizá las jerarquías, fueran las que fuesen, solo quedaban patentes cuando la comunidad investía a un sacerdote de la responsabilidad de celebrar un ritual en lo más alto del montículo. Esos líderes emergentes aún no gozaban de un estatus de élite que les permitiera llevar otro tipo de vida, ni ostentaban ninguna clase de poder decisorio sobre la vida del resto. «Pero ya habían emprendido ese camino», afirma Ana Cecilia Mauricio Llonto.

Hace tres mil seiscientos años, los habitantes de la costa norte de Perú eran presa de un auténtico frenesí de construcción de monumentos. En los mil quinientos años transcurridos desde la creación de Los Morteros a manos de cazadores-pescadores-recolectores, la agricultura había enraizado en los valles fluviales. La gente había adoptado canales de riego que llevaban agua dulce directamente a sus cultivos. En vez de trasladarse por el paisaje, se habían establecido en asentamientos agrícolas más permanentes cuya expansión alcanzaría unas dimensiones impresionantes a lo largo de unos cuantos siglos después de construirse Los Morteros.

Entonces, mientras se desplegaban los asentamientos agrícolas, surgió un patrón: todas las aldeas levantaron su propio templo piramidal. Al contrario que Los Morteros, que se erigió cerca de la orilla de una bahía, esos otros templos estaban más hacia el interior, embutidos en valles fluviales, entre fincas y aldeas. En todos había una pirámide central flanqueada por dos plataformas largas y bajas, formando una U y creando una plaza semicercada en la que podía reunirse la comunidad. Los templos no tenían las paredes lisas como los del antiguo Egipto, sino dispuestas en terrazas, como la escalinata de un gigante. Las paredes y los suelos de esas terrazas se alisaban con yeso blanco y seguramente se encontraban decoradas con imágenes coloridas de dioses y otras figuras mitológicas. Por dentro, los templos piramidales estaban llenos de estancias y escaleras que se iban estrechando según se ascendía hacia la cima. Durante las fiestas y ceremonias, esos interiores debían de vivir el bullicio de toda la actividad que se desarrollaba entre bambalinas, con los sacerdotes preparándose para salir a las terrazas y comunicarse con los dioses en nombre de la gente reunida abajo, en la plaza. Todos los valles fluviales podían albergar varios templos piramidales, tal vez a causa del crecimiento, la división y la reorganización de las comunidades en grupos independientes necesitados de sus propios monumentos.

Si el sitio arqueológico de Los Morteros apunta a la posibilidad de un liderazgo emergente, los templos piramidales coinciden al poner de manifiesto la existencia de sacerdotes, guerreros y quizá algo similar a gobernantes. Parte de esta deducción es indirecta: el acceso restringido a los niveles superiores de las pirámides, junto con las plazas delimitadas de abajo, indican una diferencia entre los individuos o grupos pequeños que llevaban a cabo las ceremonias en la cima del templo y las masas de personas que se reunían a mirar. Y otra parte es más directa: en el emplazamiento de Cardal, cerca de Lima, los arqueólogos encontraron a un anciano enterrado en el templo de la comunidad. Al contrario que los otros 15 hombres, mujeres y niños sepultados junto a él, el cuerpo del anciano estaba adornado con un collar de dientes de león marino y unos pendientes de hueso de ballena, «los animales más grandes y fuertes que ocupaban» el océano Pacífico. Esas joyas inusuales y simbólicas sugieren que la comunidad veía a aquel hombre como alguien especialmente poderoso, y la ubicación de su tumba vincula su excepcional estatus a la pirámide en la que fue enterrado. En otros emplazamientos se han hallado evidencias de estratificaciones sociales. En el de Sechín Alto, en el valle de Casma, unos cien kilómetros al sur de Los Morteros, los arqueólogos han hallado evidencias iconográficas de dos grupos poderosos separados: sacerdotes a cargo de la esfera religiosa, identificados por túnicas festoneadas en obras de arte encontradas en el templo; y guerreros, representados con armas en edificios más seculares.

Pese a que la comunidad arqueóloga quizá nunca llegue a conocer los detalles de la religión (o religiones) que esos pueblos practicaban en los templos piramidales, existen indicios de su relación con los ciclos del agua y de la agricultura. Algunos de los murales y frisos conservados representan olas, peces y leones marinos, mientras que muchas de las pirámides se ubican cerca del punto en el que los canales de riego extraían agua de los ríos que bajaban desde las distantes montañas. Esos puntos simbolizaban la intersección del ingenio humano con la abundancia de la naturaleza que propició aquella cultura agrícola.

Eran asimismo «zonas terriblemente peligrosas», asegura el arqueólogo Jason Nesbitt, que pasó varios años excavando uno de esos templos piramidales, el Huaca Cortada, llamado así porque, en época colonial, los cazatesoros españoles cavaron una zanja que atravesaba el templo, cortando así la «huaca» o sepulcro monumental. Se ubica en el valle de Moche, casi sesenta kilómetros al norte de Los Morteros, y es uno de los siete templos piramidales situados en la zona del valle que linda con las estribaciones de los Andes. Al igual que otros muchos templos piramidales, Huaca Cortada se alza en la intersección de un canal y un río, y además se encuentra frente a varios lechos fluviales secos esculpidos en las montañas vecinas. Durante el impacto de El Niño, el río y los lechos se inundaban y las aguas rápidas rebosaban hasta el canal y chocaban directamente contra el templo.

En vista de la ubicación de los templos piramidales, justo en la trayectoria de las inundaciones de El Niño, algunos arqueólogos se preguntan si parte de la responsabilidad ritual de esos sacerdotes no sería plantarle cara a aquel apocalipsis recurrente, e incluso controlarlo. Se trataba de personas que ya habían aprendido a manipular en su beneficio el inhóspito desierto de la costa norte. Habían domesticado cosechas y habían empleado una tecnología nueva e increíble —los canales de riego— para mantenerse alimentados. Quizá por eso también confiasen en su capacidad para controlar otros aspectos de la naturaleza.

«En líneas generales, si estás en la costa norte, [El Niño] es terrible, aunque nunca se presenta sin ofrecer oportunidades. Una de ellas es la oportunidad política de aprovechar una crisis», afirma Sandweiss. La gente carismática y ambiciosa pudo haberse alzado hasta la cima de un sistema religioso que prometía, en parte, mantener El Niño a raya o, al menos, sacar partido de su potente equilibrio de creación y destrucción. «Mientras el fenómeno no fuese muy frecuente, el sistema parecería estar funcionando.» Y en la época en la que se construyeron las pirámides, el fenómeno era de hecho poco frecuente: seguía dándose solo un par de veces por siglo. Cambiar una pizca de igualdad social por décadas de seguridad tenía todo el sentido.

No obstante, tarde o temprano los templos piramidales sufrían el impacto de alguna inundación de El Niño, dejando atrás una evidencia física inconfundible y marcando un antes y un después para las comunidades que los hubiesen construido. Durante sus excavaciones en Huaca Cortada, Nesbitt descubrió una gruesa capa de barro que cubría algunas de las primeras terrazas de la pirámide. Según parece, además del sedimento transportado por la inundación, las lluvias de El Niño disolvieron la capa exterior de tierra de la pirámide, cuyos restos bajaron en cascada por los laterales y se asentaron en las terrazas de abajo. Nesbitt logró ubicar temporalmente El Niño que casi destruyó Huaca Cortada gracias a la datación por radiocarbono de una ramita atrapada en ese barro: ocurrió hace entre tres mil seiscientos y tres mil cuatrocientos cincuenta años, en torno al inicio de la vida del templo.

Nesbitt encontró asimismo los restos de una casita próxima a la base de la pirámide que reposa bajo una capa gruesa de gravilla, lo que demuestra que seguramente quedó aplastada por la crecida de un río. Nadie reconstruyó esa vivienda encima de las piedras, lo que sugiere que sus habitantes huyeron a otra parte del valle tras la inundación, o quizá no sobrevivieron.

En cualquier caso, la comunidad más amplia de Huaca Cortada siguió adelante. En vez de tratar de limpiar el barro que cubría la pirámide, lo utilizaron como material de construcción, reproduciendo en cierto modo el uso del adobe en Los Morteros muchos siglos atrás. Alisaron el barro que cubría las primeras terrazas y lo convirtieron en los cimientos del suelo para una nueva plaza. La ramita que Nesbitt datό debió dejarla en el barro alguna persona para utilizarla como señal durante esa remodelación. Una vez concluidos los trabajos, Huaca Cortada sería aún más grande que antes.

Cuando la comunidad se congregó para reparar y ampliar la pirámide, es posible que volviera a crear una de las «utopías del desastre» de Solnit. Reunidos otra vez en un mismo lugar tras verse desplazados por la inundación, probablemente tuvieron conocimiento de quiénes habían sobrevivido y quiénes faltaban, y pudieron llorar a sus muertos y celebrar la vida juntos. Quizá los sacerdotes que no habían sido capaces de evitar ese apocalipsis oficiasen ceremonias de penitencia, en busca del perdón de su pueblo y de los dioses que los habían castigado. Al trabajar juntos en la pirámide dañada, la población y sus líderes asimilaron y procesaron la sustancia que amenazaba con destruir el símbolo de su aldea y la transformaron en los cimientos de su futura grandeza. Es posible que comunidades de otros templos que habían escapado en aquella ocasión se acercasen a ayudar, y tal vez una parte se estableciese en Huaca Cortada tras la reconstrucción. Llegado el final del trabajo, la gente volvió a entrelazarse y a forjar una comunidad.

Unos seiscientos años después del renacimiento y la expansión de Huaca Cortada, El Niño volvió a cambiar. Hace dos mil novecientos años aproximadamente, según los archivos climáticos naturales de Sandweiss, El Niño de repente pasó de surgir un par de veces por siglo a hacerlo un par de veces por década, adquiriendo el patrón que hoy conocemos. Durante un breve período de tiempo en torno a ese cambio, la frecuencia de El Niño fue incluso mayor. Desde un punto de vista climático, la comunidad científica aún no sabe con certeza por qué ocurrió tal cosa, como también desconoce por qué El Niño regresó. Lo único que saben con seguridad es que, en una sola generación, El Niño dejó de ser un apocalipsis excepcional para convertirse en una catástrofe frecuente. Los tiempos de recuperación se desplomaron: de varias décadas a solo unos años y, en algunos casos, unos pocos meses.

¿Cómo experimentaría la gente de las pirámides este cambio? Probablemente tardaron varios años, quizá incluso un par de décadas, en darse cuenta del alcance real de lo que había ocurrido y en asumir la constatación de que la naturaleza no iba a recobrar su antiguo patrón. Conocerían muy bien el miedo asociado a una inundación o evacuación, aunque a esas alturas también sentirían la misma traición ecológica que sus ancestros experimentaron casi tres milenios antes, cuando El Niño regresó de repente por primera vez. Como respuesta, los sacerdotes intensificarían la frecuencia o la duración de sus ceremonias, usando todo su carisma y sus recursos metafísicos para hacer frente al problema de un entorno súbitamente veleidoso y nada fiable. Reparar y mantener los templos piramidales pasó de ser la necesidad ocasional que volvía a unir a la gente tras un desastre a convertirse en una obligación casi constante, cuya futilidad, cada vez más patente, ponía a prueba la esperanza de la gente en el futuro de su comunidad.

En Huaca Cortada, Nesbitt halló evidencias de esta última fase desesperada en la vida de los templos piramidales. El barro de El Niño regresó, sepultando de nuevo las terrazas de la pirámide. Y la gente volvió a utilizar ese barro para construir otro suelo y ampliar el templo. Y entonces ocurrió una vez más. Y otra. Tres inundaciones muy seguidas, tres suelos que trataban de contener y transformar la destrucción. Sin embargo, poco después de acabar el tercero, la gente se alejó de Huaca Cortada para siempre.

Y lo mismo hizo la gente en todos los templos piramidales de todos los valles fluviales que recorrían la costa norte, hasta abandonarlos de manera definitiva en cuestión de un siglo. En Sechín Alto, el emplazamiento decorado con imágenes de guerreros y sacerdotes, la comunidad llegó incluso a derruir la pirámide y destrozar las muestras de arte que contenía. La sociedad que esas pirámides representaban (y habían mantenido unida) no logró adaptarse al nuevo régimen de El Niño. Quizá el pueblo sintiera que su religión le había fallado, que la traición no era solo de la naturaleza, sino también de los líderes que prometían que todo estaba bajo control. A lo mejor esos líderes fueron quienes insistieron en reconstruir las pirámides incluso después de la tercera, quinta, décima inundación seguida, y el pueblo, obligado a hacer un trabajo inútil para apuntalar los cimientos del poder cada vez más irrelevante de los sacerdotes, tal vez viese minada su confianza aún más. La costa norte había entrado en la era de un nuevo tipo de apocalipsis y su gente ya no confiaba en que los viejos sistemas la protegiesen. Hacían falta nuevos líderes, nuevos templos y nuevas casas, y las comunidades avanzarían hacia su creación.

La sociedad de los templos piramidales fue un primer experimento con líderes y jerarquías, alejadísimo de la complejidad de los Estados e imperios de la costa norte que llegarían en los siglos y milenios siguientes. No obstante, su desintegración ante las repentinas incertidumbre e inestabilidad climáticas contiene una advertencia que reverbera en toda la historia y a lo largo y ancho del mundo. La complejidad no es capaz de evitar el apocalipsis, ni protegerá a ningún individuo o sociedad de su azote. En muchos sentidos, la complejidad incita y magnifica los peores efectos de un apocalipsis, pues crea unas condiciones de desigualdad, cambio climático, enfermedades y gobiernos a la deriva que, entremezcladas, generan un monstruo con la capacidad de destruir toda una sociedad.

PARTE 2
TRANSFORMACIONES

Capítulo 4

CÓMO LOS APOCALIPSIS CONVIERTEN LA DESIGUALDAD EN VIOLENCIA

Hace unos cuatro mil años, un joven hizo su equipaje, se despidió de sus conocidos y se mudó de su diminuta aldea agrícola en el valle del Indo a lo que, en su cabeza, debía ser la mayor ciudad del mundo. En Harappa vivían decenas de miles de personas, y más aún llegaban a diario. Igual que ese joven, muchas tenían familia en las aldeas, pero en ellas el clima era cada vez más seco y la agricultura cada vez más dura, por lo que acudían a Harappa a probar suerte como artesanos, comerciantes, mercaderes, constructores o cualquier clase de trabajo que esa ciudad pudiese ofrecer.

Las calles de Harappa eran bulliciosas pero ordenadas, dispuestas en una cuadrícula estipulada muchos siglos atrás por el Gobierno de la ciudad. Todo estaba planificado y coordinado con precisión, desde los desagües, que sacaban rápidamente el agua de lluvia y las aguas residuales de las calles, hasta el tamaño de los ladrillos de arcilla usados para construir edificios. Todos los barrios estaban separados por muros, aunque la gente se mezclaba en mercados, plazas y baños y contribuía a mantener el buen funcionamiento de la infraestructura de la ciudad. Comerciantes llegados incluso de Mesopotamia iban a Harappa a adquirir los productos de la experta e intrincada artesanía de aquella urbe, desde joyas talladas a partir de conchas hasta sellos de arcilla, o «bullas», estampados con imágenes de búfalos de agua o unicornios. Algunos de esos comerciantes, junto con los muchos inmigrantes procedentes de las aldeas y más allá, se quedaban en Harappa y se convertían en parte integrante de la ciudad.

Pese a que el joven nunca había estado en Harappa, sabía exactamente adónde ir. Tenía un tío que trabajaba allí fabricando pulseras de conchas, un tipo de joya muy popular en el lugar y en las aldeas circundantes. Harappa no estaba especialmente cerca de la costa, pero unas redes comerciales prósperas garantizaban que los talleres se mantuvieran suficientemente aprovisionados de conchas. El tío del joven había aprendido el oficio tras llegar a la ciudad en busca de su propia fortuna. Gracias a su destreza con las conchas y con la gente, se había convertido en una figura de confianza entre los vecinos y los compañeros artesanos. Con frecuencia recurrían a él para resolver conflictos, y en varias ocasiones lo habían enviado para representar los intereses del barrio en las reuniones de la ciudad. No siempre obtenía los resultados que buscaba su comunidad, pero todos comprendían que la vida en Harappa dependía del compromiso y de la cooperación.

El joven recordaría en la vejez sus primeros días en Harappa y reconocería que, de haber sabido mirar, habría distinguido las señales del apocalipsis que ya estaban a su alrededor. En aquella ciudad vivían como sardinas en lata y cada día tenían que apretujarse más con los recién llegados que escapaban de la sequía del campo. Los agricultores de aldeas como la suya, de la que él mismo había huido, tenían a mano una variedad de cultivos que, por lo general, podían cosecharse incluso en un mal año. Sin embargo, cuando los monzones y las lluvias del invierno se hicieron más impredecibles, al tamaño de las cosechas le ocurrió lo mismo. Los excedentes que en otros tiempos se habían destinado a los mercados de Harappa menguaron y a veces no había nada que enviar. El Gobierno de la ciudad, que antaño lo había gestionado todo con suma precisión, desde las nuevas construcciones hasta la eliminación de residuos, no lograba estar a la altura de la creciente demanda de servicios. La gente sin hogar empezó a vivir en espacios hasta entonces públicos y la basura se amontonaba en las calles, dos signos de desorden que, según su tío, nunca se habrían permitido unas décadas atrás.

Gente aún más desafortunada subsistía a duras penas al otro lado de las murallas de la ciudad, sometida a niveles de violencia y de enfermedad que habrían provocado indignación y vergüenza si se hubieran infligido a los ciudadanos de la urbe. Harappa quizá no contase con un rey ni con una clase dominante como tal, pero sí tenía marginados. Qué tonto había sido, pensaría el hombre después de que todo hubiese pasado, al creer que el sufrimiento de esas personas no significaba nada para la ciudad; al creer que el dolor, la enfermedad y la miseria que se veían obligados a soportar quienes vivían extramuros no acabaría por convertirse en el destino de toda Harappa.

Sin embargo, por aquel entonces el joven sencillamente agradecía que se le hubiera concedido un hueco en una ciudad que quizá no fuese tan espléndida como en otros tiempos, pero seguía ofreciendo una vida inimaginable en su aldea. Al amparo de su tío, aprendió el arte de tallar y pulir conchas para elaborar pulseras. Intentó asimismo dominar el arte de la política y la capacidad para relacionarse, en los que su tío era un maestro. No obstante, conforme la ciudad se iba abarrotando y los recursos escaseaban, la clase de negociaciones y compromisos que habían construido Harappa y la habían mantenido en pie durante setecientos años se hizo inviable. A la gente, presa de la desesperación, cada vez le costaba más confiar en el prójimo. Antaño, la ciudadanía compartida había tenido más peso que todo lo demás, pero conforme los años malos daban paso a otros peores, los barrios y las comunidades se iban aislando de forma gradual. En caso de lograr convencer a la gente de que cooperase, todo el mundo anteponía a quienes procedían de su misma aldea o región frente a sus conciudadanos. El tío del joven, frustrado por esas nuevas dinámicas, vio cómo su carisma y sus vínculos quedaban rápidamente obsoletos.

La nueva escasez erosionó la política de la ciudad al tiempo que minaba las redes comerciales y la actividad económica que habían sido los cimientos de Harappa. La carencia de alimentos se acentuaba y los agricultores se veían sin remanentes que poder vender. El comercio descendía y las comunidades se retraían y se dedicaban a conservar lo que tuvieran, en vez de hacer intercambios con la esperanza de conseguir algo. El joven y su tío apenas encontraban conchas, y las piezas que lograban moldear ni por asomo se vendían como antes. ¿Quién iba a querer pulseras cuando no había para comer?

El joven se quedó en Harappa hasta que su tío murió. Después, ya no pudo soportarlo más. La ciudad, que antes parecía tan llena de oportunidades, era ahora un pálido reflejo de sí misma. El Gobierno cooperativo de antaño solo existía nominalmente y pronto se desmoronaría. Sin el cuidado y el mantenimiento de ese Gobierno, la infraestructura de Harappa decayó y la gente empezó a saquear los edificios cuidadosamente levantados, en busca de ladrillos y otros materiales con los que construir rudimentarias chabolas. Quienes habían desembarcado allí en busca de refugio durante los últimos años regresaban a sus lugares de origen: aquellas aldeas que en otros tiempos parecían condenadas por la amenaza de las lluvias monzónicas y ahora constituían su única esperanza. Al menos allí podrían cultivar su propia comida, por pequeñas que fuesen las cosechas; al menos allí podrían estar con su familia, en vez de rodeados de desconocidos. Así que, una vez más, el hombre, que ya no era tan joven, decidió que era momento de despedirse de la vida que conocía. Sus padres habían muerto hacía años (él había vuelto a la aldea para sus funerales), pero la hermana y el marido de esta se habían hecho cargo de los campos y sus hijos pronto harían lo mismo. Él había sido agricultor en otra época y podía aprender a serlo de nuevo.

En ocasiones, en los años posteriores a su regreso a la aldea, se sorprendía pensando en lo que una vez había sido Harappa. Hasta donde sabía, él era la única persona que sabía leer el texto inscrito en las bullas de arcilla de la ciudad; cuando muriese, ese conocimiento también desaparecería. En una aldea no había necesidad de anotar registros comerciales, ni siquiera mitos compartidos, porque allí todo el mundo se conocía y la sabiduría local se almacenaba en la memoria, sin más. Mientras que él había anhelado de joven la emoción de la vida urbana, las generaciones siguientes rehuían la idea de vivir con tantos extraños, sometidos a tanta incertidumbre y tanto riesgo. Había oído decir que en Harappa seguían habitando algunas personas, pero que su existencia era dura y violenta; solo permanecían allí porque no tenían otro sitio al que ir.

Una vez, cuando el hombre ya era muy mayor, llegó un comerciante a la aldea con algunas conchas. No eran tan bonitas como las que él había trabajado de joven en Harappa, y solo había un puñado. Cambió algo de grano por las conchas, y las talló y pulió para hacerle una pulsera a su bisnieta. La niña estaba encantada, aunque confundida con las historias que su bisabuelo le contaba sobre cómo había aprendido a elaborar esas joyas. Harappa, engullida por el apocalipsis, bien podía haber sido solo un sueño.

Unos quinientos años después de que las comunidades de la costa norte de Perú se unieran frente al apocalipsis para construir Los Morteros, al otro lado del mundo la gente experimentaba con una forma de vida totalmente nueva. En lugares como Egipto, Mesopotamia y el valle del Indo, en Pakistán y en la India, la población —junto con sus ambiciosos líderes— llevó la complejidad social a un nivel nunca antes alcanzado. Vivían en ciudades de decenas de miles de personas, englobaban territorios enormes bajo identidades culturales y políticas compartidas, desarrollaban economías que respaldaban y requerían trabajos especializados (desde agricultores hasta artesanos o burócratas), establecían redes comerciales de largo alcance y conformaban y cumplían el mandato de Gobiernos poderosos. Se trataba de los primeros Estados del mundo y, en el caso de Mesopotamia, de los primeros imperios.

Uno de esos primeros Estados, conocido como la «civilización del Indo», ocupaba casi cuatro millones de kilómetros cuadrados en lo que actualmente es Pakistán y el noroeste de la India. En su núcleo había cinco ciudades, entre ellas la que ahora se conoce como Harappa, en la provincia pakistaní del Punyab. Al igual que en el antiguo Egipto, que se remonta a la misma época, las ciudades del Indo estaban repletas de arquitectura monumental, barrios atestados, arte, mercados y talleres. Sin embargo, al contrario que en Egipto, los arqueólogos que han excavado ciudades del Indo nunca han encontrado un palacio, la tumba de un rey, el retrato de un líder político ni ninguna otra evidencia material de un monarca.

Harappa y las otras urbes se articulaban a partir de grandes espacios públicos, como baños y plazas. Las calles se disponían en cuadrícula, como ocurre ahora en muchas grandes ciudades, por lo que eran fáciles de recorrer para lugareños y forasteros por igual. El alcantarillado y los desagües mantenían las vías limpias y secas, al tiempo que evitaban las inundaciones por las intensas lluvias que caían todos los años durante el monzón estival, la principal fuente de agua de la región. Según escribió en 1931 John Marshall, arqueólogo del Indo, en Egipto y Mesopotamia «buena parte del dinero y del pensamiento se prodigaban en la construcción de templos magníficos para los dioses y de palacios y tumbas para los reyes, mientras que, en apariencia, el resto del pueblo debía contentarse con insignificantes moradas hechas de barro. En el valle del Indo, la imagen es la inversa: las estructuras más exquisitas son las levantadas para comodidad de los ciudadanos».

Algunos arqueólogos sostienen que una planificación y normalización urbanas tan logradas implican un nivel de control, centralización y orden que solo podía ejercerse y mantenerse mediante una clase dominante autoritaria, incluso en ausencia de obras de arte o monumentos que la representaran. Sin embargo, muchos otros, empezando por los responsables de las primeras excavaciones en ciudades del Indo a principios del siglo XX, han interpretado los diseños únicos en cuadrícula y la falta de residencias y tumbas reales como signos de que esas urbes no estaban dominadas por reyes. Resulta imposible reconstruir con exactitud cómo se gobernaban Harappa y las otras ciudades del Indo, sobre todo en vista de que la comunidad arqueóloga aún no ha sido capaz de descifrar su escritura, ni siquiera de identificar a qué idioma corresponde. Con todo, parece probable que el poder político y económico estuviese de algún modo compartido, más que concentrado en una sola familia, barrio o grupo social. Quizá en Harappa, las muchas plazas de la ciudad albergasen concejos de barrio o gremios de artesanos, y dichos grupos nutriesen un gobierno municipal colaborativo más amplio que intercediese para resolver los conflictos, suministrase servicios y mantuviese la infraestructura urbana en beneficio de todos.

La igualdad social de Harappa y su inversión para convertirse en una ciudad acogedora y habitable hizo de ella un centro económico de éxito abrumador. Allí, los mercaderes podían vender sus productos y adquirir otros, los comerciantes accedían a la red económica que se extendía desde la India hasta Mesopotamia y los artesanos aprendían, perfilaban y vendían su arte. Procedentes de las aldeas agrícolas, a la ciudad de Harappa llegaban grano y otros alimentos, y la ciudad ofrecía arte, cultura y riquezas. Las calles, los desagües y los espacios públicos permitían que cualquiera —desde inmigrantes de las aldeas vecinas en busca de oportunidades hasta comerciantes extranjeros que viajaban hasta allí desde la otra punta del mundo para vender su mercancía— aprendiese con rapidez el diseño de la ciudad y disfrutase de sus comodidades. Pese a la diversidad de personas que se mezclaban y entremezclaban en Harappa, la comunidad arqueóloga no ha hallado grandes diferencias en cuanto al nivel de riqueza o al tamaño de las casas, tampoco indicios de una distribución desigual de los bienes más valiosos. Aunque resulte ingenuo pensar que Harappa y las otras ciudades del Indo vivían plácidamente sin tensiones políticas ni conflictos interpersonales (algo que no ocurre ni ocurrirá en ninguna sociedad humana), no existen evidencias de que se involucrasen en ninguna guerra.

Pero entonces, hace unos cuatro mil doscientos años, llegó el apocalipsis. Las estalagmitas y estalactitas de las cuevas de Israel, la India e incluso el sur de América, así como testigos extraídos de océanos y lagos de todo el mundo, demuestran que numerosos lugares se volvieron mucho más secos en torno a esa época, durante lo que se ha terminado llamando el «suceso del kiloaño 4,2». La sequía afectó a Eurasia con especial virulencia. En el valle del Indo, el monzón del verano se volvió más débil y menos predecible. Las lluvias ya exiguas del invierno cesaron, los ríos quedaron reducidos a un hilo lento de agua y se secaron lagos enteros.

La climatología nunca había sido muy predecible en la región del Indo, en especial las precipitaciones, y los agricultores ya estaban acostumbrados a sembrar muchos cultivos diferentes, todos ellos capaces de prosperar bajo condiciones distintas. Sin embargo, la nueva sequía no se parecía a nada de lo que hubieran visto hasta entonces o para lo que estuvieran preparados. Tal y como cuenta el arqueólogo Cameron Petrie, el clima del valle del Indo pasó de ser «predeciblemente impredecible», con frecuentes variaciones que permanecían dentro de parámetros conocidos, a «impredeciblemente impredecible», con una climatología que nadie sabía cómo se comportaría de un año para otro.

En los inicios de la sequía, los agricultores se vieron en la primera línea de la escasez de agua, y la vida en Harappa en apariencia se hizo más atractiva. La gente acudía en masa a la ciudad, que creció más que nunca. Quizá los recién llegados, con la esperanza de que la sequía durase solo unos años, fueran en busca de un sitio más seguro para resistirla; en la ciudad, su fortuna no dependía directamente de los caprichos de las distintas cosechas, a diferencia de lo que ocurría en las aldeas. A lo mejor su plan era volver algún día a casa, en cuanto fuera un lugar más habitable. Harappa siempre había sido un espacio de reunión para quienes perseguían una oportunidad de prosperar económicamente. Por entonces debía de representar la mayor esperanza para la supervivencia.

El problema de Harappa en una época de apocalipsis era que la ciudad siempre había dependido del resto, como suele ocurrir con todas las ciudades. El alimento se cultivaba y procesaba en las muchas aldeas donde las cosechas se marchitaban, las materias primas necesarias para su economía artesana llegaban de lugares situados a cientos de kilómetros de allí y el valor de sus productos se sustentaba en rutas comerciales que los llevasen muy lejos. Harappa era un nodo que extraía su poder de la red en la que estaba inserta. No se había diseñado para ser un lugar autosuficiente. Por tanto, su destino estaba entrelazado de manera inextricable al de la civilización del Indo en su conjunto, aunque al principio la ciudad pareciese aislada de él.

Mientras su población se disparaba en mitad de una crisis ambiental, da la impresión de que empezaron a flaquear sus valores en lo referido a la esfera pública. Es posible que la propia sequía fuese un elemento disruptivo desde un punto de vista espiritual o simbólico para una cultura urbana que había invertido tantos recursos en gestionar el agua, desde los baños públicos hasta los desagües y el alcantarillado, y que el debilitado monzón minase la confianza de la ciudad en su capacidad para afrontar aquel desafío sin precedentes. Por primera vez en setecientos años, el tejido social de Harappa estaba tan deshilachado que los arqueólogos detectan evidencias de una desigualdad que, al parecer, aumentó junto con el declive.

La basura se amontonaba en espacios públicos antes inmaculados, y por las calles se veían casas desvencijadas. Ese nivel de desorden y pobreza patentes era nuevo para Harappa, de modo que la población debió de presenciar atónita su avance por el corazón de la urbe. Quizá algunos se molestasen con los recién llegados que habían insistido en acudir a un lugar sin recursos suficientes para mantenerlos. Otros, a lo mejor, tratarían de compartir lo que tenían, asumiendo las responsabilidades cívicas que el Gobierno estaba abandonando. Sin conocer más detalles sobre el sistema de gobierno de Harappa, no podemos saber si ese deterioro de los espacios y servicios públicos obedeció a una crisis política o fue su desencadenante. Sí podemos imaginar que los alimentos finalmente dejaron de llegar a los mercados de Harappa mientras los almacenes de emergencia se vaciaban y los excedentes rurales se agotaban. También el pánico y la desesperación conforme el apocalipsis socavaba la integridad del lugar en el que la gente pensó que estaría a salvo.

Aunque Gwen Robbins Schug tiene muchos tatuajes, uno de sus favoritos está compuesto por la cabeza y el torso de una persona cuyos músculos y vasos sanguíneos se conservaron científicamente tras su muerte en una versión decimonónica de la plastinación. Parece una elección extraña, pero se trata del tipo de cosas con las que Robbins Schug se emociona. Esa imagen que con tanto gusto se tatuó en el cuerpo representa a algunas de las personas que ella misma ha examinado gracias a su trabajo como bioarqueóloga. Constituye una plasmación de gran viveza de lo íntima que puede ser dicha disciplina: un símbolo de la carne de esa gente grabado en el cuerpo de Robbins Schug.

Mediante el estudio de huesos y otros restos humanos, la bioarqueología es capaz de reconstruir los rasgos y experiencias de personas del pasado con un nivel increíble de detalle, desde lo altas que eran hasta las enfermedades que padecían o los alimentos que ingerían con regularidad. Se remonta al pasado de una persona en concreto, indaga en las historias que hay tras sus lesiones curadas, traza patrones migratorios y determina si el individuo en cuestión recibió suficiente alimento en su infancia. Mientras que los arqueólogos centrados en la arquitectura y en los objetos logran distinguir décadas o siglos del arco de una sociedad con solo un vistazo, los bioarqueólogos trabajan a escala de la vida de un individuo.

Robbins Schug pretendía utilizar las herramientas de la bioarqueología para estudiar cómo algunos episodios pasados del cambio climático afectaron a la salud y el bienestar de quienes los experimentaron. Empezó a trabajar en el sur de Asia desde sus estudios de posgrado y en 2011 pasó seis meses en Calcuta, para examinar a la gente que había vivido y muerto en Harappa. Muchos de los restos humanos excavados en esa ciudad están almacenados en un laboratorio que pertenece al Anthropological Survey of India (AnSI, Servicio Antropológico de la India). Los cementerios en los que se enterraron en su momento existían desde antes del colapso de Harappa y se mantuvieron durante su caída y con posterioridad. Robbins Schug es probablemente la primera bioarqueóloga que los ha examinado en busca de señales de cómo el apocalipsis afectó a los residentes de esa ciudad.

En un cementerio se encontraban las personas que habían vivido en el apogeo de Harappa, entre el 2450 y el 2200 a. C. (hace entre cuatro mil quinientos y cuatro mil doscientos años). Robbins Schug pudo examinar a 66 individuos. Las tumbas y los restos de esas personas apuntaban a un alto nivel de vida en Harappa y a un aparente compromiso con la igualdad. Los cuerpos estaban enterrados con ofrendas, como vasijas de cerámica llenas de comida, espejos, cuentas de oro y joyas a base de conchas, aunque ninguno tenía muchísimo más (o menos) ajuar funerario que otro, ni estaba acompañado de la clase de ofrendas raras o exóticas que pudieran sugerir un estatus más elevado en vida. En los dientes presentaban algunas caries —algo común en las sociedades agrícolas— y en las articulaciones se les notaban el desgaste y el desgarro del trabajo duro; sin embargo, los patrones de crecimiento de huesos y dientes demostraban que se habían alimentado con abundancia en el transcurso de toda su vida. Solo en un 4 % de los cráneos había signos de violencia, en forma de golpes en la cabeza. Eso bastó para que Robbins Schug pensara que Harappa no había sido exactamente un paraíso pacífico y cooperativo, pero tampoco el escenario de una violencia extendida y sistémica. Fue en cierto modo una sorpresa que dos de los individuos del cementerio urbano tuvieran lepra en estado avanzado. Esa enfermedad, entre otros efectos para el esqueleto, erosiona poco a poco los huesos nasales y hace que el cráneo presente una cavidad nasal inusualmente grande y vacía. La inhumación de esos individuos en el mismo cementerio que personas sin signos de enfermedades deformantes sugería que, al contrario que en muchos lugares del mundo antiguo, la lepra en Harappa no estaba estigmatizada.

Esa paz e igualdad aparentes cambiaron según el apocalipsis fue golpeando Harappa. Un día, poco después de que iniciara su estancia en Calcuta, Robbins Schug abrió una caja y extrajo el cráneo de un niño de unos cinco años de edad. Había vivido y muerto entre el 2000 y el 1900 a. C., al menos doscientos años después del comienzo de la sequía del kiloaño 4,2. Otras grandes ciudades del Indo ya estaban por entonces deshabitadas, pero Harappa resistía, a duras penas. La familia de ese individuo quizá viese los últimos coletazos del período de superpoblación desesperada de Harappa, o el principio mismo de su abandono en mitad del pánico, que acabaría casi por completo en el 1900 a. C. Tal vez esa familia vivió y experimentó lo peor de ambos períodos.

El dueño o dueña del cráneo se encontraba entre las 23 personas cuyos restos se habían enterrado en un osario al otro lado de los muros de Harappa, junto con fragmentos de cerámica y unos cuantos huesos de animales. Parece ser que sus cuerpos se habían descompuesto en otro lugar y, *a posteriori*, se habían recogido los cráneos y un esqueleto completo y se habían trasladado para llevar a cabo aquel inusual enterramiento colectivo. La ubicación, cerca del principal desagüe de la ciudad, y el tratamiento mortuorio que recibieron no se asemejaba en absoluto a los del resto de las personas enterradas en el primer cementerio de la ciudad. Esas otras tumbas no eran opulentas, pero sí indicaban un cuidado y un respeto evidentes por quienes descansaban en ellas. Robbins Schug no estaba segura de poder decir lo mismo sobre los huesos revueltos y los esqueletos incompletos del osario.

Tras examinar por primera vez el cráneo del individuo de cinco años, se quedó impactada al detectar que estaba fracturado por dos puntos. Una grieta partía de la frente y se extendía hasta la coronilla, y la otra se encontraba en el lateral inferior izquierdo. Ninguna de las dos lesiones mostraba signos de curación, lo que dejaba claro que había muerto a causa de los golpes. A Robbins Schug le inquietaba pensar en una muerte tan violenta para alguien de tan corta edad. ¿Cómo se había permitido tal cosa? ¿En qué clase de mundo habían nacido aquellas personas? «Esto es el principio de algo importante», se dijo.

Conforme avanzaba en su trabajo con los huesos del osario, descubrió que ese niño o niña no era la única víctima de violencia enterrada allí. La mitad de los cráneos del osario mostraba signos de violencia en forma de golpes en la cabeza, frente al 4 % detectado en el cementerio urbano anterior. Las mujeres y los niños presentaban el mayor porcentaje de lesiones. Era asimismo evidente que las personas enterradas en el osario estaban mucho más enfermas que generaciones anteriores de residentes de Harappa. Casi una cuarta parte tenía lepra en estado avanzado y un 35 % sufría de alguna otra clase de infección crónica que les había dañado el esqueleto. Ni siquiera los niños se habían alimentado bien: un tercio mostraba signos de escorbuto en forma de huesos porosos.

Dado que en el primer cementerio había encontrado a personas con lepra inhumadas junto a otras aparentemente sanas, Robbins Schug no creía que la gente del osario estuviese enterrada allí a causa de una cuarentena o por un estigma contra quienes contraían esa enfermedad. Lo más probable era que perteneciesen a un grupo que existiera en los márgenes de la sociedad de Harappa por otros motivos, los cuales quizá nunca conozcamos, y que esa situación de marginalidad los expusiera a un mayor riesgo de sufrir violencia, privaciones y enfermedades. Podía ser que, además de enterrarlos extramuros, vivieran también allí, en edificios ruinosos cercanos a su lugar de descanso final.

Es posible, incluso probable, que también existieran divisiones y jerarquías sociales de índole similar en Harappa antes del apocalipsis. El primer cementerio urbano, en el que todas las personas estaban enterradas con ofrendas similares y parecían haber disfrutado de buena salud, no era en absoluto lo bastante grande para albergar a todos los habitantes de Harappa, de ahí que algunos arqueólogos hayan sugerido que esos restos, de hecho, representan un grupo de la élite de la ciudad. Las personas de estatus inferior quizá se inhumasen en otro lugar, o a lo mejor las incineraban. Si la comunidad arqueóloga encuentra alguna vez sus huesos, tal vez detecte también trazas de violencia y privaciones, y eso obligue a los investigadores a repensar la visión ahora imperante de una Harappa pacífica e inclusiva.

Después de todo, un gobierno en el que el poder está repartido puede ser tanto una oligarquía como una democracia. Ningún gremio de artesanos, linaje o barrio parecía dominar al resto, pero en todos pudo existir e imponerse una división estratificada de clases sociales, invisible para nosotros cuatro milenios después.

Cuando el apocalipsis dio comienzo hace unos cuatro mil doscientos años, sus desafíos y factores de estrés quizá magnificaron desigualdades ya existentes, sacándolas a la palestra de modos que Harappa había logrado evitar hasta entonces; quizá siempre había habido tensiones entre distintos grupos —recién llegados y residentes de antaño, mercaderes y obreros, inmigrantes de una u otra región— y el apocalipsis multiplicó su intensidad y agravó sus consecuencias.

O puede que el apocalipsis crease jerarquías por completo nuevas en una ciudad que siempre se había resistido a las tentaciones de la desigualdad y había eludido sus tragedias. Mientras el cambio climático y la probable escasez de alimentos ponían al límite los recursos de Harappa y carcomían sus valores cívicos, esas nuevas divisiones sociales quizá estallaron en forma de una violencia inaudita. No somos capaces de ver las líneas sociales exactas trazadas por los habitantes de Harappa entre un grupo y otro, ni sabemos cómo justificaron esas nuevas o, al menos, exacerbadas divisiones y jerarquías. Lo que sí observamos es que las consecuencias mortales de esa creciente desigualdad quedaron grabadas en los huesos de la gente, a modo de un indiscutible registro de la violencia existente en una ciudad antaño acogedora y entonces empujada por el precipicio del apocalipsis.

El cambio climático, en aquel tiempo igual que ahora, es un apocalipsis de avance lento. Durante largos períodos, la vida puede parecer normal, o quizá solo una pizca más complicada que antes. Una región se verá más afectada por la sequía, la escasez de alimentos o el conflicto, y luego al año siguiente será otra. Grupos de personas que siempre han vivido con estrecheces se encontrarán incluso con menos recursos, pero el resto de la sociedad lo verá como algo inevitable, en vez de prestarle la debida atención como una advertencia para todos. Se producirán graves desastres que al final se convertirán en la nueva normalidad mientras las expectativas van cambiando. Tal vez pase mucho tiempo hasta que se comprenda lo que está ocurriendo, o hasta que los efectos se acumulen de tal manera que nadie pueda negarlos. En Harappa, transcurrieron trescientos años desde el inicio del suceso del kiloaño 4,2 hasta que la gente vio la realidad: que la ciudad ya no era sostenible. Los agricultores carecían de remanentes con los que alimentar a sus habitantes. La lluvia para la que estaba preparada la infraestructura urbana había dejado de caer. Tenían que marcharse. De inmediato.

En torno al 1900 a. C., setecientos años después de que surgieran las primeras ciudades del Indo, la mayoría de la gente había abandonado Harappa y lo que hasta entonces era la capital comenzó a transformarse en un conjunto de ruinas. Según los cambios de tamaño y ubicación de los asentamientos, parece que muchos de sus ciudadanos se marcharon para trasladarse a las aldeas. Quizá esas aldeas fueran sus lugares de origen o allí tuvieran sus antiguas casas, sitios que durante un tiempo se habían visto arrastrados con gusto a la red económica y cultural de Harappa, pero que existían desde antes de la creación de esa ciudad y seguirían existiendo mucho después. En aquellas aldeas, la gente podía cultivar su propia comida y tomar sus propias decisiones sobre cómo hacer frente a un clima complicado. No dependían del excedente de nadie ni de infraestructuras cuyo funcionamiento descansaba en la cooperación de decenas de miles de desconocidos. En las aldeas no había desconocidos.

Aun así, según parece, algunos habitantes de Harappa no tenían ningún otro sitio al que ir. Quizá fueran descendientes de la comunidad excluida del osario, o a lo mejor pertenecían a otro grupo que sufrió un estatus social igual de abyecto y sus violentas consecuencias; o se habían mudado a aquella ciudad desierta después de que sus anteriores residentes hubiesen huido, para saquear lo que pudieran. Disponían en exclusiva de los espacios antiguamente gloriosos del centro de Harappa, las plazas públicas y los opulentos baños, aunque en unas condiciones miserables; por otro lado, muy poca gente estaba dispuesta a vivir allí, así que resultaba inviable hacer mejoras significativas. Las ruinas de Harappa se convirtieron en un lugar peligroso. En los restos de 23 personas enterradas en la ciudad durante los dos siglos inmediatamente posteriores a su abandono, Robbins Schug descubrió que casi el 40 % tenía lesiones en la cabeza, lo que prácticamente alcanzaba el nivel detectado en el osario. Y, al igual que en el osario, mujeres y niños corrían un mayor riesgo de sufrir violencia. Asimismo, más de una cuarta parte presentaba signos de daños en el esqueleto derivados de algún tipo de infección prolongada, como lepra o tuberculosis.

Según avanzaron el tiempo y la decadencia de Harappa, las perspectivas de salud de sus habitantes empeoró aún más. En los restos de 15 niños que databan del período comprendido entre doscientos y seiscientos años después del colapso de la ciudad, Robbins Schug descubrió que casi la mitad sufría malnutrición y, probablemente, escorbuto. Algunos tenían tan corta edad que sus madres quizá siguieran dándoles el pecho, por lo que sus restos sugieren que esas mujeres también estaban gravemente infraalimentadas.

Es posible que la brutalidad y las visibles carencias en la Harappa postapocalíptica provocaran que los descendientes de sus habitantes reaccionasen con miedo y repugnancia al conocer los rumores que circulaban sobre la ciudad. Tras haber pasado generaciones apartados de la vida urbana, no imaginaban siquiera los beneficios que esta podía haber tenido, en especial comparándola con la flexibilidad, la autodeterminación y el aislamiento de las aldeas. Por el contrario, sí veían algunos de sus peligros y desventajas, como el legado de divisiones y exclusiones sociales que condujo a que ciertas personas se viesen obligadas a vivir entre las ruinas de la ciudad todavía en su época. Mucho después de que el clima se estabilizase y otras culturas afectadas por el suceso del kiloaño 4,2 regresaran a sus antiguas formas de vida jerarquizadas, los descendientes de la civilización del Indo rechazaban la tradición urbana de sus ancestros y la complejidad social que esta requería. No construirían otra ciudad hasta mil años después.

En 1347, más de tres mil años después de que Harappa cayese en el abandono, los europeos empezaron a escuchar historias sobre una misteriosa enfermedad que se extendía desde el este. Entre su colección de dolorosos y aterradores síntomas había fiebre, vómitos, tos con sangre, pústulas negras en la piel e inflamación de los ganglios linfáticos. La muerte solía llegar al cabo de tres días. Según supo la gente del oeste de Europa, esa enfermedad la habían llevado hasta Crimea los ejércitos de la Horda de Oro, la sección occidental del Imperio mongol. Se rumoreaba que, durante el sitio de un enclave comercial genovés, los mongoles habían convertido en armas a sus propios camaradas muertos, cargando los cadáveres en las catapultas y lanzándolos sobre las murallas de la ciudad.

Quienes sobrevivieron el tiempo suficiente para huir del subsiguiente brote llevaron consigo la plaga por todo el mar Negro hasta Constantinopla, una de las ciudades más prominentes y bien conectadas del mundo medieval. Desde allí, la enfermedad se expandió hasta los núcleos comerciales de Sicilia y después por todo el Mediterráneo, desde Alejandría hasta Marsella. Al final, acabaría llegando a Irlanda, Noruega y, quizá, Etiopía y Ghana.

Varias ciudades trataron de imponer cuarentenas y prohibir la entrada de quienes procediesen de lugares en los que se supiera que estaba extendiéndose la infección, o al menos de los enfermos evidentes. «Pero todo fue en vano», escribió Giovanni Boccaccio en la introducción del *Decamerón* sobre su experiencia en Florencia durante la peste negra. La enfermedad siempre encontraba la manera de sortear cualquier medida sanitaria.

Una vez que la plaga enraizaba en una ciudad, esta se transformaba en una sombra de lo que había sido. Todos los sonidos normales de la urbe cesaban de golpe mientras la gente se recluía en sus casas presa del miedo; en las calles de Padua reinaba un silencio absoluto, roto únicamente por los lamentos de los dolientes que habían visto perecer a familiares y vecinos. La catedral de Pistoia, en Italia, dejó de tañer las campanas en los funerales para no aterrorizar a los vivos por su mera frecuencia, y la ciudad prohibió que se hicieran anuncios o invitaciones para los funerales con el objetivo de evitar las reuniones públicas. «Había cuerpos aquí, allá y en todas partes», escribió Boccaccio sobre Florencia: tirados en las calles, pudriéndose dentro de las casas, esperando a que los recogiesen en las puertas, adonde los arrastraban los propios vecinos cuando el olor se hacía insoportable. Los sacerdotes y los enterradores corrían de un funeral a otro, «hundiendo el cadáver en la tumba vacía más próxima que podían encontrar». No tardaron en recurrir a fosas comunes, cavadas en camposantos de iglesias y plazas públicas, «donde iban dejando a los recién llegados por centenares, almacenados capa a capa, como el cargamento de un barco».

La gente que vivió la peste negra no tenía ninguna duda de que aquello era el fin del mundo. Múltiples cronistas europeos la compararon con el diluvio de Noé y las plagas bíblicas, solo que peor, porque al menos esos otros sucesos habían dejado a algunas personas vivas. Los cristianos medievales tenían la certeza de que Dios estaba castigando una vez más a la humanidad por sus pecados, y las autoridades religiosas rogaban a la gente que rezase como nunca antes. Las calles de las ciudades eran testigos de procesiones religiosas autorizadas que se mezclaban con horripilantes muestras de penitencia pública a cargo de los «flagelantes», un culto sin líderes que se extendió por toda la Europa continental y por Inglaterra y cuyos miembros inundaban las iglesias para azotarse de manera sangrienta, a modo de histriónico arrepentimiento por los pecados que habían causado aquella plaga. No obstante, nada parecía surtir efecto: los brotes se sucedían por todo el mundo conocido. El abogado italiano Gabriele de' Mussi imaginaba la respuesta furiosa de Dios a los ruegos de salvación de la gente: «Os pido llanto. El tiempo de la misericordia ha pasado».

El respeto por la ley y la vida se evaporó según avanzaba el apocalipsis. «La gente se comportaba como si tuviese los días contados y trataba sus pertenencias y a sus prójimos con idéntico descuido», escribió Boccaccio. Quienes conservaban la salud les daban la espalda a los enfermos; muchos escritores medievales contaban con horror que incluso había padres que se negaban a cuidar de sus hijos moribundos. Arrastrados por una ola de angustia incesante y universal, los supervivientes acabaron por perder su capacidad para llorar a los fallecidos o albergar cualquier otro sentimiento. Cronistas monásticos de Austria escribían sobre personas decididas a «animarse unas a otras con consuelo y celebración, de forma que la depresión no las abrumase». Tras un brote especialmente dañino, los aldeanos insistían en celebrar fiestas y bodas, aunque solo lograsen alcanzar «una especie de semifelicidad». La gente no podía hacer más que dejarse llevar por la inercia de estar con vida.

Entre 1347 y 1351, del 30 % al 60 % de la población de Europa murió por la plaga. Para los supervivientes, la enfermedad era en apariencia aleatoria, y la indudable sensación de que nadie estaba a salvo acrecentaba el terror. Pero, al igual que en Harappa tres milenios antes, la ruptura que supuso el apocalipsis y la violencia que desató tuvieron su origen en unas grietas de discriminación y desigualdad que ya recorrían los cimientos de la sociedad.

En la localidad catalana de Tàrrega, los arqueólogos del museo local hallaron unas tumbas poco usuales en un cementerio judío medieval que hubo que excavar a causa de un proyecto urbanístico. Entre las 158 sepulturas individuales típicas que encontraron, había seis fosas comunes con los restos de al menos setenta personas. En esas fosas estaban enterrados juntos hombres, mujeres y niños de todas las edades, y entre los huesos los arqueólogos descubrieron unas pocas monedas que dataron los enterramientos en torno a la época de la peste negra.

Al contrario que los cuerpos hallados por toda Europa en fosas comunes destinadas a las víctimas de la plaga, esas otras personas no habían muerto por la enfermedad. «Muchos de los huesos mostraban signos de violencia», afirma Anna Colet, la arqueóloga que dirigió la excavación. Colet no es bioarqueóloga y, por lo general, no estudia restos humanos, pero, según dice, «incluso yo pude verlo de inmediato». Más de la mitad de los cuerpos que excavó el equipo de Colet presentaba lesiones en el cráneo o en otras partes del esqueleto, similares a las grietas y fracturas que Robbins Schug había observado en los huesos del osario de Harappa. Se trataba de lesiones graves sin signo alguno de curación, por lo que habían sido mortales. La gente de las fosas comunes de Tàrrega había sufrido una masacre.

Existen documentos históricos que refieren ataques a comunidades judías de Tàrrega y de otros pueblos y ciudades de la zona, Barcelona incluida, en 1348. Eso encaja en un patrón de asaltos que recorrió Europa durante la peste negra, cuando comunidades cristianas del continente entero se dedicaron a acusar a sus vecinos judíos de envenenar pozos y provocar la plaga. Mediante torturas bien documentadas que se infligían a los judíos, se extraían confesiones de una conspiración internacional centrada en usar dicha enfermedad para eliminar a todos los cristianos.

Por temor a las fuerzas sociales desestabilizadoras que pudiera desencadenar una revuelta populista a raíz de la pandemia, las autoridades cristinas religiosas y políticas se apresuraron a proteger a los judíos de asesinatos extrajudiciales. El propio papa Clemente VI emitió una bula por la que se excomulgaba a cualquiera que participase en aquellos actos violentos. No obstante, tales bulas y leyes apenas surtieron efecto. En pueblos y ciudades de gran parte de Europa, desde España hasta Austria, cristianos de a pie desafiaron las órdenes de su propia Iglesia y asesinaron a sus vecinos judíos, a menudo quemándolos vivos. Con poblaciones enteras viviendo en estado de pánico, esa violencia justiciera se cernía asimismo sobre mendigos, viajantes y cualquier individuo considerado forastero.

En Tàrrega, cristianos y judíos habían vivido codo con codo sin muchos conflictos durante décadas, si no siglos, antes de que llegase la plaga. Sin embargo, igual que en Harappa, las divisiones sociales estallaron y se trocaron en violencia con la incertidumbre y el miedo de un apocalipsis. Los cuerpos enterrados en las fosas comunes no mostraban signos de quema, pero los ataques, en cualquier caso, eran de una brutalidad impactante. La mayoría de las lesiones se debía a golpes contundentes y deliberados con espadas, hachas u hoces. Algunas extremidades estaban por completo cercenadas. Incluso los niños eran víctimas de esos ataques al parecer indiscriminados, cuyos autores no mostraban misericordia alguna, ni siquiera con los indefensos: un hombre con una fractura antigua en una pierna, mal curada y que debía de impedirle correr, presentaba en la cabeza y el cuerpo nada menos que 22 golpes, el mayor número detectado por el momento en los cuerpos recuperados de las fosas comunes.

Los arqueólogos de Tàrrega hallaron seis fosas, aunque distinguieron las esquinas y muros de otras dos o quizá tres. Hasta ahora, se han recuperado 70 cuerpos. Sin embargo, cuando los supervivientes judíos le comunicaron formalmente al rey de España el ataque, al año siguiente de haberse perpetrado, le aseguraron que ese día habían sido asesinadas 300 personas; quizá se trate de una sobreestimación, dado que por entonces, según Colet, en Tàrrega solo vivían unas 1200 personas, o puede ser que esa cifra incluya a judíos de pueblos vecinos que llegaron a Tàrrega en busca de refugio, huyendo de los ataques en sus propias comunidades, y que acabaron muriendo igualmente cuando la violencia se extendió hasta allí.

Pese a que esa agresión tenía por objeto destruir a la comunidad judía de Tàrrega, los arqueólogos han comprobado que no lo consiguieron. Los cuerpos de las víctimas no estaban sencillamente amontonados unos encima de otros, ni profanados de ninguna otra manera, como habría sido de esperar si los hubiesen enterrado sus asesinos. Por el contrario, cada uno de los cadáveres estaba dispuesto con la cabeza orientada al oeste y los pies al este, de acuerdo con la tradición judía. Las tumbas no eran todas lo bastante grandes para que cupiese todo el mundo bien tumbado, así que algunos cuerpos estaban doblados por las rodillas o presentaban alguna otra contorsión que permitiese introducirlos en el escaso espacio disponible, aunque, al contrario que en el osario de Harappa, no había cuerpos apilados ni revueltos. Colet considera que estos signos de cuidado significan que a las víctimas de la masacre de Tàrrega las enterraron probablemente supervivientes de la comunidad judía, en su propio cementerio y siguiendo sus rituales en la medida de lo posible.

Dichos supervivientes vieron cómo su vida se transformaba de la noche a la mañana. Existen relatos del ataque que hablan de la suerte de quienes se ocultaron en casas de amigos mientras los vecinos derribaban las puertas del barrio judío, descuartizaban a la gente y saqueaban sus casas. Los que escaparon con vida perdieron igualmente su hogar y todo lo que había en él. Sin duda, temían que hubiera otro ataque en cualquier momento, y aun así hicieron lo que estaba en su mano. Algunos de los cuerpos se enterraron de inmediato, antes de que comenzaran a descomponerse, por lo que sus esqueletos permanecieron más o menos intactos durante los siglos siguientes. Otros esqueletos de las fosas estaban deteriorados y reducidos a un amasijo de huesos, con partes del cuerpo alejadas de su sitio, lo que indicaba que esos cadáveres se habían enterrado mucho después de morir, cuando la descomposición ya se había iniciado; debieron de pasar semanas o meses antes de que llegaran a su tumba, en pleno verano del peor año de la plaga en Europa. Según un relato de la masacre, los asaltantes lanzaron numerosos cadáveres a una cisterna, donde es posible que permaneciesen, descomponiéndose, hasta que a los supervivientes les pareció seguro recogerlos. Es probable asimismo que los propios supervivientes ocultasen algunos cuerpos hasta que pasara la amenaza inmediata de violencia. O a lo mejor los enterramientos se retrasaron por la propia plaga, como ocurrió tantas veces en aquellos años.

Estas y otras fosas comunes, en especial durante los años de la pandemia, suelen entenderse como señales del caos, la desesperación y la violencia que se desataron en el transcurso del apocalipsis; y a menudo lo son, por supuesto, sobre todo en el caso de la masacre de Tàrrega. Sin embargo, las fosas podrían interpretarse también como un acto de cuidado, solidaridad y comunidad protagonizado por los supervivientes, incluso cuando todavía corrían peligro. Las tradiciones y los ritos funerarios, diseñados para momentos no excepcionales, se tensan con la presión del apocalipsis. Aun así, las fosas comunes demuestran que, en circunstancias hasta entonces inconcebibles, la gente se esfuerza por conservar cierta versión de los rituales definitorios de su comunidad, en la vida y en la muerte.

En otoño de 1348, la peste alcanzó la costa sur de Inglaterra. Las autoridades de Londres sabían que solo era cuestión de tiempo que arrasara con todo hasta llegar a la capital. Habían oído hablar de la multitud de cadáveres que ese mismo año había abrumado a tantas ciudades y pueblos del continente. Así que Londres, con la ventaja de disponer de algo más de tiempo, empezó a construir un cementerio de grandes dimensiones, el East Smithfield, como futuro emplazamiento en terreno consagrado para el mayor número de víctimas posible. Incapaz de salvar vidas, Londres trató de salvar almas. A lo largo de los dos años siguientes, en el East Smithfield se enterró a más de mil personas, con un cuidado muy superior al que hubiese sido viable de otro modo. No obstante, ese número solo correspondía a un porcentaje de los fallecidos: la peste negra se llevó por delante a casi la mitad de los 80 000 habitantes de Londres en el transcurso de quince espantosos meses.

Semejante mortandad ha llevado a la mayoría de la gente, científicos incluidos, a suponer que la peste negra fue una asesina indiscriminada que arrasó por igual con sanos y enfermos, ricos y pobres, jóvenes y viejos. Según parece, los cronistas de la época también lo vivieron así. Tal y como escribió un abad belga sobre los años de la plaga, «nadie, ni los ricos, ni la gente común ni los pobres, estaba a salvo, y todos y cada uno de ellos se pasaban los días aguardando la voluntad de Dios». Sin embargo, la bioarqueóloga Sharon DeWitte tenía sus dudas. Sabía que la pobreza, la edad, la malnutrición y una salud frágil aumentan el riesgo de morir al contraer la mayoría de las enfermedades infecciosas. ¿Pudo la peste negra ser un caso atípico entre los apocalipsis y que no se viera afectada por las jerarquías ni por las desigualdades de la compleja sociedad a la que golpeó? ¿O, igual que muchos otros apocalipsis, agravó las divisiones sociales ya existentes?

La confluencia de la desigualdad, la enfermedad y la violencia se remonta a Harappa, y es muy probable que esa ciudad fuera un lugar más igualitario, limpio y saludable para vivir que la Londres medieval. Cuando la peste negra estalló, Inglaterra y otros países europeos eran sociedades feudales diseñadas para alojar, perpetuar y explotar una desigualdad económica y social extrema. El rey Eduardo III gobernaba Inglaterra mientras la aristocracia vivía en grandes señoríos a costa del trabajo de ingentes cantidades de campesinos. La desigualdad no era un efecto colateral del feudalismo, sino un requisito para su existencia.

Cuando DeWitte estudió los huesos de los londinenses medievales y los registros históricos de esa época, llegó a la conclusión de que, más que tener un impacto sin precedentes, la peste negra fue la última tragedia de todo un siglo de crisis. A finales del siglo XIII y principios del XIV (los aproximadamente cien años que precedieron a la peste negra), Inglaterra, igual que la mayoría de Europa, había estado luchando con décadas de enfriamiento climático y climatología errática. Las cosechas se perdían y la comida escaseaba. La Gran Hambruna de entre 1315 y 1317 acabó con la vida de hasta el 15 % de la población de Inglaterra y Gales, un poco más de treinta años antes de que la peste llegara a la región. El precio del grano se disparaba mientras los salarios se hundían, y cada vez más gente terminaba en la pobreza. Los libros de cuentas de las casas y los registros de pagos a los trabajadores de los señoríos ingleses demuestran que, a comienzos del siglo XIV, el 70 % de las familias inglesas no tenía dinero o recursos suficientes para evitar pasar frío y hambre. Por su parte, el 3 % de los hogares más ricos ingresaba el 15 % de la renta nacional.

Ese siglo, desafiante desde un punto de vista medioambiental y económico, dejó su huella en la salud de la gente. Cuando DeWitte analizó los restos de londinenses que habían vivido en los cien años previos a la peste negra y los comparó con los de personas de los siglos XI y XII, relativamente más cómodos, descubrió que quienes murieron justo antes de la peste eran más bajos y tenían más surcos en los dientes, señal de que el crecimiento del esmalte se había interrumpido en la infancia por malnutrición, enfermedad u otras formas de estrés fisiológico. Asimismo era mayor la probabilidad de que murieran jóvenes, tras una infancia marcada por la enfermedad y el hambre.

DeWitte examinó además los restos de unas quinientas víctimas de la peste negra enterradas en el cementerio de East Smithfield, que se había excavado parcialmente durante un proyecto urbanístico en la década de 1980. Estuvo trabajando en una cámara subterránea del Museo de Londres, adonde se habían trasladado los esqueletos del East Smithfield. Uno a uno, DeWitte colocó con cuidado los huesos sobre una mesa y volvió a ensamblar los cuerpos. Examinó la pelvis de cada una de esas personas en busca de signos de su edad y sexo biológico, y les midió la longitud de los huesos de brazos y piernas para obtener pistas de su altura. Buscó algún dato de su pasado en los surcos del esmalte dental y en los cráneos; la anemia infantil puede dejar huecos en la capa exterior del hueso que rodea las cuencas de los ojos y en la coronilla. Por su parte, la malnutrición, las lesiones o las enfermedades en otros momentos más tardíos pueden provocar que la punta nudosa de un hueso crezca donde no debería. DeWitte supervisó minuciosamente a todas las víctimas de la peste en busca de estos y otros signos de penurias en vida. Al igual que las evidencias de un trauma craneal en el osario de Harappa, dichos signos resultaron estar más extendidos de lo que la bioarqueóloga esperaba. «Fue una auténtica sorpresa encontrarme individuos sin ningún indicador patológico», afirma.

DeWitte recopiló todos esos datos y los utilizó para calcular la distribución de edad de las personas del cementerio, así como las diferencias en cuanto a esperanza de vida de quienes presentaban marcadores de estrés en el esqueleto y quienes no. Sus modelos demostraron que los individuos que habían sufrido una vida de mala salud y estrés fisiológico tenían más probabilidades de morir durante la peste negra que los dueños de esqueletos sin ningún signo de estrés, quizá porque estos últimos habían disfrutado de muchos recursos a lo largo de su vida. Descubrió asimismo que la peste acabó con la vida de los adultos de mayor edad de un modo desproporcionado; pese a que podía deberse únicamente a su edad, se trataba también de personas que pertenecían a una generación criada durante los años más duros de la Gran Hambruna, lo que las predisponía a tener una salud más precaria.

Cuando la plaga llegó a Inglaterra, todo un siglo de hambruna y desigualdad creciente había dado como resultado una abundancia de individuos en situación de riesgo, y fueron esas personas las que se enfrentaron a una mayor probabilidad de morir cuando la peste asoló la ciudad. Por su parte, los registros históricos sugieren que solo el 13 % de la nobleza inglesa murió en 1349.

Aquel no fue el mismo tipo de violencia extrema que el observado en la masacre de Tàrrega o en los niños apaleados del osario de Harappa, pero fue violencia igualmente. Esa clase de violencia, la que de manera sistemática priva a los pobres de los recursos más básicos, la que los desfavorece y perjudica, estaba incrustada en la estructura de la sociedad medieval inglesa, que además se ocupaba de fomentarla. El apocalipsis no creó las jerarquías y divisiones que definían la Europa medieval, pero sí las exprimió, y con ello sacó a la luz su verdadero coste.

En 1351, cuando por fin la plaga se desvaneció de las ciudades y pueblos europeos, los supervivientes sufrieron el impacto de un vacío repentino y palpable. Sencillamente, apenas quedaba nadie. Quienes sobrevivían deambulaban por pueblos fantasma. En cuestión de meses, les habían arrebatado a todos sus conocidos. Petrarca, el poeta italiano, escribió: «Deberíamos hacer amigos nuevos, pero ¿cómo, cuando la raza humana está prácticamente arrasada? ¿Y por qué, si me parece que el fin del mundo está a la vuelta de la esquina?».

El silencio permeaba ciudades, pueblos y el campo que los separaba, junto a una incómoda abundancia de recursos imposible de gestionar. El cronista Henry Knighton escribió que, en la campiña inglesa, el grano se pudría en los campos y los animales de granja se movían en libertad y morían por falta de cuidados, «dado que había tal carencia de criados y peones que no quedaba nadie que supiera lo que se imponía hacer». Los trabajadores supervivientes, al ver todas las tareas pendientes y la poca gente que había para ocuparse de ello, se dieron cuenta de lo esencial de su labor. Casi de inmediato, empezaron a pedir honorarios más elevados. «Si alguien pretendía contratarlos debía plegarse a sus exigencias: o perdía sus frutos y [granos] o tenía que condescender con la arrogancia y la avaricia de los trabajadores», escribió Knighton.

Antes de la peste negra, a los campesinos les era casi imposible alejarse de la tierra que trabajaban y de los señores a los que servían. Después, en todos los feudos cundió la desesperación por conseguir agricultores y obreros, que de repente podían elegir dónde vivir y trabajar. Los terratenientes trataban de impedir a la desesperada que sus aparceros se marchasen, con bajadas en el precio de los arriendos y subidas en los salarios. «Al invertirse el orden natural de las cosas, el de quienes estaban acostumbrados a tener mucho y quienes estaban acostumbrados a sufrir carestía, los primeros cayeron en la necesidad y los segundos en la abundancia», escribió el cronista inglés William Dene.

En lo que a salarios, pobreza y salud física se refiere, el siglo posterior a la peste negra fue el reverso del siglo de sufrimiento que lo había precedido. Tras estudiar a las víctimas de la plaga y su salud previa a la pandemia, en general más deficiente, DeWitte examinó los restos de personas de varias clases sociales que murieron después de la peste negra y fueron enterradas en el cementerio de una abadía londinense entre 1350 y 1538. La mayoría estaban mucho más sanas que las personas fallecidas durante la plaga o en el siglo anterior. Tanto hombres como mujeres vivían hasta edades más avanzadas, y los hombres eran más altos y tenían menos surcos en los dientes que indicasen privaciones en la infancia. Las mujeres eran un poco más bajas que sus homólogas de antes de la peste negra; sin embargo, en contra de la lógica, esta característica podía ser una señal de mejor salud en general: las niñas suelen dejar de crecer más o menos cuando aparece la primera menstruación, por lo que es posible que las nacidas después de la plaga empezaran a tener el período a edades más tempranas gracias a una mejor nutrición y un menor estrés físico. Por supuesto, esas mejoras en la salud y en el nivel de vida tuvieron «un coste inconcebiblemente elevado» que, sin duda, incluyó graves traumas psicológicos para los supervivientes, afirma DeWitte. Pero fueron mejoras, al fin y al cabo.

El orden social anterior a la plaga (que potenció al máximo la mortalidad de la peste negra entre los pobres, con una doble peligrosidad para las comunidades judías por ser objeto de ataques) permaneció décadas defendiéndose con uñas y dientes frente a las fuerzas de cambio desencadenadas por la epidemia. Ya en 1349, el rey de Inglaterra puso en marcha la «ordenanza de los trabajadores», que obligaba a hombres y mujeres desempleados y sin tierras a aceptar cualquier trabajo que se les ofreciese por el mismo salario que habrían recibido en 1346, el año antes de que la plaga llegase a Europa. Si rechazaban los términos del puesto, irían a la cárcel. Los empleadores en potencia, si ofrecían salarios superiores, recibirían una multa. La ordenanza prometía incluso mandar a la cárcel a cualquiera que diese limosna a los mendigos, «para que así estos se vean forzados a trabajar para ganarse la vida». Pese a todo, dos años más tarde, en 1351, un Parlamento frustrado tuvo que aprobar otra ley similar porque los trabajadores «no mostraban ninguna consideración por dicha ordenanza, sino más bien por su propia comodidad y excepcional avaricia». Los plebeyos ignoraron también esa nueva ley.

Cuarenta años después de que la peste negra asolase Europa, el Gobierno inglés seguía batallando para obligar a la clase trabajadora a volver al orden económico anterior a la plaga. En 1388, la libertad y la autonomía de los plebeyos, nacidas de las apabullantes pérdidas de una generación anterior, aún irritaban al Parlamento, hasta el punto de que se enmendó la ley de 1351 para ilegalizar los viajes o traslados de los trabajadores que no tuviesen una carta oficial para atestiguar una fecha de regreso o una nueva oferta de empleo, lo que obligaba a los artesanos a hacer labores agrícolas durante la cosecha y confinaba de forma permanente a cualquier «mendigo incapaz de trabajar» en su ciudad de origen. Para quienes se negasen a obedecer habría «un par de cepos en todas las ciudades».

Estas leyes son otro ejemplo más de que los apocalipsis convierten la desigualdad en violencia: la violencia del encarcelamiento, la vigilancia y la restricción de movimientos ejercida contra los pobres, los incapacitados o cualquiera que no pudiera o quisiera participar de la ficción de que la peste negra no había transformado el mundo conocido y la vida de todos sus habitantes. No obstante, el hecho de que el Parlamento no cejara en aprobar leyes destinadas a contener los movimientos de los trabajadores y limitar sus opciones de empleo, cuatro décadas y al menos una generación después de la epidemia, implica que las nuevas posibilidades económicas y sociales desencadenadas por la plaga no fueron tan fáciles ni tan rápidas de eliminar. El trabajo llevado a cabo por DeWitte demuestra que las mejoras en la salud de la población general persistieron durante al menos doscientos años, pese a los rebrotes de la misma plaga en Londres. Fuera de Inglaterra se han encontrado patrones similares. Según datos recogidos en el norte de Italia, la desigualdad en la riqueza se desplomó durante la peste negra y no volvió a alcanzar los niveles previos a la plaga hasta casi cuatrocientos años después.

A pesar de todo, los «prelados, condes, barones y otros prohombres» de la sociedad europea adquirieron el firme compromiso de restaurar el mundo anterior a la peste negra y, en cierto sentido, lograron su objetivo de continuidad. Al contrario que en el valle del Indo tres mil años antes, la plaga no provocó la desintegración de los Gobiernos, la caída de los Estados ni el abandono permanente de las ciudades. Seguimos hablando las mismas lenguas, viviendo en muchos de los mismos países y paseando por las calles de las mismas ciudades que fueron testigos de la inconcebible mortandad de la peste negra. Harappa, sin embargo, lleva tres milenios en ruinas. Nadie sabe leer su escritura e ignoramos incluso qué lengua hablaban sus habitantes. En su abandono y desconocimiento fantasmales, puede parecer que Harappa fracasó allí donde las sociedades europeas consiguieron sobrevivir. No obstante, integrada en esa continuidad, y de algún modo oculta por ella, existe también cierta violencia: la de una sociedad que se negó a cambiar después de haber atravesado los fuegos del apocalipsis.

Capítulo 5

CÓMO LA SOCIEDAD COLAPSA PERO LA CIVILIZACIÓN SOBREVIVE

Hace unos cuatro mil quinientos años, un joven se bajó de la primera embarcación a la que había subido en su vida para mezclarse con la mayor multitud que había visto nunca. El muelle era un hervidero de actividades, más variadas de lo que él creía posible. Cuadrillas de hombres tiraban de bloques enormes de granito para bajarlos de las barcazas que los habían trasladado hasta Guiza desde la frontera sur de Egipto por cerca de seiscientos cincuenta sinuosos kilómetros de río. Otros levantaban sacos de cebada y trigo para cargárselos a los hombros y llevarlos a las panaderías y cervecerías de la ciudad. Grupos de obreros, que hacía poco habían estado igual de verdes y asombrados que el joven, marchaban al unísono siguiendo a la perfección el ritmo de sus canciones de trabajo, dirigiéndose como una sola persona al turno de su brigada en el terreno de las pirámides. El sonido de las herramientas metálicas chocando con la piedra reverberaba en las calles. Los artistas se afanaban en sus talleres, haciendo piezas de cerámica para que las usara la gente de la ciudad y estatuillas destinadas a las tumbas. Rebaños de reses avanzaban empujándose y mugiendo, ignorantes de que los guiaban a los mataderos; a diario, había que sacrificar decenas para alimentar a los trabajadores del proyecto más importante de la nación.

Ese sonido, el de las reses mugiendo, fue uno de los pocos que el joven reconoció de lo que había sido su vida hasta entonces. Se había criado en la tierra pantanosa del delta del Nilo, donde el gran río se dividía en muchos ramales de menor tamaño que se extendían hacia el mar. En su pueblo, todo el mundo criaba reses porque no había otra opción. En los pantanos era casi imposible cultivar nada y el terreno se mostraba especialmente poco hospitalario con el tipo de agricultura más provechosa para la Autoridad: los vastos campos de cebada y trigo que con tanta facilidad crecían en las riberas más meridionales. Así, la Autoridad cobraba tributos a esas granjas y provincias, recolectaba suministros enormes de grano y enviaba parte de la cosecha a la aldea del joven, donde la gente desempeñaba un papel distinto. La Autoridad había ordenado que todas las familias de la aldea se dedicasen a criar reses para la ciudad de las pirámides. La carne era para las cantinas de las cuadrillas que trabajaban allí y que, durante sus meses de esfuerzo, necesitaban toda la energía que pudieran recibir. El rey contaba con ellos para garantizar su prosperidad también en la otra vida, lo que equivalía a decir que el país entero contaba con ellos para garantizar su futuro.

El joven se había pasado años cuidando de los rebaños de su familia, supervisando la temporada de cría y los nacimientos que la seguían, llevando los animales de pasto en pasto y eligiendo los mejores para incluirlos en los rebaños destinados a Guiza todos los años. Casi ninguna de las reses acababa nunca sobre la mesa de su familia; el joven podía contar con los dedos de las manos el número de veces que había probado la ternera. Pero ahora le había llegado el turno de trabajar en las pirámides y de comer en las cantinas donde se cocinaba y se servía a diario la carne de sus rebaños y de tantos otros.

La vida en la ciudad de las pirámides tenía una organización estricta. El joven fue asignado a una cuadrilla de trabajo junto con los demás hombres procedentes de su región, y esa cuadrilla formaba parte de una brigada de trabajadores. A cada uno de los hombres le correspondía una cama en las largas hileras dispuestas en los barracones. Se levantaban temprano y se pasaban el día tirando de piedras para subirlas por enormes rampas de tierra y luego colocarlas en su sitio haciendo palanca. Día tras día, la pirámide se alzaba hacia el cielo: su cima estaba destinada a ser el primer lugar tocado todas las mañanas por los rayos del dios sol renacido. A veces, el joven alcanzaba a ver a los pintores y arquitectos, más abajo, haciendo su delicado trabajo. Eran los expertos que vivían allí todo el año y que acabarían enterrados en su propio cementerio, situado en aquel mismo lugar, el más sagrado y prestigioso de todos. Los trabajadores que morían mientras hacían su labor, por aplastamientos de piedras o caídas de los andamios, también se enterraban allí, aunque no podían esperar que sus tumbas fueran del mismo tipo que las que incluso un pintor tenía la capacidad de construirse. El joven sabía que sería un gran honor descansar en aquel lugar por toda la eternidad, aunque a pesar de todo confiaba en ser uno de los afortunados que regresara a casa.

Las cuadrillas comían juntas en largas mesas corridas, dentro de las enormes cantinas que se encontraban pegadas a los barracones. Había carne a diario, y probablemente parte de ella perteneciera a los rebaños de la familia del joven. Las panaderías y cervecerías de la ciudad producían en masa ingentes cantidades de cerveza y pan para ellos. El joven casi no tenía un momento para él solo. Siempre estaba en compañía de su grupo y su cuadrilla. A veces, las brigadas competían para ver cuál acababa antes el trabajo. La suya era respetable, por lo que se enorgullecía de formar parte de ella. Entonaban canciones de trabajo mientras estaban de turno y también cuando terminaban. El trabajo y la propia vida de todos dependían de que se mantuviesen sincronizados durante aquellas peligrosas tareas.

En la ciudad de las pirámides, el joven conoció a agricultores y ceramistas, a carpinteros y herreros, a panaderos y porteadores, llegados de pueblos y ciudades de toda la nación y de regiones extranjeras. A algunos los habían trasladado a Guiza para desempeñar sus trabajos habituales al servicio del rey; a otros, como él, los habían reclutado para la construcción de monumentos más grandes que cualquier edificio que hubiesen visto antes o verían después. Algunos eran extranjeros, de Nubia, Punt y los desiertos del este y el oeste. El joven sabía que existían otras tierras más allá de las fronteras de Egipto, pero nunca pensó que conocería a algunas de sus gentes, mucho menos que trabajaría codo con codo con ellos. Parte de esos forasteros había ido a Egipto voluntariamente, en busca de un lugar que recompensara su experta destreza y su gusto refinado; los estilos de cerámica y otras artesanías desarrolladas allí, cerca de la capital, pasarían a copiarse en todas las provincias. A otros los habían hecho cautivos y les sacaban el trabajo a la fuerza.

Entonces, transcurrida una temporada, el joven completó la tarea que se requería de él y su estancia en Guiza acabó. La crecida llegó a su fin, pronto empezaría la siembra para los agricultores, y el joven regresó a casa, al delta, con sus rebaños. De vuelta en su antigua vida acompañado de su familia, recordaba los meses que había pasado en el terreno de las pirámides y los echaba de menos. Había sido el trabajo más agotador que había hecho en su vida: todos los minutos de todos los días estaban reglamentados y había que dar cuenta de ellos, nada que ver con las horas que se sucedían plácidas y solitarias en los pastos con los rebaños. Sin embargo, ese agotamiento le había encantado, como también la camaradería y la sensación de pertenencia derivadas de ver cómo las piedras de su cuadrilla encajaban a la perfección en el gran conjunto de la pirámide. El joven sabía que su trabajo con los rebaños era igual de importante para mantener el equilibrio y la armonía de Egipto; el rey no habría ordenado que su aldea criase aquellos animales de no haber sido así. No obstante, en los pastos del delta, a solas, no se sentía abrumado por la grandeza de la nación, la divinidad del rey, la infalibilidad del Nilo. Allí apenas tenía ocasión de pensar en esas cosas. En las tierras de las pirámides, por fin había sabido lo que se sentía al aportar un granito de arena para garantizar la grandeza eterna de Egipto, y estaría orgulloso de ello el resto de su vida.

Al tiempo que Harappa experimentaba con un gobierno cooperativo, con monumentales obras públicas y con la igualdad social, otro Estado pionero, a medio continente de distancia, había alcanzado altas cotas adoptando el enfoque contrario. Hace unos cuatro mil quinientos años, en el apogeo de la construcción de las pirámides, el Imperio Antiguo de Egipto era una de las sociedades más ricas y complejas que el mundo hubiese visto, un lugar tan estratificado como igualitaria era Harappa. Lo gobernaba un rey divino desde la gloriosa capital de Menfis. Ese faraón se situaba a la cabeza de un extenso cuadro de nobles, sacerdotes, artistas, arquitectos, burócratas, escribas y gobernadores locales, todos ellos con algún papel que desempeñar para satisfacción de las necesidades del rey y, por tanto, del Estado. Por debajo se situaban los campesinos y pastores, que cultivaban el grano y criaban los animales que el Gobierno central redistribuía para alimentar a su pueblo y abastecer sus vastos proyectos de construcción. Las clases sociales eran rígidas y hereditarias, igual de estrictas que lo serían tres mil años después en la Inglaterra medieval.

El orden social del Imperio Antiguo de Egipto estaba diseñado para aprovechar al máximo la estructura predecible, fiable y complementaria de su mundo natural (y quizá también para reflejarla de forma simbólica). El territorio de la nación abrazaba las orillas del Nilo, ocupando el exuberante valle fluvial a ambos lados del río y una parte del desierto más allá. El Alto Egipto correspondía al sur del país, la zona más próxima al nacimiento del Nilo; el Bajo Egipto, al norte, donde el río se dividía en afluentes que desembocaban en el mar Mediterráneo. Ambas regiones habían estado separadas en otros tiempos, pero hace unos cinco mil años los reyes de la Dinastía I fundaron esta nación al unir el Alto y el Bajo Egipto en un todo complementario. La nueva sede del Gobierno central, en Menfis, cerca de El Cairo actual, ocupaba la confluencia de ambas regiones y garantizaba que los puntos fuertes y débiles de cada una se reforzasen y compensasen entre sí. El valor más importante de Egipto sería siempre la *maat*, que significaba «verdad», «orden», «armonía» y «equilibrio».

El Alto Egipto era un territorio largo y estrecho que recorría sinuoso el curso del río. Sus campos de trigo y cebada dependían de la crecida anual, cuando el Nilo se desbordaba por sus riberas. El agua y el cieno se asentaban en las tierras de labranza del valle fluvial, regándolas y fertilizándolas para la temporada de siembra, que estaba por llegar. En los años buenos, el excedente de grano estaba prácticamente garantizado. La gente tenía más que suficiente para alimentar a su familia y llenar los almacenes de sus hogares, y además le sobraba para pagar los tributos al Gobierno central, que enviaba el excedente de grano del Alto Egipto a todo el país para abastecer aldeas, ciudades, templos y palacios, y acumulaba el resto para afrontar una posible mala cosecha. La abundancia de esos años los protegía de la escasez de los años austeros, que eran pocos y estaban muy espaciados.

Al norte, el delta fluvial del Bajo Egipto era un lugar pantanoso y húmedo todo el año, lo que dificultaba el cultivo de grano a gran escala. Los aldeanos de la región se centraban en pastorear reses, ovejas y cabras. Comían el grano que llegaba por el río desde el Alto Egipto, así como sus propios cerdos, que no podían pastorearse de un sitio a otro. Sin embargo, el resto de su ganado lo transportaban a Guiza, casi cien kilómetros al sur, donde esos animales alimentaban a las decenas de miles de trabajadores que había concentrados allí para construir monumentos y tumbas reales, incluidas las grandes pirámides.

Las pirámides eran una manifestación del inmenso poder espiritual y político del rey, además de un pilar de la economía de Egipto. En el apogeo de su construcción, es muy probable que esta empresa fuera el sustento de unas doscientas cincuenta mil personas, una cuarta parte de la población total de Egipto durante el Imperio Antiguo. Todos los aldeanos que iban a trabajar en las pirámides y otras sepulturas reales, o que criaban reses para alimentar a los trabajadores, o que cultivaban grano suficiente para llenar los almacenes del imperio con excedentes, desempeñaban un pequeño papel a la hora de cumplir la promesa de la gloria eterna de Egipto. Al fallecer, el rey viajaría hasta el mundo de los muertos para sentarse junto a los dioses y garantizar la prosperidad y armonía de su país. Y para emprender ese viaje y vivir para siempre en el otro mundo necesitaba una tumba magnífica.

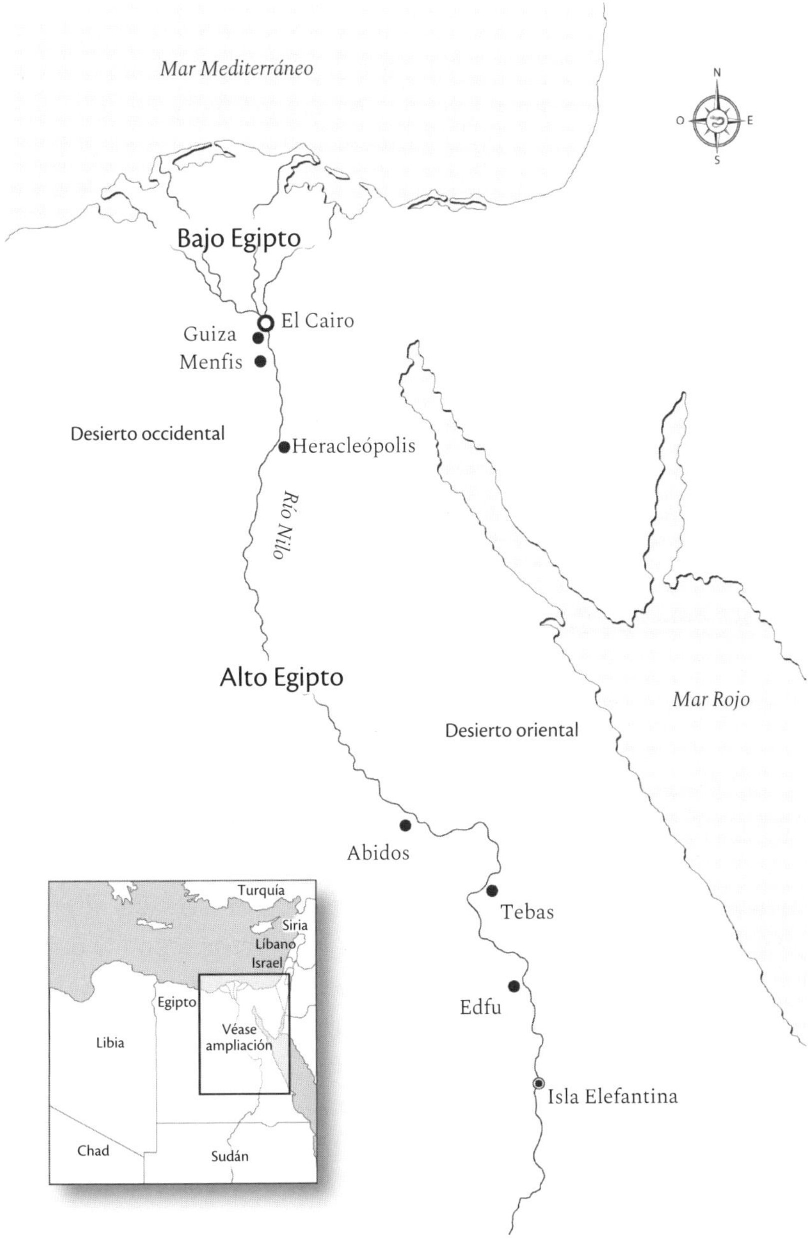

El antiguo Egipto durante el Imperio Antiguo

Algunos arqueólogos consideran dicho nivel de control estatal inherentemente despótico, y, desde luego, la glorificación del faraón a veces se cobraba un violento precio. Cuando moría un soberano de la dinastía que había unido por primera vez el Alto y el Bajo Egipto, se sacrificaba a decenas e incluso centenares de miembros de su élite de cortesanos para que lo acompañasen a la otra vida. Pese a que esa práctica había caído en desuso ya en la época en la que se levantaron las grandes pirámides, la construcción de estos enormes monumentos no estaba exenta de riesgos. Los esqueletos de muchos trabajadores enterrados cerca de Guiza muestran evidencias de la dureza del trabajo pesado y la rotura de huesos. Sin embargo, el estatus de deidad del que gozaba el faraón y su responsabilidad en el mantenimiento de la *maat* implican, a buen seguro, que la mayoría de la gente aceptaba la desigualdad inherente de Egipto como un mandato de los dioses y consideraba que servía al propósito sagrado de mantener unida la nación. Todas las personas tenían un trabajo y todos los trabajos tenían una finalidad, y la vida de todo el mundo ocupaba cierto lugar dentro del complejo andamiaje de jerarquías y responsabilidades de aquel país unificado.

Y entonces, hace cuatro mil doscientos años —más o menos en la misma época en la que la civilización del Indo empezó a luchar contra un clima seco y errático—, todo se desmoronó.

Ipuur no creía lo que veían sus ojos. Nada en su vida ni en su imaginación lo había preparado para los horrores en los que se había sumido su país. A lo largo de toda la existencia de Egipto, la nación había permanecido definida por su imperturbable estabilidad y su compromiso con la *maat*. De pronto, trescientos años después de la construcción de las grandes pirámides, esa armonía se había visto alterada y Egipto había perdido el equilibrio.

La crecida anual no llegó como debía y al año siguiente la situación no mejoró. Ni tampoco al siguiente, ni al otro. Ipuur, como el resto de la gente, recordaba años buenos y malos; no obstante, como escriba afincado en Menfis tenía acceso a registros que se remontaban muchos siglos atrás, y ni siquiera ahí encontraba ningún recuerdo de que las crecidas hubiesen bajado tanto durante tanto tiempo. El trigo y la cebada se marchitaban en los campos del valle fluvial y los suministros de grano desaparecían. Ese año no había ya suficiente para comer, mucho menos para ahorrar para el siguiente. Los pantanos y marismas del delta del Nilo se secaron y los rebaños de reses de la región menguaban y enfermaban. Ni siquiera los cerdos, que comían cualquier cosa, encontraban alimento o agua para llenar el estómago. Los animales empezaron a morir y, al poco, también la gente.

Las dunas se acercaban cada vez más a las orillas del Nilo, convirtiendo las tierras de labranza en tierras desérticas. La gente, desesperada, saqueaba las tumbas de sus ancestros en busca de objetos valiosos que pudieran intercambiar por algo que llevarse a la boca. Muchas mujeres, malnutridas, no podían concebir, y de entre los bebés que llegaban a nacer muchos no vivían más que unos pocos días o meses. La gente que antaño había celebrado tiempos de buena fortuna junto a sus vecinos ahora les robaba comida a esos mismos vecinos, y luego a sus propios familiares. La generosidad se convirtió en un lujo inconcebible. Los cadáveres abotargados de los muertos, demasiados para enterrarlos, bloqueaban el bajo Nilo; cuando alguien iba a recoger agua para beber, tenía que apartar aquellos cuerpos de su camino. Ipuur incluso había oído rumores sobre pueblos en los que la gente pasaba tanta hambre que habían empezado a comerse unos a otros. Algunas personas, sumidas en la desesperanza, se adentraban en el río que las había traicionado e iban directas a las fauces de los cocodrilos. Si la supervivencia era eso, no la querían. La otra vida sería mejor.

Los cortesanos, escribas y funcionarios del Gobierno con los que Ipuur había trabajado en Menfis llegaron a contarse entre las personas más ricas y poderosas de todo Egipto. A esas alturas, huían de los palacios y las ciudades. Su vida llena de comodidades se sustentaba en la producción constante de grano de sus parcelas y en los almacenes repletos. En cuanto las crecidas se interrumpieron, agotaron todas sus reservas y se vieron desamparados. Los campesinos que trabajaban para ellos dejaron de intentar sacar cosechas de la tierra reseca y abandonaron aquellas parcelas sin previo aviso. Ipuur y sus pares de la corte faraónica no habían aprendido a cosechar nada en los buenos tiempos y mucho menos iban a aprender ahora que el Nilo había retirado su constante y fiable ayuda. Se habían pasado la vida leyendo, escribiendo, administrando los almacenes y la riqueza de la Autoridad, cuidando del cuerpo del rey y guardando sus secretos. Esas habilidades no tenían cabida en aquella nueva y despiadada realidad. Se comentaba incluso que el propio rey había abandonado la capital. Ipuur se sorprendió al comprobar que no le importaba en absoluto. El rey había fracasado en su deber más importante: restaurar la *maat*. Ni siquiera merecía contemplar las gloriosas tumbas de sus predecesores, mucho menos que lo enterrasen en aquellas grandes pirámides.

Las provincias del sur enviaban sucesivos despachos declarándose zonas exentas del mandato real. A esos despachos les sucedieron de inmediato noticias de guerras, en cuanto las regiones recién independizadas comenzaron a luchar unas con otras por la supremacía. Los nuevos señores de la guerra asumieron las formas y los deberes reservados en otros tiempos al rey. Escribían sus nombres al estilo real, acumulaban grano para sus pueblos y aliados y se negaban a pagar tributos e incluso a reconocer la existencia de un líder superior a ellos. Ipuur sabía que se equivocaban al hacer tal cosa, pero no podía dejar de admitir que, dado que el rey no iba a ofrecerles ninguna ayuda, todos estaban en su derecho de actuar por libre.

La violencia rondaba los límites de la conciencia, amenazando con destrozar cualquier frágil paz local. Agricultores y pastores, que nunca habían necesitado tomar las armas cuando la crecida del río era considerable y estaban al amparo de un Estado fuerte, buscaban ya arcos y lanzas. Los usaban para mantener a raya a los hambrientos y desesperados y, cuando ellos mismos se convertían en los hambrientos y desesperados, para atacar otras aldeas y pueblos. Los egipcios siempre se habían enterrado junto a sus posesiones más preciadas; en esa época, a la gente se la sepultaba con sus armas. Los cementerios crecían desmesuradamente mientras las muertes por hambre y violencia arrasaban la tierra.

Ipuur debía asegurarse de que la gente recordara esa edad oscura para que no volviese a ocurrir, así que empezó a escribir lo que veía. Ante una adversidad y un sufrimiento sin precedentes, la *maat*, en otros tiempos la red moral que mantenía unida a la sociedad egipcia, se convirtió en un ideal imposible. «La tierra gira como el torno de un alfarero», escribió Ipuur. La sociedad ordenada del antiguo Egipto había devenido en caos. Todo estaba patas arriba.

Las admoniciones de un sabio egipcio, o el Papiro de Ipuur, es uno de los documentos antiguos más célebres que afirma describir un colapso social, así como uno de los más apocalípticos. A lo largo de cuatro milenios, este texto ha ayudado a fijar y reforzar nuestra visión popular del colapso como una pesadilla, una tragedia y la materialización del peor de los escenarios. Evocamos visiones de muerte y destrucción a gran escala. Vemos ciudades arruinadas y civilizaciones caídas desintegrándose. Imaginamos una era postapocalíptica oscura mientras las glorias del mundo anterior son objeto de rechazo, abandono y olvido.

No obstante, para la comunidad arqueóloga el colapso significa algo muy distinto. En 1988, el antropólogo Joseph Tainter propuso la que acabaría siendo la definición más influyente de este término: el colapso es «una pérdida rápida y significativa de un nivel establecido de complejidad sociopolítica». En otras palabras, es un proceso político y económico por el que una sociedad compleja y centralizada se desintegra a gran velocidad en fragmentos más pequeños y menos interconectados.

Una sociedad que esté creciendo en complejidad irá añadiendo cada vez más capas a su organización política, su economía y sus jerarquías sociales, tal y como vimos en la costa norte de Perú como reacción al fenómeno de El Niño. En una sociedad que empieza a colapsar, muchas de esas capas se desintegrarán y desaparecerán con rapidez, como ocurrió cuando la gente abandonó Harappa para regresar a la vida de las aldeas rurales. Una economía que en otros tiempos había sostenido muchos trabajos especializados —artesanos y mercaderes desde luego, y quizá también políticos y urbanistas— se redujo a unas labores principalmente agrícolas; las redes comerciales se rompieron y las comunidades se hicieron más autosuficientes; la gente pasó de llevar vidas de índoles muy distintas, a menudo en estrecha cercanía, a tener básicamente el mismo tipo de existencia y dispersarse por un paisaje medioambientalmente precario.

Para los arqueólogos, el colapso no es una aniquilación, sino un desmoronamiento. La mayoría de los Estados antiguos y modernos (sobre todo los imperios) se construye a partir de unidades políticas más pequeñas —ciudades, provincias, regiones, los 50 estados de Estados Unidos—, de modo que, por lo general, colapsará en esas partes constitutivas más pequeñas. Si hipotéticamente Estados Unidos se desintegrase, a lo mejor California, Texas o la ciudad de Nueva York seguirían existiendo como entidades independientes, no conectadas ya mediante un Gobierno federal más amplio ante el que tuviesen que responder; o quizá se redibujasen las fronteras actuales y Florida quedara dividida en ciudades-Estado como las que conformaron la Italia medieval; o puede que las Dakotas se uniesen con Montana y con Idaho, o se fundiesen con las provincias canadienses de Manitoba o Saskatchewan. Cuando las naciones se disuelven por un colapso, las antiguas fronteras se vuelven irrelevantes.

Igual que ocurrió con la civilización del Indo, el colapso llegó a Egipto durante una sequía prolongada a consecuencia del suceso del kiloaño 4,2, el período en el que, hace cuatro mil doscientos años, los hábitats se volvieron más secos en todo el mundo. En Egipto, la crisis ambiental adoptó la forma de una disminución drástica de las crecidas del Nilo. En un testigo de sedimentos extraído de las profundidades de un lago en el delta del Nilo, los científicos observaron un drástico declive en el polen de las plantas herbáceas de los humedales hace unos cuatro mil doscientos años, lo que indicaba que el delta, normalmente pantanoso, estaba entonces muy seco. Otro testigo procedente de un lago del desierto alimentado por el Nilo puso de manifiesto que esta masa de agua estuvo prácticamente desaparecida en la misma época. Hace entre cuatro mil quinientos y cuatro mil doscientos años, la sequía provocó que se marchitasen y muriesen plantas que evitaban la erosión de los suelos de las riberas próximas a uno de los tributarios del Nilo en Etiopía. Un Nilo ya de por sí bajo continuó recibiendo sedimentos que acabaron por asentarse en el delta, lo que provocó la formación de lagunas y de capas visibles en los testigos paleoclimáticos.

Estos datos paleoclimáticos modernos confirman los registros antiguos procedentes del propio Egipto. En un monumento conocido como la Piedra de Palermo, los escribas anotaron la altura de decenas de crecidas del Nilo a lo largo del Imperio Antiguo, lo que ha permitido a los arqueólogos calcular la media durante ese tiempo. En la Dinastía I, cuando Egipto se unificó bajo un solo rey, la crecida alcanzó 2,3 metros de media. En las Dinastías II y III, esa cifra descendió y en la Dinastía IV, cuando se construyeron las grandes pirámides, volvió a subir un poco. Llegada la Dinastía V, la penúltima del Imperio Antiguo, la media había vuelto a caer hasta 1,6 metros.

La Piedra de Palermo se detiene ahí, pero la evidencia arqueológica de la isla Elefantina, en la frontera meridional del antiguo Egipto, demuestra que el nivel del agua siguió disminuyendo. En aquel lugar, el río en retroceso fue dejando la tierra expuesta según avanzaba el Imperio Antiguo. La gente construía asentamientos cada vez más bajos y más próximos a las riberas del río. Los asentamientos inferiores —y, por tanto, el nivel de agua más bajo— datan de la Dinastía VI, la última del Imperio Antiguo.

Al caer los niveles de las crecidas, el desierto (el mundo de los muertos según la cosmología egipcia antigua) se fue acercando al vibrante mundo verde de los vivos en el valle del Nilo. Durante la Dinastía V, en las escenas de caza pintadas en las tumbas egipcias empezaron a incluirse animales y paisajes del desierto donde antes habría habido imágenes agrícolas o rituales religiosos, y en tumbas de la Dinastía VI se han encontrado escarabajos del desierto disecados. El desierto del Sáhara se expandió, dejando atrás las raíces y los tocones fosilizados de árboles muertos mucho tiempo atrás, así como los restos de asentamientos abandonados donde antes proliferaban las praderas. Muchos textos egipcios antiguos mencionan la arena. En sus *Admoniciones*, Ipuur escribió: «El desierto está por toda la tierra»; en una biografía de un líder local, se describía a ese hombre gobernando en una época en la que «la tierra estaba en el viento», seguramente en referencia a la arena que llegaba por el aire desde las dunas invasoras. Varios textos del mismo período vinculan asimismo la aparición de bancos de arena y bajíos en el Nilo y los alrededores con épocas de hambruna, dado que la agricultura se hacía imposible cuando el agua bajaba tanto que dejaba a la vista esos elementos del río.

Si bien las aguas fértiles del Nilo cayeron a niveles críticos, la climatología extrema adoptó la forma de unas lluvias poco frecuentes pero catastróficamente intensas que a veces provocaban riadas repentinas. En algunas tumbas de finales del Imperio Antiguo, los arqueólogos han descubierto gruesas capas de barro depositadas por esas riadas, muy similares a los sedimentos dejados por las lluvias de El Niño en torno a los templos piramidales de Perú. Los antiguos egipcios dependían de las crecidas predecibles del Nilo, no del caos de las tormentas torrenciales, y consideraban que la lluvia era una maldición enviada por el dios del desierto. En algunas excavaciones, las capas de barro están mezcladas con capas de la arena que traía el viento desde un Sáhara en expansión. El medio ambiente se iba volviendo impredecible al tiempo que apartaba a Egipto cada vez más de su equilibrio fundacional.

Un Estado centralizado y fuerte como el que había organizado la construcción de las grandes pirámides se creía capaz de contrarrestar el desafío de las bajas crecidas si lo apostaba todo a los tributos, la distribución del grano de sus almacenes y la celebración de rituales religiosos para devolver el orden a los ciclos del Nilo (o, al menos, para aumentar la confianza de la gente en que todo seguía estando bajo el control del rey). Los reyes de Egipto desde luego iban a intentarlo. Sin embargo, para cuando llegó el cambio climático representado por el suceso del kiloaño 4,2, las luchas políticas ya habían debilitado el poder de la monarquía egipcia.

A lo largo del Imperio Antiguo, la política y la cultura egipcias habían girado en torno a la capital, Menfis. Los puestos importantes del Gobierno los ocupaban miembros de la familia real, y los gobernadores enviados a dirigir las provincias regresaban siempre a que los enterrasen cerca del rey. Más allá de sus tareas políticas, no mantenían ningún vínculo con la región que gobernaban ni con la gente que los sustituiría en sus puestos. El trabajo de un gobernador durante gran parte del Imperio Antiguo consistía en garantizar que su región cumpliese con su parte para conservar el buen funcionamiento del Estado centralizado. Todo estaba al servicio del rey, la indiscutible cabeza de la nación.

Sin embargo, al crecer la complejidad del Estado egipcio, compuesto cada vez por más burócratas, sacerdotes y escribas necesarios para administrarlo, la familia real se vio obligada a ir disminuyendo el número de puestos de gobierno y, con ello, fue perdiendo el control directo de las regiones que conformaban la nación. El rey ya no asignaba los cargos más relevantes a sus parientes, sino a personas cualificadas de fuera, lo que supuso ceder el control de regiones importantes a gente que tenía menos motivos para ser leal a su mandato. A partir de la Dinastía V, unos cien años antes del inicio del colapso, las princesas empezaron a casarse con funcionarios de alto rango y miembros de otras familias nobles, elevando de ese modo el estatus de sus maridos, en lugar de mantener a los nobles y burócratas firmemente por debajo de los integrantes de la monarquía. Por su parte, unos gobernadores cada vez más ambiciosos se lanzaron a nombrar a sus propios hijos para ocupar sus puestos cuando ellos muriesen, lo que creó dinastías locales que reproducían el esquema de la familia real y rivalizaban con ella. Copiaron la arquitectura de las tumbas reales para construir las suyas, y lo hacían ya en sus regiones de residencia, no cerca de la capital. Un líder local especialmente presuntuoso llegó al extremo de escribir su nombre dentro de un óvalo, práctica hasta entonces reservada a la nobleza; ese mismo hombre acabaría construyéndose una pirámide para su tumba. El mensaje era claro: el rey había dejado de ser el soberano único y supremo de Egipto. Los gobernadores estaban estrechando la brecha que los separaba de él y asumiendo cada vez más poder.

Llegada la época en la que ocupó el trono Pepi II, el último rey de la Dinastía VI y del propio Imperio Antiguo, el poder del monarca se había erosionado enormemente. Pepi II lo intentó todo para controlar a sus gobernadores, en especial en el lejano Alto Egipto. Concedía y retiraba alternativamente títulos y responsabilidades a esos gobernadores del sur, en apariencia oscilando entre la idea de aplacarlos y la de subordinarlos. Creó una nueva oficina del visir del sur y exigió a los gobernadores que lo mantuviesen informado. Construyó nuevos almacenes de grano en poderosas ciudades meridionales para recaudar tributos y reafirmar la presencia del Gobierno central. Sin embargo, los gobernadores del Alto Egipto no hicieron sino afianzar su propio poder a lo largo de los sesenta y cuatro largos e infructuosos años del trono de Pepi II. Cuando al fin murió, Pepi II dejó atrás una crisis sucesoria, dado que competían por el reinado posibles herederos de al menos ocho viudas. Ninguno de esos «reyezuelos» de la Dinastía VII logró consolidar su poder ni poner freno al caos político. Los historiadores del antiguo Egipto recordaban ese período como una época en la que el Estado tuvo 70 reyes en setenta días.

En mitad de esa crisis política llegó lo peor del descenso de las crecidas. Casi con total seguridad, la interrupción de los ciclos naturales del Nilo provocó que una serie de reyes débiles parecieran aún más débiles, pues fracasaron en su deber divino de restaurar el equilibrio en el medio ambiente de Egipto, así como en su responsabilidad práctica de redistribuir los recursos. Hartas, las provincias del Alto Egipto se declararon libres del control del faraón. La construcción de pirámides y otros monumentos cesó de manera abrupta y la capital de Egipto se trasladó pronto de la gloriosa ciudad de Menfis a la provinciana localidad de Heracleópolis. Los historiadores del antiguo Egipto registraron una interrupción en sus listas de reyes después de la Dinastía VI, la última del Imperio Antiguo. El Egipto socialmente complejo y políticamente unificado se desmoronó en partes independientes más pequeñas, sin un único soberano que las gobernase a todas. El Gobierno central, ya debilitado, demostró ser inútil a la hora de mitigar la crisis medioambiental. La solución fue el colapso.

Anjtifi no era ajeno a la empresa bélica. Ningún gobernador debía serlo en aquellos tiempos de tierra reseca y hambruna, y mucho menos si era tan ambicioso como Anjtifi, un advenedizo independiente, un don nadie que se había convertido en alguien al dar un paso al frente cuando todos temían asumir el mando. Sin rey ante el que responder, Anjtifi controlaba su propio ejército y lo desplegaba según sus propios fines. Algunos lo calificarían de señor de la guerra, pero él se veía como un gobernador, un general, un líder cuando la gente más lo necesitaba.

Anjtifi dio comienzo a sus conquistas tomando el control de una provincia muy al sur de Egipto. Poco después, recibió un mensaje divino del dios halcón Horus que le decía que la vecina provincia de Edfu también estaba en problemas. Cuando llegó allí con su ejército, se encontró una Edfu abandonada por su inútil líder y sumida en guerras intestinas. Anjtifi se apresuró a instaurar el orden y forzó la reconciliación de las facciones. Muchísimos lugares habían caído en el caos después de que el Alto Egipto se liberara del rey. No obstante, según había atestiguado todo el Alto Egipto cuando la sequía asoló sus cultivos y la arena del desierto llegó a sus pueblos, los reyes no podían proteger a la gente que habitaba lejos de sus capitales cuando los ciclos de la naturaleza se interrumpían. Anjtifi no era un rey, ni quería serlo. Era algo nuevo. Algo mejor.

Anjtifi y sus soldados se encontraban ya ante las murallas de Tebas, uno de los lugares más poderosos del Alto Egipto. Habían ido allí para plantar batalla y poner Tebas bajo su control. Los tebanos serían unos afortunados por tener a un líder como él, dedicado al bienestar de su pueblo y creativo en sus modos de lograrlo. Su ejército era experto en el mantenimiento de la paz, aunque también infundía temor en las provincias de toda la región. Anjtifi creía que Tebas debía recibirlo con las puertas abiertas, con gratitud, aunque quizá fuese mejor demostrarle a esa ciudad que era digno de su lealtad luchando por ella.

Aun así, nadie en Tebas respondió a su desafío. Las murallas permanecieron cerradas y toda la gente de su interior obvió la presencia de Anjtifi, cuyos soldados deambularon por la provincia entera en busca de alguien con quien luchar, cualquiera, para demostrar así la fortaleza de su líder. Anjtifi se negaba a contemplar la otra posibilidad: que el ejército de Tebas no se tomara su amenaza lo bastante en serio para perder energías en una batalla. Otros líderes habrían considerado esa indiferencia una humillación peor que la derrota, pero Anjtifi no. Sabía muy bien el motivo: los tebanos tenían terror de perder ante él, como inevitablemente ocurriría. O al menos así lo contaría después.

Anjtifi regresó a su provincia, en absoluto achantado por ese fracaso en su afán de ampliar su territorio. Tebas quizá hubiese escapado a su control, pero la conquista no era la única vía de aumentar su influencia y su poder. Anjtifi siempre acogía a los refugiados, que pronto se convertían en sus súbditos. Sus logros militares y el poder por el que batallaba no significarían nada si no los usaba para cuidar de su pueblo. Sin él, la gente estaría perdida, sobre todo en aquellos tiempos de sequía y hambruna.

Al morir, Anjtifi no dejó herederos, y el diminuto reino que había amasado al sur de Egipto se disolvió igual de rápido que una vasija de arcilla cruda bajo una tormenta del dios del desierto. Sin embargo, su tumba se alzaría hasta la eternidad, como los lugares de descanso abandonados de los reyes cerca de la antigua capital. Anjtifi había contratado a unos artesanos para que tallasen en las columnas de su catafalco la historia de su vida, todas sus conquistas, y cómo quería ser recordado: «Soy un héroe sin igual», proclamaba su tumba, unas palabras que resonarían con fuerza en el futuro.

A los reyes del Imperio Antiguo nunca se les habría ocurrido justificar su poder: eran dioses en la tierra y su derecho a la autoridad era de carácter divino e incontestable. Ellos no servían a Egipto: Egipto los servía a ellos. Los líderes locales de la era posterior al colapso, denominada Primer Período Intermedio, no disfrutaban de esos privilegios. No tenían el derecho sagrado a la lealtad ni al apoyo material de sus súbditos. Debían ganárselo protegiéndolos de las turbulencias del apocalipsis.

Uno de esos líderes fue Anjtifi, al que los arqueólogos conocen por los pretenciosos textos de su tumba, que revelan las nuevas normas de aplicación para quienes competían por el poder en el vacío político surgido tras la ruptura del Estado unificado del Imperio Antiguo. En ese mundo posterior al colapso, Anjtifi debía luchar por su prestigio social y político, defenderlo y legitimarlo sin descanso no mediante su identidad divina, sino a través de sus actos. Sus preocupaciones eran sin duda locales y materiales, en acusado contraste con los reyes del Imperio Antiguo, centrados en la espiritualidad y distantes en lo geográfico. «Yo di pan a los hambrientos y ropa a los desharrapados; yo ungí a quienes carecían de untura; yo calcé con sandalias a los descalzos; yo le entregué una esposa a él, que no tenía. Yo cuidé de los pueblos de Hefat y Hormer en toda [situación de crisis, cuando] el cielo estaba nublado y la tierra [estaba reseca] [...]. Todo el Alto Egipto se moría de hambre y la gente se comía a sus hijos, pero yo no permití que nadie muriese de hambre en esta [provincia]», dicen los textos de su tumba.

Casi con total seguridad, las inscripciones en las columnas de la tumba de Anjtifi exageran su influencia y éxito personales, por la mera naturaleza de su forma. Sin embargo, representan el surgimiento de un sistema de valores y una ideología política que eran casi opuestos a los del Imperio Antiguo. Por primera vez desde la formación del Estado egipcio, los dirigentes debían responder ante su pueblo, no a la inversa.

Durante el Imperio Antiguo, el precio de un Egipto unificado y de una complejidad máxima había sido la desigualdad extrema y unos roles sociales inflexibles que afianzaban y mantenían la jerarquía política y económica del Estado. Su colapso desveló otras posibilidades, largamente descartadas, relativas a cómo organizar la sociedad y quiénes podrían beneficiarse de ello. En el transcurso del Primer Período Intermedio, la gente se deshizo de sus antiguos roles y de las normas asociadas a ellos y reclamó su derecho a tener unos nuevos. Algunas personas, como Anjtifi, se abrieron camino directamente hacia posiciones de liderazgo y poder, reinventando en el proceso el significado de ambos conceptos. Para muchas otras, el cambio fue más sutil, aunque no menos profundo.

La comunidad arqueóloga detectó mucho tiempo atrás un acusado aumento del número de tumbas en los pueblos y aldeas egipcios durante el Primer Período Intermedio. Hasta hace poco, ese hecho se interpretaba como una evidencia de la mortandad masiva a raíz del colapso, quizá debido a la hambruna y a guerras provinciales como las que libró Anjtifi. Sin embargo, algunos arqueólogos han comenzado a ver de otro modo las tumbas de aquella época. Dichos enterramientos no solo son más numerosos que en etapas anteriores, sino también mucho más sólidos y mejor equipados. Quizá el aumento de tumbas que los arqueólogos están corroborando no signifique que muriera más gente por violencia o hambre tras el colapso del Estado. Por el contrario, podría significar que, sin las restricciones ni exigencias de un Estado centralizado, los plebeyos de provincias se hicieron más ricos y tenían mayor disposición y capacidad de reivindicar sus preferencias, aptitudes e identidades en esta vida y en la siguiente. La clase de gente que hasta entonces se había enterrado en simples hoyos ahora disponía de los recursos y las motivaciones para construir tumbas que pudieran sobrevivir cuatro mil años.

Muchas de esas nuevas tumbas provinciales rozaban la opulencia, en especial si se las compara con lo que antes podían esperar los plebeyos. Estaban llenas de ofrendas como espejos, reposacabezas de alabastro, oro y amuletos hechos de gemas. Lujos antaño reservados a las tumbas del rey y de los más altos nobles de la capital, como conjuros y dioramas funerarios que representaban actividades diarias, pasaron a extenderse entre personas comunes de todo Egipto. Tal abundancia de ese tipo de elementos implica la presencia e incluso proliferación, en todas las provincias, de artesanos que tenían la oportunidad de dedicar su tiempo a tareas artísticas y no solo a la fabricación de objetos prácticos. Según parece, tras el colapso, por todo Egipto aumentó la cantidad de gente que llevaba una vida si no de lujo, sí al menos de comodidades y posibilidades.

En el Egipto posterior al colapso despuntó una creatividad antes anulada, quizá promovida por artesanos con más recursos y con tiempo recién conquistado que dedicar a sus proyectos. Mientras el Gobierno del Imperio Antiguo ostentaba el poder y Egipto permanecía unificado, los arqueólogos hallan los mismos estilos artísticos dominantes a lo largo y ancho de todo el país. Al caer ese Gobierno y comenzar a desarrollarse el Primer Período Intermedio, artistas, arquitectos y artesanos se lanzaron a experimentar. Los arquitectos empezaron a diseñar y a construir tumbas locales que no se parecían en nada a las de la realeza del Imperio Antiguo, y los pintores se pusieron a decorarlas con nuevas escenas, con «hileras de soldados y cazadores, mercenarios en plena batalla y fiestas religiosas», así como con las tareas diarias de trabajadores más humildes, como hilanderos y tejedores. Los alfareros, que en otros tiempos se habían visto limitados a crear vasijas ovaladas, elegantes pero muy laboriosas, seguramente siguiendo al pie de la letra los dictados del gusto de la corte real y de la capital, empezaban ya a explorar la gama completa de formas que podían crear con el torno, una tecnología más o menos nueva en Egipto. En el Alto Egipto, la cerámica pasó a tener bases más anchas, en ocasiones con un aspecto casi holgado, una forma fácil y eficaz que ejecutar en el torno. En el Bajo Egipto, los ceramistas y sus clientes preferían vasijas largas y finas. Los objetos, textos y piezas de arte elaborados durante el Primer Período Intermedio mostraban «un grado asombroso de originalidad y creatividad», aunque con frecuencia fuesen al mismo tiempo «sencillamente feos y de una factura incompetente». Ese descenso en la calidad se había interpretado entre generaciones anteriores de académicos como una prueba de que la civilización del antiguo Egipto había caído desde su anterior altura. Pero la proliferación de estilos locales y nuevos tipos de arte no tiene por qué ser una señal de declive cultural; por el contrario, puede ser un emblema de la liberación facilitada por el colapso.

Los roles sociales, hasta entonces inamovibles, empezaron a cambiar tras la caída del Imperio Antiguo. Cuando la sociedad egipcia era estable, los textos de las tumbas de las mujeres solían alabar su belleza y otras virtudes «pasivas», además de subrayar su vínculo con el marido y otros miembros de la familia. En el Primer Período Intermedio, sin embargo, una mujer llamada Djehutinajt presumía de haber ascendido en la escala social hasta convertirse en noble y, al igual que Anjtifi, se enorgullecía de su capacidad para dar «pan al hambriento» y sustentar a su pueblo con otras medidas. «Por primera vez» una mujer centraba la narración oficial de su vida en sus «recursos y [su] moralidad». Hizo falta un colapso social para lograrlo.

Según parece, hubo un grupo que destacó por su resistencia a los desafíos políticos y ambientales del Primer Período Intermedio: los plebeyos egipcios. Cuesta encontrar evidencias de su vida diaria, dado que los restos de muchas aldeas y pueblos del Imperio Antiguo y del Primer Período Intermedio descansan bajo asentamientos más tardíos de la historia egipcia antigua, o incluso por debajo del nivel freático actual. No obstante, en la aldea de Abidos, unos cuatrocientos kilómetros al sur de Menfis, en el Alto Egipto, quedan casas de plebeyos de esos períodos cubiertas únicamente por una fina capa de arena del desierto. Pese a tener una importancia simbólica como hogar de los primeros reyes que unificaron Egipto (y luego como centro del culto a Osiris, cuya popularidad fue en aumento durante el Primer

Período Intermedio), Abidos era una aldea bastante corriente, ocupada en su mayoría por agricultores y sus familias, muy preciada ahora entre la comunidad arqueóloga porque es uno de los pocos lugares que pueden estudiarse.

El arqueólogo Matthew Douglas Adams, junto con un equipo de expertos trabajadores egipcios, cartografió y excavó los restos de nueve casas antiguas de Abidos para indagar el modo en que los plebeyos experimentaron el colapso del Imperio Antiguo. Los trabajadores iban sacando cestos y cestos de arena que tamizaban con cedazos para filtrar cualquier tipo de objeto. Sobre todo salían a la luz trozos de cerámica rota, «millones, miles de millones», recuerda Adams, exagerando solo un poco. Una vez que las paredes de barro cocido de las casas quedaron expuestas y estuvieron identificadas, la excavación se hizo mucho más delicada. Los trabajadores se sentaban en mitad de las estancias largamente abandonadas y usaban paletines para raspar las capas de tierra, una a una, retrocediendo poco a poco en el tiempo. Con cuidado, embolsaban y etiquetaban todas las piezas de cerámica, huesos rotos de animales y trocitos quemados de madera y semillas, restos de antiguos fogones y de las comidas que la gente cocinaba.

Los hallazgos de Adams contravenían todo lo que el antiguo escriba Ipuur decía en sus *Admoniciones* sobre el Primer Período Intermedio. No era solo que aquellos habitantes de Abidos no sufriesen un extremo declive económico al colapsar el Imperio Antiguo, sino que nada en su vida parecía haber cambiado mucho. Algunas casas y zonas de almacenamiento fueron menguando con el paso de los años, lo que podría apuntar a un receso en las fortunas de sus habitantes. Sin embargo, otras casas y almacenes aumentaron su tamaño. Todo el mundo, desde quienes vivían en las residencias más grandes hasta quienes habitaban las más pequeñas, tenía acceso a bienes que llegaban a Abidos con el comercio, como piedras de amolar y algunos pigmentos, incluso después de que el Gobierno del Imperio Antiguo dejara de existir. Abidos nunca recibió mucha ayuda exterior, ni antes ni después del colapso; Adams encontró los restos rotos de solo unas pocas bullas de arcilla estampadas en envíos de grano y otros recursos redistribuidos. En apariencia, la aldea había cuidado en gran medida de sí misma, más allá de lo que estuviese ocurriendo en la capital o en el país en su conjunto.

Nada de esto significa que Abidos no se viera afectada por la hambruna o, al menos, no atravesara unos años complicados al término del Imperio Antiguo. La excavación arqueológica puede revelar mucho sobre la vida de una población antigua, aunque no suele distinguir los cambios relativamente breves que se dan en una escala de años o, incluso, décadas. Tampoco puede asomarse al interior de la mente o del corazón de esas personas, salvo que se encuentren entre las escasas que, como Ipuur, dejaron anotados sus sentimientos y expectativas. Tal vez la gente de Abidos soportase muy bien varios años horribles que nunca olvidarían; tal vez se preocupasen tanto como Ipuur por la pérdida sin precedentes de la unidad y la armonía en Egipto, y por lo que ese terremoto político suponía para sus vidas. No obstante, los restos de sus casas nos dicen que nunca sufrieron una edad oscura, ni en lo material ni en lo cultural. Quizá el colapso mismo facilitase la persistencia de esta aldea al facultar a los líderes locales para sortear el apocalipsis como buenamente pudieran en beneficio de su pueblo, no de un lejano rey.

Es posible que los habitantes de Abidos y de otros lugares similares ocupasen la base del orden social de Egipto, pero eso suponía que ya estaban equipados con las habilidades de supervivencia necesarias para superar el apocalipsis político del colapso de un Estado y salir relativamente indemnes. Las élites, por su parte, no tuvieron tanta suerte. Vivían del trabajo de otros, desde los agricultores que cosechaban el grano en fincas del rey hasta el cuadro de trabajadores que construían las pirámides. Así, cuando Egipto de repente se hizo menos complejo y más igualitario a raíz del colapso social, esas élites se encontraron con que no tenían adónde acudir. «La imagen del Estado en el antiguo Egipto ha sido históricamente la del rey todopoderoso que lo controlaba todo y que, si tenías suerte, se ocupaba de que recibieses tu pequeña porción», afirma Adams. El resto de la gente pertenecía a una «masa anónima de campesinos». No obstante, eso solo era el aspecto que las élites «querían que tuviese el mundo» y el modo en que lo representaban en sus textos y en su arte. No significa que fuese verdad.

Para Ipuur, cuyas *Admoniciones* han influido en la idea que generaciones de académicos se han hecho del Primer Período Intermedio, la ruptura del Estado bajo el mando de reyes débiles fue una tragedia que causó horrores inenarrables. Ipuur evocaba imágenes de anarquía, hambruna, asesinatos, infanticidios, de un Nilo congestionado por cadáveres y suicidios en las fauces de los cocodrilos. Esas estampas indelebles afectaron a cómo los antiguos egipcios recordaron su propia historia y, además, conformaron lo que generaciones de egiptólogos modernos esperaban encontrar al estudiar el Primer Período Intermedio.

Ipuur escribió sus *Admoniciones* como una advertencia no sobre los efectos de la sequía o sobre la agonía de la hambruna, sino sobre la pérdida de la realeza y el desmoronamiento de una jerarquía social en cuya cima había estado él mismo. Los escribas como Ipuur eran de alta cuna y se pasaban la vida en la órbita del rey y de su corte. A su juicio, el auténtico horror del apocalipsis que describe radica en la caída de unas élites entre las que él mismo se incluía, mientras las fortunas de quienes estaban por debajo aumentaban. «Los nobles están llenos de lamentos y los pobres, de alegría», escribió. «Todos los pueblos dijeron: "Vamos a quitarnos a los poderosos de en medio" [...]. El poseedor de riquezas ahora se pasa la noche sediento [...], el que no tenía sombra ahora posee sombra, mientras que los antaño poseedores de sombra están ahora a merced de la tormenta.» Anticipaba así los sentimientos que en gran medida registrarían igualmente los cronistas de la élite al cabo de tres mil años, tras la peste negra.

Al escribir sobre una época en la que su país se encontraba patas arriba, Ipuur defendía la sociedad egipcia antigua tal y como era cuando estaba bien erguida: jerárquica, autoritaria y profundamente desigual. Para él, la violación y la inversión de ese orden social ocurrieron a raíz de un apocalipsis y constituyeron en sí mismas un apocalipsis digno de representarse en términos pesadillescos, más allá de cuál fuese la experiencia real de personas como Anjtifi o los habitantes de Abidos. Sin embargo, al contrario que en la Europa medieval, donde los Estados no colapsarían a consecuencia de un apocalipsis, los egipcios de a pie se vieron liberados del control de las élites en el Primer Período Intermedio. La experiencia de Ipuur no reflejaba la vivencia de esas personas, y el escriba ya no tenía ningún poder para imponérsela.

Transcurridos unos ciento cincuenta años de fragmentación, Egipto acabó por unirse de nuevo bajo los reyes del Imperio Medio. Aun así, ya no era el mismo país que antes del colapso, ni lo volvería a ser nunca. La clase media siguió ejerciendo una gran influencia, el poder cultural y político se trasladó de forma permanente a las antiguas provincias, y los nuevos reyes se esforzaban por justificar su dominio de un modo que habría sido impensable para los reyes del Imperio Antiguo. Las estatuas de los nuevos reyes los muestran con lo que la egiptóloga Ellen Morris califica de «ceños preocupados», ojeras y «orejas anormalmente grandes», como agotados por la responsabilidad de escuchar y cuidar a sus súbditos. Siguiendo el ejemplo de Anjtifi, se presentaban como «buenos pastores» capaces de ocuparse de la nación, la cual había aprendido, tras pasar la dura prueba del colapso, que podía vivir sin rey. Convencer constantemente a sus súbditos de lo contrario pasó a formar parte del trabajo del monarca.

Como elemento de esa campaña de propaganda, generaciones de escribas copiaban y volvían a copiar los textos de Ipuur y otros similares, conservando la perspectiva de la élite sobre el colapso y atrincherándola como la única realidad posible. Las *Admoniciones* pretendían documentar una edad oscura universal, pero su verdadero propósito pasó a ser el de preservar el poder de quienes ya lo tenían. Ese texto nos muestra con absoluta claridad lo que se pierde durante un colapso, aunque se afana en omitir todo lo que puede ganarse.

Cuando los habitantes de la aldea se enteraron de que ya no tenían rey, llevaban años viviendo a su aire. Las crecidas les habían fallado una y otra vez. Los aldeanos habían logrado extraer suficiente trigo de sus exiguas espigas y sus polvorientos almacenes para sobrevivir un año, y luego otro. No les quedaba nada para el recaudador de tributos de la Autoridad y rezaban a los dioses para que ese hombre no apareciese durante aquellos años de hambruna. Y no lo hizo. La gente se sentía demasiado aliviada para preguntarse por qué.

Les seguían llegando esporádicos cargamentos de grano en embarcaciones procedentes de algún lugar, y con ello se las apañaban para alargar sus irrisorias cosechas. A lo mejor ese grano venía de la nueva capital, al norte, donde según los rumores habitaba lo que quedaba de la corte real; o de alguna de las provincias vecinas, de algún sitio con un nuevo líder que estaba tratando de ganarse su atención y su gratitud para que se unieran a sus partidarios. Los aldeanos agradecían ese grano de más, viniera de donde viniese. De todos modos, preferían vivir como siempre: pasando inadvertidos para cualquiera que tuviese mayor ambición que sacar el máximo provecho de la siguiente cosecha.

Por la aldea continuaban pasando comerciantes, y en la mayoría de las ocasiones la gente tenía algo que ofrecer por aquello que necesitaban. De esos viajeros oían rumores sobre pueblos en los que la hambruna era tan grave que la gente había recurrido al canibalismo, el suicidio e incluso el infanticidio. En la aldea se estremecían del horror, aunque reparaban en que esos rumores parecían referirse siempre a un lugar situado más allá del límite de las rutas de esos comerciantes, sitios de los que estos habían oído hablar pero nunca habían visto.

Durante años, la Autoridad no ordenó a nadie de la aldea que se presentase en los terrenos de las pirámides porque, según acabó por entender la gente, ya no había ninguna Autoridad ni habría nuevas pirámides. La primera generación de jóvenes a los que no reclutaron lamentó su mala fortuna, devastados por perderse ese rito de paso y esa oportunidad de ver el mundo más allá de la aldea. La siguiente generación apenas sabía ya nada de esa tradición. Si pensaban alguna vez en ella, se sentían aliviados por no tener que atravesar las regiones sin ley que se extendían entre las provincias, como hacían los comerciantes; felices por no verse obligados a descubrir si las historias sobre caníbales no tan lejanos eran ciertas o no.

Sin las exigencias de la Autoridad, los aldeanos descubrieron que tenían más tiempo libre y más espacio para pensar en cómo querían ocuparlo. Solo eran responsables de sí mismos y ninguno de sus recursos se desviaba para mantener al rey y a su corte. Los ceramistas empezaron a elaborar vasijas de formas más fáciles y rápidas para poder pasar más tiempo creando miniaturas de la vida cotidiana en la aldea. Algunas estaban destinadas a las tumbas de sus amistades y otras las hacían por puro disfrute. Los aldeanos estaban encantados al verse representados, a sí mismos y sus actividades, en escenas pobladas por diminutas figuras de arcilla, privilegio del que antes solo gozaban nobles y burócratas. Los agricultores, con menos trabajo que hacer durante los años de crecidas bajas, probaron suerte con la pintura. Las mujeres, a las que se les daba mejor averiguar un reparto justo de las decepcionantes cosechas, probaron suerte con el liderazgo. Los aldeanos siempre les contaban a los comerciantes y a otros forasteros de paso que su vida apenas dependía de si había o no rey, de si padecían o no sequía, de si eran miembros de un Estado unificado o de uno fragmentado. Sin embargo, al cabo de varias generaciones verían en qué habían sido capaces de convertirse y se percatarían de cuánto habían cambiado.

CAPÍTULO 6

CÓMO SE REINVENTAN LAS SOCIEDADES POSTAPOCALÍPTICAS

En 1841, el diplomático y explorador estadounidense John Lloyd Stephens emprendió un viaje en un carguero desde la ciudad de Nueva York con destino a la península de Yucatán, en México. Un año antes había pasado un breve período allí, junto con su compañero de viaje, el artista británico Frederick Catherwood, al final de una gira por Centroamérica y el sur de México durante la que exploraron pirámides altísimas, templos de piedra y monumentos tallados con retratos de antiguos reyes y dioses. En Yucatán, además, «recibimos algunas vagas pero fidedignas noticias de la existencia de grandes y numerosas ciudades desiertas y arruinadas», escribió Stephens. Sin embargo, Catherwood había enfermado y habían tenido que regresar a Estados Unidos antes de descubrir y documentar las ruinas de la región.

Y entonces volvieron a la península, listos para ver esas maravillas antiguas con sus propios ojos. La expedición, creía Stephens, sería «el viaje más extenso hecho nunca por un extranjero» en la región. Las pirámides del antiguo Egipto y los templos griegos eran a mediados del siglo XIX atractivos muy trillados para turistas europeos y estadounidenses, mientras que las ruinas esparcidas por la península de Yucatán estaban envueltas en misterio y eran inaccesibles sin la ayuda de guías locales, además de complicadas de entender.

A lo largo de siete meses, Stephens y Catherwood visitarían las ruinas de 44 ciudades, como Uxmal, Tulum y Chichén Itzá.

«Todas ellas, con pocas excepciones, yacían perdidas, sepultadas y desconocidas», escribió Stephens. Los asentamientos se encontraban en mal estado y la vegetación tropical amenazaba con derribar y cubrir por entero incluso las construcciones más impresionantes. «Ha sido una suerte para este autor interponerse entre esos monumentos y la destrucción absoluta a la que estaban destinados; y es su esperanza arrancar de las manos del olvido estas construcciones condenadas, pese a sus dimensiones gigantescas, erigidas por un misterioso pueblo.» De hecho, esas ciudades no seguirían mucho más tiempo en la oscuridad. El diario de la expedición de Stephens se convirtió en un superventas; sus textos iban acompañados de los evocadores y detallados grabados que Catherwood hizo de aquellas antiguas ciudades abandonadas, medio consumidas por el bosque y la selva.

La última ciudad que Stephens y Catherwood visitaron en su gira fue Aké. Situadas unos treinta kilómetros al este de Mérida —la capital del estado de Yucatán—, las ruinas de Aké lindaban con una hacienda que también había vivido tiempos mejores. «El único refugio que pudimos conseguir fue una miserable chocilla cuajada de pulgas, que nada hubiera podido disipar. Confiábamos en que lo más duro de nuestros trabajos habría concluido; pero a solo una jornada de Mérida nos encontramos otra vez en un terrible aprieto», escribió Stephens.

A la mañana siguiente, el dueño de la hacienda y seis mayas que trabajaban allí cultivando maíz y criando ganado llevaron a los exploradores a ver las ruinas de Aké. Pese a la vegetación que las cubría y a su mal estado, estaba claro que aquella ciudad había sido antaño impresionante, con una «ruda grandeza, igual acaso a cualquier otra de las que existen en el país», aseguró Stephens. Las edificaciones se habían construido con unas piedras inusualmente enormes, y una pirámide estaba coronada por una serie de columnas, unas características arquitectónicas «totalmente diferentes a las que hasta allí habíamos visto». Más adelante, otro visitante extranjero especularía con que Aké la habían construido gigantes, mientras que Stephens se mostraba más reservado en sus teorías. Temprano defensor de la idea de que el pueblo maya contemporáneo era descendiente de los antiguos constructores de las pirámides, Stephens planteó acertadamente que las peculiaridades estilísticas de Aké significaban que aquel lugar era más antiguo que otros asentamientos que había visitado con Catherwood.

Sin ninguna duda, Aké y los otros emplazamientos mayas habían sido antaño ciudades grandiosas, pensaba Stephens. No obstante, nadie parecía saber por qué ni cuándo quedaron abandonadas. Antes de que llegaran Catherwood y él, «la existencia de estas ruinas era un hecho totalmente desconocido» para la gente de ciudades tan próximas como Mérida, y los mayas que vivían en los alrededores supuestamente nunca habían dedicado «ni siquiera un pensamiento pasajero» a sus posibles orígenes, época o destino final. ¿Cómo habían podido olvidar por entero las historias y los logros de aquellos lugares, incluso sus ubicaciones? En busca de una explicación, Stephens se vio de pronto evocando visiones de un apocalipsis: «Involuntariamente dirigimos por un momento nuestra atención a las terribles escenas de que debió haber sido teatro esta desolada región; escenas de sangre, agonía y angustia que precedieron a la desolación o abandono de estas ciudades».

Los relatos románticos de Stephens sobre las ruinas perdidas de antiguas ciudades de Centroamérica y el sur de México, así como sus conjeturas sobre la violencia y la agitación que condujeron a su caída, fueron una lectura muy extendida en el siglo XIX y pasarían a conformar los cimientos de la arqueología maya. En los casi dos siglos transcurridos desde la publicación de sus diarios de viaje, generaciones de arqueólogos han dedicado sus carreras a comprender el apocalipsis sobre el que Stephens solo pudo especular. Igual que en el antiguo Egipto, han encontrado evidencias de un orden político y religioso que duró siglos y que colapsó en una época de sequía sin precedentes. Sin embargo, han empezado a comprender también cómo el pueblo maya reconstruyó y reimaginó lo que significaba la sociedad, y a quiénes estaba destinada, con el objetivo de prosperar en un mundo postapocalíptico. También, y especialmente, en Aké.

Corría el año 700 y era día de mercado en Aké. El aire húmedo bullía de actividad. La mujer acomodó el último tamal humeante en la olla grande de arcilla y luego se ató la olla a la espalda usando su largo y colorido chal. Se había comprado ese chal un día de mercado anterior, y sus rayas de un rojo vivo le recordaban que procedía de las lejanas montañas del pueblo mixteco, donde las mujeres criaban insectos diminutos en sus campos de cactus y los machacaban para obtener un tinte carmesí. Los reyes mandaban pintar las paredes de palacios y templos con murales que incluían ese pigmento, y la mujer estaba encantada de tener para ella sola un trocito de ese color, aunque el chal fuese una herramienta tanto como un accesorio. Nada de lo que poseía era puramente decorativo; hasta las cosas más bonitas tenían un uso práctico.

La mujer cerró la cancela del recinto familiar y se unió al torrente de personas que se dirigían al centro de Aké. Iba charlando con sus vecinos sobre cuándo creían que empezarían las lluvias y qué estaban plantando para prepararse. Según se acercaban al centro, las edificaciones eran más grandes y la multitud más densa. La mujer saludó a amistades que vivían en otros barrios, contenta por tener la oportunidad de encontrarse con ellas. Allí donde los senderos de tierra se cruzaban con el camino pavimentado de piedra caliza que conectaba Aké con otros pueblos y ciudades, se les unían viajantes y gentes cuyas ropas y peinados indicaban que venían de otros lugares. Avanzaron todos juntos hacia el centro de Aké y entraron en la gran plaza, flanqueada por los enormes templos y pirámides en los que vivían el rey y sus sacerdotes. Más allá de los días de mercado, la mujer iba al centro solo con ocasión de las festividades importantes, cuando ella y el resto de Aké se congregaban bajo las pirámides para ver al rey hacer ofrendas a los dioses y ancestros. A veces, los rituales representados sobre los templos eran crudos y severos —como cuando el rey se veía obligado por la tradición o las circunstancias a perforarse la lengua con espinas y a ofrecer su propia sangre—, pero por lo general las ceremonias eran agradables e iban seguidas de un banquete.

La mujer encontró un hueco entre los demás vendedores, extendió su chal en el suelo y colocó encima la olla de tamales. Vendería o cambiaría todos los que pudiera mientras la gente llegase hambrienta de sus trayectos hasta la plaza —algunos habían caminado mucho más que ella— y usaría lo obtenido para hacer después sus propias compras. La gente tenía apetito y el negocio iba a buen ritmo. Cambió sus tamales por granos de cacao y rollos de tela de algodón que llevaban los viajantes, una mercancía que sabía que casi cualquiera en el mercado admitiría con gusto. También aceptó maíz, tomates, chiles y frijoles, sobre todo de personas que vivían en Aké y que cargaban con los modestos excedentes de sus cosechas para comerciar con ellos.

La mujer echó un vistazo a la pirámide, situada junto a la plaza, y vio al rey sentado allí arriba, en un trono ubicado entre las columnas. Su colorida capa brillaba a la sombra que ofrecía una cubierta de paja, mientras que por las largas escaleras de la pirámide se extendía un reguero de diplomáticos e incluso de algunos de los mercaderes más ricos, todos esperando su turno para enseñarle al rey de Aké lo que su pueblo o ciudad tenía que ofrecerle.

El rey y su padre antes que él habían supervisado la remodelación de muchos templos antiguos de Aké, construidos más de cuatro siglos antes. Los monarcas les habían indicado a sus arquitectos y peones que utilizaran piedras más pequeñas para levantar nuevas fachadas. Era el estilo más reciente y querían que su ciudad pareciera tan moderna como cualquier otra. Sin embargo, los dirigentes habían decidido mantener esa pirámide tal y como era, de forma que su corona de columnas y su escalinata de imponentes pedruscos sirviera como símbolo de la antigüedad de Aké. Quizá no fuese la ciudad más grande ni la más poderosa de la región, pero sí era una de las más antiguas, y sin duda la familia real sentía que eso le daba cierto caché.

La mujer divisó una piel de jaguar que desplegaban ante el rey, y entonces sus ojos viraron hacia un grupo de cautivos de guerra, maniatados y arrodillados a un lado de la plataforma. La mujer volvió a prestar atención a sus clientes, relegando los recuerdos de un ataque a manos de una ciudad rival que había presenciado de niña. Los soldados de Aké repelieron a los invasores, pero a su tío, que había luchado en la batalla, lo capturaron. La mujer siempre se había preguntado si lo habrían vendido en un mercado como aquel, en algún lugar muy alejado de su casa.

Pasadas unas horas, los tamales que quedaban se estaban enfriando y la mujer decidió que había vendido suficiente para financiarse el resto del día. Buscó a los comerciantes de la costa que vendían pastillas de sal envueltas en hojas de palma y compró unas pocas más de las que pensaba que necesitaría antes del siguiente día de mercado. También encontró una hoja grande de obsidiana, extraída de un volcán lejano, al sur, que su marido podría trocear para fabricar navajas y otras herramientas. Junto con los granos de cacao y el algodón que le quedaban, y con el resto de los tamales, compró una fuente nueva; no era una necesidad imperiosa para sus labores domésticas, pero tenía un dibujo pintado precioso, con la imagen del dios de la lluvia Chaac emergiendo de las profundidades acuáticas del submundo.

Según le contó el comerciante, aquella bandeja procedía de una ciudad del sur cuyo tamaño y sofisticación hacían que Aké pareciese un poblado. Además, allí había más agua —ríos, lagos, canales, lluvia—, no solo las pozas subterráneas de las que dependía la gente en Aké, le explicó el comerciante con un ligero estremecimiento. La mujer se dio cuenta de que al hombre le daban un poco de miedo los cenotes, la idea de que la tierra no fuese sólida allí, de que pudiera ceder al submundo con facilidad. Sin embargo, a ella siempre le habían parecido milagrosos: una conexión divina entre ambos mundos que sustentaba la vida en este. No tenía ganas de debatir, así que le dijo al vendedor que esperaba que volviese pronto a su ciudad y emprendió el camino de regreso a casa.

La mayoría de las ciudades que visitaron Stephens y Catherwood, y buena parte de lo que tendemos a considerar como la antigua cultura maya, floreció en una época conocida como el «período Clásico». Entre el 300 y el 900, aproximadamente, las ciudades-Estado mayas como Aké estaban gobernadas por reyes divinos cuyos linajes dinásticos se remontaban a dioses del pasado mitológico, y las dinastías más poderosas conquistaban y controlaban redes enteras de pueblos y ciudades. No obstante, el mundo maya (que ocupaba unos trescientos noventa mil kilómetros cuadrados en lo que ahora es el sur de México, Guatemala, Belice y Honduras) nunca estuvo unido bajo el control de un único Estado o imperio. Por el contrario, las alianzas y rivalidades entre ciudades-Estado cambiaban constantemente según se ganaban o perdían guerras, se concertaban matrimonios entre familias reales, morían o se derrocaban monarcas y se negociaban o rompían tratados.

Los escribas y los artistas registraron gran parte de esta historia en libros, murales y monumentos de piedra, con fechas precisas y retratos de los principales protagonistas. Los astrónomos y sacerdotes seguían los movimientos de las estrellas y otros planetas para crear un complejo sistema de calendarios interconectados que organizaban varios ciclos de tiempo. Los plebeyos vivían en casas pequeñas y barrios esparcidos en torno a los centros de las ciudades, cuidando de huertos y parcelas de cultivo ubicados entre los bosques circundantes. Lo que no podían cultivar o fabricar por su cuenta lo adquirían en los mercados. Unos caminos pavimentados con estuco blanco de caliza, llamados *sacbe'ob* o *sacbé*, conectaban los barrios periféricos con las plazas y las pirámides del centro, o incluso unían las distintas ciudades, facilitando sus largos viajes a mercaderes y peregrinos. Un *sacbé* de unos treinta kilómetros conectaba Aké con la antigua ciudad y centro de peregrinaje Izamal.

Asentamientos clave en el mundo maya

Las enormes piedras utilizadas para construir el Edificio de las Columnas de Aké indican que pudo haberse levantado incluso antes del período Clásico, ya entre el 100 y el 300. No obstante, hasta el Clásico Temprano no crecería una ciudad en toda regla en torno a ese monumento sagrado, cosa que ocurrió entre los años 300 y 600. Pese a que la pirámide a la que llamamos Edificio de las Columnas conservó su aspecto antiguo original, muchas de las otras edificaciones monumentales de Aké se remodelaron utilizando piedras más pequeñas y fáciles de manejar a partir del año 600. La ciudad alcanzó su punto álgido en torno al 700, con una población de 19000 habitantes.

Igual que otras urbes del período Clásico, Aké era económicamente próspera y estaba conectada a amplias redes comerciales y diplomáticas, además de ser el centro religioso de su comunidad. Todo el mundo, desde miembros de la realeza hasta plebeyos, hacía uso de una cerámica colorida profusamente decorada con glifos, figuras humanas y escenas mitológicas. En la plaza de la ciudad se celebraban numerosos actos, desde los días de mercado hasta las fiestas religiosas, y, por tanto, se mantenía pulcramente limpia.

Se creía que los espíritus de dioses y ancestros habitaban los templos de alrededor, y la sucesión de monarcas divinos que vivían junto a ellos tenía la responsabilidad de mantener el buen funcionamiento de Aké, así como del resto del mundo maya, mediante rituales que aplacaban a las deidades (sacrificios y derramamientos de sangre incluidos) y el ejercicio de la diplomacia para gestionar la relación de Aké con otras ciudades-Estado, próximas y lejanas.

El mundo maya del período Clásico era un entorno dinámico. La influencia de varias ciudades-Estado crecía y decaía; los mercaderes competían con la nobleza por la riqueza y el poder, fijaban rutas comerciales y facilitaban el transporte de mercancías a destinos lejanos; y la gente se movía de un sitio a otro con relativa facilidad. En cualquier caso, en gran medida fue también un mundo estable desde un punto de vista político, económico e ideológico. Todo eso cambiaría (primero con lentitud y luego a gran velocidad) cuando desde el sur se propagó un apocalipsis.

Al principio la gente de Aké debió de oír rumores de guerras lejanas en lo que ahora es la región de Petexbatún en Guatemala, casi quinientos kilómetros al sur. Entre mediados y finales del siglo VIII, cuando Aké estaba en su apogeo, ciudades y pueblos de todo Petexbatún se convirtieron de repente en fortalezas amuralladas, y los arqueólogos han encontrado evidencias de que algunos de los edificios más impresionantes, incluso dentro de las fortificaciones, sufrieron ataques y quedaron destruidos. Sigue siendo un misterio quién lo hizo y por qué. La región tenía agua de sobra y no parece que en esa época se enfrentase a ningún otro desafío medioambiental. Hasta que estalló la guerra, la población de la zona de Petexbatún era estable y no hay indicios de ninguna invasión extranjera ni de ningún intento de conquista. A lo mejor la tensión que solía estar siempre cociéndose a fuego lento entre las ciudades-Estado mayas del período Clásico acabó por romper a hervir en un conflicto abierto y extendido por motivos que quizá nunca conozcamos. Pero en el 830 todas las ciudades de la región de Petexbatún habían colapsado y sus líderes estaban muertos o habían huido.

Durante los siguientes cien años aproximadamente, el apocalipsis se extendió poco a poco hacia el norte y devoró poderosas ciudades mayas del período Clásico, como Tikal, en el norte de Guatemala, o Calakmul, en la parte meridional de la península de Yucatán. Los últimos años de estos lugares no fueron tan violentos ni caóticos como los de las ciudades de Petexbatún, pero de todos modos algo hizo insostenible su existencia. Los registros paleoclimáticos de lagos y cuevas demuestran que la sequía pudo afectar a estas ciudades del sur durante el siglo IX, lo que tal vez multiplicó la inestabilidad política sembrada por las guerras de Petexbatún, siguiendo un patrón apocalíptico clásico. Como en Egipto, un gobierno basado en el poder sobrenatural de reyes divinos debió de resultar especialmente vulnerable cuando el clima pareció rebelarse contra su control.

Quizá, a causa de todas sus conquistas, alianzas y matrimonios mixtos, la élite se hizo demasiado grande y poco manejable, de manera que los agricultores plebeyos ya no podían mantenerla, en una época en la que el suministro de alimentos menguaba. A lo mejor hubo una revolución popular en los planos de la filosofía y la región que minó las justificaciones de la monarquía, un hecho cuyas evidencias no se conservaron igual de bien que los retratos de los reyes divinos tallados en piedra.

Cuando cayeron los reyes divinos del sur, lo hicieron asimismo sus ciudades. Sin la necesidad de glorificar a gobernantes todopoderosos, la construcción de nuevos edificios y monumentos se detuvo. Dado que los artistas mayas solían grabar sus obras con fechas precisas, los arqueólogos pueden identificar cuándo se erigió el último monumento de una ciudad, una última bocanada de presencia humana constatada antes del abandono de un asentamiento. En un puñado de ciudades mayas del período Clásico, los arqueólogos han hallado fosas comunes que, según algunos, contienen los restos de la antigua nobleza, masacrada en la transición política. No obstante, en la mayoría de sitios parece que la élite sencillamente se marchó en cuanto el poder se les escapó de las manos. Una ciudad sin un rey divino no tenía mucho trabajo que ofrecer a sacerdotes y artistas, así que también ellos se fueron. Es muy probable que los mercaderes, sobre todo quienes comerciaban con bienes exóticos y de lujo, se dirigieran a mercados más provechosos o regresaran a sus tierras de origen a la espera de la siguiente oportunidad. Los plebeyos, en su mayoría agricultores con campos de cultivo domésticos, seguramente fueron los que más aguantaron, si así lo quisieron, pero al final casi toda la gente abandonó las viejas ciudades, que quedaron en ruinas.

Más allá de las noticias que llegaran a Aké sobre esas crisis (y tuvieron que llegar, en especial cuando los refugiados empezaron a abandonar el sur en masa), sus habitantes se sentirían muy bien protegidos por la lejanía geográfica y cultural del caos. La parte septentrional de la península de Yucatán siempre había sido la zona más seca del mundo maya, de modo que sus residentes estaban acostumbrados a vivir con cierto estrés hídrico. Debían de saber cómo recoger agua de lluvia y mantener los niveles de agua en sus embalses artificiales y cenotes naturales, destrezas que quizá les viniesen muy bien al principio del período seco. Mientras las ciudades del sur caían una a una, una serie de capitales del norte, entre ellas Uxmal y Chichén Itzá, se alzaron para convertirse en los epicentros de la política y la cultura mayas. Aké, una ciudad antigua ubicada al final de un *sacbé* prestigioso y económicamente crucial, podía ser un aliado importante.

No obstante, poco a poco el conflicto fue acercándose a Aké. Uxmal cayó en torno al 950, mientras que la belicosa Chichén Itzá consolidó su poder a lo largo de periódicas etapas secas vividas en el siglo X. En algún momento entre el 900 y el 1000, Aké construyó un muro que cercaba los templos y palacios del centro y atravesaba el *sacbé*, separando de manera práctica y simbólica la ciudad del mundo maya en general. Quizá ese muro estuviera destinado a protegerse frente a los ataques de los ambiciosos itzás, o a lo mejor los líderes de Aké querían ejercer más control sobre la inmigración, dada la presencia de un número creciente de refugiados deambulando por una tierra a la que le costaba producir la comida necesaria para alimentarlos a todos.

Con todo, Aké siguió siendo una ciudad floreciente durante el siglo X. Aunque el poder político cambiase, el clima fluctuara y el muro se levantase, la gente de Aké a buen seguro experimentó el apocalipsis como algo problemático que aún no les había llegado. Esas cosas siempre ocurrían en otro sitio, a otro pueblo, hasta que, de repente, les sucedieron también a ellos. Entre el 1000 y el 1100, llegó una sequía más severa y prolongada que hizo inútiles la infraestructura y la gestión de las aguas de las ciudades del norte. Al término de ese siglo, Aké, Chichén Itzá y el resto de las urbes del norte de la península de Yucatán se habían desmoronado y estaban en gran medida abandonadas. Igual que ocurrió en las ciudades del sur unos siglos antes, las élites fueron las primeras en marcharse; luego, siguiendo su estela, se dispersó la mayoría de sus súbditos.

El colapso del período Clásico maya fue mucho más prolongado y, sin duda, mucho más complejo que las caídas de Egipto y Harappa. La sociedad maya era socialmente compleja, desde luego, pero nunca había estado unificada en un solo Estado. Hasta el último instante, los migrantes de una ciudad caída podían encontrar un hogar en otra que siguiera siendo próspera. Sin embargo, entre los años 800 y 1100, la vida en casi cualquier parte del mundo maya, para personas de todas las clases sociales, se vio transformada por completo. La realeza divina vivió un rechazo rotundo y sus instituciones políticas y religiosas quedaron desmanteladas. Según colapsaban las ciudades, los viejos territorios e identidades se iban disolviendo. La arquitectura y el arte nunca alcanzarían las cotas monumentales de antaño, ni tampoco volverían a requerir la misma cantidad de trabajo. Las antiguas rutas comerciales se desintegraron y se reconfiguraron como sombras de sí mismas. Los escribas y escultores, en su mayor parte, dejaron de tallar fechas importantes en piedra, lo que producía la espeluznante sensación de que la historia maya había acabado, al menos para los arqueólogos que trataron de reconstruir el colapso casi un milenio después.

Pero no había sido así, claro. Igual que en el valle del Indo tras el colapso de Harappa, cuando ya no quedaron más ciudades del interior en las que intentar labrarse una vida, la mayoría del pueblo maya se trasladó de las ciudades a las aldeas, muchas de las cuales estaban situadas a lo largo de la costa peninsular. Sin embargo, las casas con techo de paja son mucho más efímeras que las pirámides de piedra, y la evidencia material de muchas de esas comunidades postapocalípticas se diluyó hace mucho. La información sobre cómo y dónde rehízo su vida la mayoría del pueblo maya en un mundo postapocalíptico ha seguido siendo tan complicada de encontrar que las generaciones pasadas de arqueólogos ni se molestaron en buscarla, o quizá ni siquiera imaginaran que había algo que encontrar.

En torno al año 950, el rey de Aké empezó a preocuparse. Estaba siendo otro año seco más y el nivel del agua en los cenotes no paraba de caer. Su padre y su abuelo siempre le habían asegurado que los dioses intervendrían antes de que una sequía se volviese de verdad funesta; mientras cumpliese con las ofrendas y los sacrificios adecuados, los dioses garantizarían que la ciudad tuviera cuanto necesitaba. Y el rey debía admitir que los dioses habían cumplido siempre su parte del trato. Caía la lluvia justa en el momento preciso de la temporada de cultivo del maíz, o llegaban grupos de comerciantes de la costa con mayor frecuencia, cargados de pescado, sal, maíz y frijoles suficientes para sacar del apuro a la ciudad unas semanas más y revitalizar a todo el mundo con un día de mercado. En ocasiones —aunque cada vez más a menudo, veía el rey—, los comerciantes traían también cautivos, y el rey adquiría algunos y los sacrificaba después a Chaac, el dios de la lluvia, encima de un templo o al borde de uno de los cenotes. El rey no disfrutaba presidiendo esa clase de ceremonias, pero sabía que eran necesarias para garantizar el bienestar de Aké, de su pueblo y del mundo en el que vivía. Y eso era lo importante, en aquellos momentos más que nunca.

Los comerciantes siempre se habían movido por toda la península y el rey de Aké estaba acostumbrado a recibir visitantes, desde diplomáticos de alto rango con todo su séquito hasta aldeanos que recorrían el *sacbé* para acudir a la ciudad los días de mercado y ceremonias. Sin embargo, ahora llegaba gente que no tenía ningún vínculo con Aké ni con ningún lugar cercano. Llevaban mucho tiempo deambulando, viajando desde las tierras lejanas del sur. Esos vagabundos decían que en otros tiempos habían sido agricultores cerca de las grandes capitales de aquella zona, pero que sus ciudades habían quedado reducidas a escombros. Sus gobernadores los habían abandonado, contaban, y al final se había marchado todo el mundo.

El rey de Aké sospechaba que muchas de esas personas no eran tan inocentes como afirmaban; había oído rumores llegados del sur de familias reales masacradas al completo por el pueblo al que habían gobernado durante décadas o siglos. Sin embargo, el rey había recibido sin reservas a los vagabundos en

Aké, aunque solo fuese para demostrarles que allí, en el norte, la autoridad seguía en pie. Además, muchos de ellos solo estaban de paso, camino de la nueva capital que se alzaba al este, Chichén Itzá. El rey no estaba seguro de cómo los itzás se las arreglaban para asimilar cada vez a más gente con cada vez menos agua, pero no podía negar que su estrategia les funcionaba.

Recientemente, no obstante, a ese flujo de vagabundos se había unido gente de lugares mucho más próximos. Llegaban desde la zona montañosa situada a solo unos días a pie de Aké, desde Uxmal y las ciudades de alrededor. El rey de Aké nunca había visto las grandes capitales del sur, pero sí había estado en Uxmal. Su familia conocía a los monarcas de aquella ciudad desde hacía generaciones, y las clases nobles de ambos lugares habían concertado algunos matrimonios. Era una ciudad impresionante, modernísima, con su arte geométrico y su novedosa devoción al dios Serpiente Emplumada. O lo había sido, suponía el rey. Si debía creer lo que decían los vagabundos, ya casi nadie vivía allí. El rey se preguntó adónde habría ido la familia real. ¿En busca de la protección de los itzás, a cambio de subordinación y de una jaula de oro en esa nueva capital? ¿O quizá a la costa, donde su noble linaje no significaría nada en aquellas ciudades comerciales, pero al menos la riqueza que conservaran les aseguraría un hogar cómodo y un suministro constante de alimento?

El rey de Aké confiaba en no tener que tomar nunca una decisión así. No podía imaginarse admitiendo ante sus ancestros que no había logrado cumplir con su deber sagrado ante la ciudad que ellos habían levantado. Desterró de su mente todos esos espantosos pensamientos sobre lo que podía haber obligado al rey de Uxmal, y a tantos otros, a hacer algo tan impensable.

Sin embargo, el rey estaba a punto de tomar una decisión impensable también allí, en Aké. No iba a marcharse, pero era evidente que el caos se acercaba. Ciudades-Estado que habían sido aliadas durante generaciones estaban mandando soldados para atacarse unas a otras, ya fuese con el fin de apropiarse de sus menguantes recursos o por diferencias políticas que se hubieran vuelto insostenibles. El creciente suministro de cautivos en los mercados reflejaba ese repunte de la violencia. Para invocar la protección de los dioses, el rey celebraba cada vez más ceremonias y las hacía todo lo elaboradas que podía. No tenía la posibilidad de ofrecer comida para dar fastuosos banquetes, con unos cenotes tan bajos y unas lluvias tan irregulares, pero derramaba su propia sangre como sacrificio en casi todos los rituales, tratando de demostrar a sus súbditos que hacía lo imposible por ayudar. Sus ancestros no esperaban menos. Sin embargo, la decisión que estaba a punto de tomar no era algo que sus predecesores hubiesen podido imaginar. Guardaba relación con el *sacbé*.

El *sacbé* había conectado Aké con la ciudad vecina de Izamal desde que cualquier lugareño alcanzase a recordar. Su blanca superficie pavimentada, que el flujo constante de tráfico mantenía siempre limpia, brillaba a la luz del sol. Aunque el rey de Aké y los monarcas vecinos hubiesen disentido por otras cuestiones, e incluso batallado, siempre habían cooperado para cuidar del *sacbé*. El camino pasaba cerca de innumerables aldeas y haciendas, conectando unas con otras y con los centros de las ciudades; además confería un prestigio innegable a Aké, situada en uno de sus extremos. A través del *sacbé* llegaban muchos de los comerciantes, y ahora también vagabundos, huyendo de lo que fuese que les pisaba los talones. Si el caos debía llegar a Aké, lo haría por el *sacbé*, el rey estaba seguro de ello. Y pretendía hacer lo que pudiese para evitarlo.

Eso fue lo que prometió a su pueblo desde lo más alto del Edificio de las Columnas. La multitud no abarrotaba la plaza como en tiempos de su bisabuelo, pero seguía habiendo una cantidad considerable de gente, creía el rey, y todos confiaban en él. «El caos no nos alcanzará», exclamó, y su voz reverberó en los templos circundantes y por toda la plaza. «Los vagabundos no nos robarán. Los itzás no nos atacarán. Vamos a construir un muro.»

Y durante los meses siguientes eso fue lo que hizo el pueblo de Aké. Transportaron piedras hasta la ciudad, las amontonaron con firmeza hasta que casi alcanzaron la altura de un hombre y remataron toda la longitud del muro con matojos de palos afilados, cercando el centro de la ciudad. La muralla fortificada atravesaba el *sacbé*, lo que obligaba a cualquiera que pretendiese entrar en Aké a pasar por los pequeños accesos en los que había guardas apostados día y noche. El nuevo muro cercaba las pirámides, templos, palacios y plazas, todos los lugares en los que residían los espíritus de los ancestros: los lugares que hacían de Aké la ciudad que era, y la ciudad que el rey había decidido que siguiera siendo.

Durante sus primeros años en Aké, trabajando en excavaciones dirigidas por el Instituto Nacional de Antropología e Historia de México (INAH), el arqueólogo Roberto Rosado-Ramírez se centró en la ciudad tal y como había existido en el período Clásico, cuando se encontraba en su culmen cultural y demográfico. Es lo que suele hacer la mayoría de los arqueólogos dedicados a estudiar la cultura maya antigua; sumando las enormes pirámides, los monumentos de piedra que conmemoraban a figuras históricas y las fastuosas tumbas reales, siempre tienen tarea de sobra. A partir de 2003, Rosado-Ramírez estuvo trabajando en las primeras excavaciones que se hacían en décadas de muchos de los edificios más monumentales de Aké, excavaciones que luego pasó a gestionar él mismo. Contribuyó a restaurar varias de las edificaciones más impactantes del antiguo centro de la ciudad, de forma que pudieran apreciarlas sus visitantes contemporáneos (entre los que me incluyo desde hace poco).

A pesar de que Aké se ubica a menos de una hora en coche de Mérida, donde se crio Rosado-Ramírez, sigue pareciendo un mundo aparte. No hay rutas en autobús que faciliten su conexión con Mérida, y el desvío desde la autovía apenas está señalizado. Incluso Rosado-Ramírez teme habérselo pasado, después de que la pandemia por coronavirus lo obligase a permanecer tres años apartado del lugar. Sin embargo, no tardamos en llegar al camino correcto de un solo carril, que pasa por un túnel de verdor formado por las ramas de unos árboles que se doblan sobre nuestras cabezas. Hacemos nuestra visita durante la temporada de lluvias en Yucatán, cuando el bosque de matorral de la región está repleto de vida. De esas ramas cuelgan nidos pendulares de aves con forma de lágrima y por delante del coche revolotean caleidoscopios de mariposas del cempasúchil. Una iguana reposa en mitad de la carretera, impasible ante el tráfico de motos y bicis.

Al cabo de un cuarto de hora, el bosque da paso a la ciudad de Aké. Por todas partes hay señales de su vida anterior: las ruinas de una pirámide maya se levantan cerca de la primera base de un campo de béisbol público, en el centro de la ciudad, mientras las casas modernas lindan con los restos de las antiguas, que ahora adquieren la forma de pequeños montículos sobre un paisaje por lo demás llano.

Muchos de los hombres de la ciudad trabajan en una fábrica en muy mal estado en la que, desde hace más de un siglo, e igual que hicieron sus padres y abuelos, procesan henequén, una suculenta de la zona, para convertirla en una de las cuerdas más resistentes del mundo. Parte del techo de la fábrica se desplomó durante un huracán en 1988 y la magnitud de los daños hizo imposible su reparación, aunque más o menos la mitad del edificio sigue siendo accesible. La maquinaria es tan vieja que a veces hay que comprar los recambios a dueños de máquinas históricas de henequén expuestas como piezas de museo.

En el campo de béisbol nos esperan Vicente Cocon López y su hijo Gerardo. Cocon López es el mejor amigo y colaborador de Rosado-Ramírez en Aké. Rosado-Ramírez y Gerardo se conocen desde que este último, que ya tiene más de veinte años, estaba en el colegio; durante mucho tiempo, Gerardo ha sido el fotógrafo extraoficial del proyecto. Al poco da la sensación de que la ciudad al completo se ha congregado en torno a Rosado-Ramírez como si el arqueólogo fuera una luciérnaga exhibiendo su luz. Muchos de los hombres de Aké han trabajado con él en numerosas excavaciones a lo largo de los años, ayudando a escarbar la tierra, raspar, cargar y tamizar, proceso muy similar a un proyecto de construcción a la inversa. Rosado-Ramírez llevaba un tiempo sin verlos y están todos deseosos de hablarle de sus nuevos hijos y nietos, de matrimonios recientes en sus familias y de la permanente buena fortuna del perro callejero que rondaba la excavación y que acabó adoptado por uno de los muchachos. Al final, Rosado-Ramírez se libera de la reunión con la promesa de tener más tarde una conversación más larga con ellos. Mientras la mayoría de los hombres se dirige a trabajar en la fábrica de henequén, Cocon López y su hijo nos acompañan al corazón del sitio arqueológico, donde aún se levantan algunos de los palacios, templos y otros edificios monumentales más grandes de la antigua Aké.

Los cuatro subimos las enormes escaleras que conducen a la cima del Edificio de las Columnas, ya sin vegetación y con algo similar a su antigua gloria, recuperada gracias al trabajo del INAH. El ascenso exige afrontar escalones enormes que me dejan sin aliento. La pirámide está sin duda diseñada para resultar accesible a la par que imponente, y la artesanía de su construcción es impecable. Cocon López, que tiene un ojo impresionante para las técnicas de construcción tanto antiguas como modernas, se asegura de que me fije en que todas las piedras de la escalinata tienen prácticamente el mismo tamaño, señal de la increíble cantidad de trabajo y destreza con que se aplicaron sus antiguos constructores.

En lo que se refiere a las habilidades arquitectónicas del período Clásico maya, «basta con saber que estas estructuras siguen en pie y nuestros edificios actuales se caen en cuestión de cinco años», dice Rosado-Ramírez. Incluso los pilares que rematan el Edificio de las Columnas (un elemento que suele ser el primero en desmoronarse) han sobrevivido milenios. Precisamente por eso, la única excepción llamó la atención de Rosado-Ramírez y lo hizo pararse a pensar.

Solo una de las más de treinta columnas situadas en la cima de la pirámide está por completo derruida, y no parece que fuese accidental. Las piedras que la conforman no están esparcidas de un modo aleatorio, como habría sido el caso de haberse caído sola, sino que se encuentran reunidas y amontonadas formando la base de una pequeña estancia cuadrada. Los arqueólogos documentaron ese espacio por primera vez en la década de 1980 y lo identificaron como un santuario construido mucho después de la pirámide original. En los siglos posteriores al abandono de Aké, explicaron, debía de haber peregrinos que visitaban de manera ocasional las ruinas y hacían ofrendas en ese santuario. La cerámica que dejaron data del período conocido como Posclásico, que se extendió desde el 1100 hasta la primera invasión europea de Yucatán, en 1550.

Ninguno de esos arqueólogos pensó que Aké hubiese podido seguir habitada tras el abandono. Las ofrendas del Posclásico, entre las que había cerámica, quemadores de incienso y, al menos, un enterramiento, se hallaron sistemáticamente entre los restos que cubrían las pirámides, lo que indica que los edificios antiguos ya estaban deteriorados cuando la gente las dejó ahí. Nadie se habría atrevido a hacer algo semejante a tirar una de las columnas del Edificio de las Columnas si Aké hubiese albergado una comunidad. ¿Y por qué iba a quedar gente viviendo allí? Los edificios estaban desmoronándose, los caminos se habían cubierto de vegetación y los líderes habían huido. Aquel lugar, en resumidas cuentas, era una ruina.

Sin embargo, tras años y años conociendo a los actuales habitantes de Aké, esa interpretación ya no le encajaba a Rosado-Ramírez. Su experiencia como arqueólogo le había enseñado a centrarse en estructuras monumentales como las pirámides. Según gran parte de su formación en arqueología, una ciudad antigua no podía considerarse habitada si carecía de una arquitectura monumental en activo. Aun así, Rosado-Ramírez se dio cuenta de que, si aplicaba esa misma norma a la Aké actual, se vería obligado a concluir que la ciudad había quedado abandonada entre principios y mediados del siglo XX, cuando dejaron de mantener y remodelar los edificios de la fábrica de henequén. Y, sin embargo, aquí estamos, bien entrado el siglo XXI, hablando con gente que lleva toda la vida considerando Aké su hogar y cuyos hijos y nietos probablemente hagan lo mismo. Edificios que desde fuera parecen estar en ruinas albergan todavía una maquinaria vieja pero que funciona, y la gente acude a trabajar allí a diario. La ciudad es más pequeña que antes, y sin duda más pobre, y está más aislada que en el apogeo de la industria henequenera, a principios del siglo XX, pero el caso es que Aké sigue existiendo. No está abandonada. Todavía hay personas viviendo aquí y Rosado-Ramírez las conoce a todas.

Al terminar las excavaciones a gran escala del período Clásico organizadas por el INAH en las que estaba trabajando, Rosado-Ramírez intentó mirar la antigua Aké con los ojos de la moderna Aké. ¿La ciudad había quedado abandonada por completo tras el apocalipsis o siguió albergando a otro tipo de comunidad? Si alguien podía ayudarlo a hallar más evidencias de edificaciones postapocalípticas, ese era Cocon López, que conocía el lugar mejor que nadie y estaba capacitado para detectar sutiles variaciones en patrones y materiales de construcción. Sin el respaldo de una beca o de una excavación financiada por el Gobierno, Rosado-Ramírez comenzó a hacer senderismo los sábados con rumbo a Aké para recorrer el lugar en compañía de Cocon López y ver lo que encontraban. «No teníamos dinero ni para agua», recuerda el arqueólogo.

Cocon López exploraba la zona entre semana, siguiendo a menudo viejos raíles de metal colocados en los días de esplendor para trasladar henequén en carros tirados por caballos, y trazaba mapas con el fin de guiar la exploración conjunta de los fines de semana. En unos revoltijos de piedras antiguas que para mí apenas son identificables como restos de edificios, Cocon López fue capaz de ver la cronología entera de la antigua Aké y distinguir cómo un pueblo posterior interactuó con lo que aquel lugar había sido antes y lo reconvirtió. Rosado-Ramírez y él hallaron pequeñas estructuras construidas con una mezcla de piedras enormes de la primera fase urbana de Aké y piedras más pequeñas del período Clásico Tardío, lo que significaba que esas nuevas estructuras se levantaron después de ambas etapas y del supuesto abandono de Aké. Encontraron asimismo santuarios posclásicos no solo en lo alto del Edificio de las Columnas, sino también encima de las ruinas de otros cinco edificios del período Clásico, o cerca de ellas.

Aquel proyecto se convirtió en la tesis doctoral de Rosado-Ramírez, y el equipo se amplió hasta incluir a muchos de los hombres de Aké, que, tras años de excavar pirámides, identificar objetos y trabajar en tareas de restauración auspiciadas por el INAH, se habían vuelto expertos arqueológicos por derecho propio. Rosado-Ramírez valoraba su conocimiento íntimo del pasado y del presente de Aké para la búsqueda de esos signos sutiles de la vida plebeya que tantos arqueólogos habían pasado antes por alto.

Con la ayuda de su equipo local, Rosado-Ramírez identificó los restos de 96 pequeñas casas dentro del núcleo monumental de la antigua Aké y excavó 18 de ellas. Dichas edificaciones, en su mayoría amontonadas en grupos de unas seis casas en torno a un patio compartido, estaban llenas de estilos cerámicos populares en el período Posclásico y ocupaban ubicaciones en las que los plebeyos no debían de tener permitido vivir antes del colapso, como la plaza central de la ciudad, antaño prístina y vacía. Quizá esos habitantes se mudaron al interior de la muralla de Aké en busca de protección durante una época de inestabilidad, o a lo mejor querían definir su nueva comunidad utilizando una frontera antigua tras la cual, de pronto, empezaron a vivir. Rosado-Ramírez calcula que entre 170 y 380 personas siguieron habitando las ruinas de Aké en el período Posclásico. El tope de esa estimación es prácticamente la cifra exacta de los habitantes actuales de la ciudad.

En torno al año 1050, un hombre llegó al centro de la plaza de Aké y se asombró de verla tan vacía. A lo largo de toda su vida, había acudido a aquella plaza los días de mercado o cuando se celebraban ceremonias y festejos. Toda la gente que conocía, y mucha que no, se presentaba en la plaza con motivo de esos acontecimientos, también cuando quizá convenía que se quedaran en casa al cuidado de unos cultivos cada vez más exiguos. Pero la gente estaba decidida a afrontar aquella crisis junta, al menos al principio. Los ancianos, que habían vivido otras sequías, aconsejaban a sus familias los cultivos con los que podrían sobrevivir, el modo de hacer que una escasa cosecha durase más y aquellos productos con los que comerciar en los mercados cuando en apariencia no tenían nada de lo que desprenderse. El rey resucitó rituales que no se practicaban desde la época de su abuelo o su bisabuelo, invocando a Chaac para que les devolviese las lluvias anuales. Pero la cosa fue a peor. Nunca una sequía había durado tanto ni había hecho bajar hasta ese punto el nivel del agua de los cenotes.

Al principio iban trampeando gracias a los días de mercado. Aún llegaban alimentos y otros recursos en canoa desde las tierras altas hasta el oeste, y los comerciantes seguían transportándolos desde los puertos costeros hacia las ciudades del interior. Al hombre nunca le gustó el pescado seco que les traían los comerciantes. Prefería el ciervo y el conejo, sobre todo cuando él mismo los cazaba en los bosques próximos a la ciudad. Pero llevaba años sin ver ciervos ni conejos cerca de Aké; los animales tampoco podían vivir sin agua. Por tanto, aprendió a apreciar el pescado seco. Su esposa y él se acostumbraron a excavar en busca de yuca, a usar amaranto allí donde antes habrían usado maíz y a adentrarse cada vez más en el bosque para extraer de las palmeras su corazón comestible. Se acostumbraron asimismo a tratar toda semilla de frijol y maíz, cuando tenían la suerte de disponer de ellas, como si estuviesen hechas de preciado jade.

En la plaza vacía, el hombre miró el Edificio de las Columnas pensando en todas las ceremonias y ofrendas que había visto en su cima y en lo inútiles que habían resultado ser. Las columnas seguían en pie, robustas, pero el tejado de paja que había protegido del sol al rey y a los sacerdotes empezaba a combarse y quebrarse. No importaba. Ya no hacía falta. Al principio de la sequía, sus vecinos y él encontraban consuelo viendo los rituales del rey. Era imposible que después de esa ofrenda o aquella ceremonia los años malos continuasen. Seguro que así por fin aplacaban a los dioses. Pero, según pasaba el tiempo y las lluvias no llegaban, la gente de Aké empezó a sospechar de mala gana que los dioses y los ancestros habían abandonado al rey y a aquellos a quienes este protegía. Los rituales del rey, cada vez más frecuentes y más desesperados, con la presencia de más y más sacerdotes, que necesitaban recibir cada vez más comida, no estaban revirtiendo la situación. Parecía que solo lo empeoraban todo.

Comerciantes y vagabundos le contaban a la gente de Aké que su rey no estaba solo en su desamparo. Por toda la península había personas abandonando sus ciudades. Se rumoreaba que incluso los poderosos itzás estaban en un aprieto. Todo ello minó las creencias que tenía el hombre sobre el poder y la gobernanza. Se suponía que los reyes eran divinos, que estaban intrínsecamente conectados a los dioses que habían creado el mundo y a todos los ancestros que lo habían conformado tal y como era. Si el rey perdía ese vínculo, ¿cuál era la base de su poder? ¿Por qué debían ellos, los agricultores, seguir enviando comida a la corte real? ¿Por qué tenían que asistir a unas ceremonias ineficaces cuando podían estar cosechando corazones de palmera o buscando un cenote oculto, por pequeño que fuese, que pudiera contener agua todavía? Si todos los reyes habían perdido su divinidad, como decían los vagabundos, ¿por qué debía haber reyes?

Esas ideas, junto con otros sentimientos similares que sus vecinos expresaban en susurros, habían turbado al hombre, aunque también lo emocionaban. Reflexionaba al respecto cada vez que asistía a un ritual en la plaza, mientras se fijaba en que la multitud no dejaba de disminuir. Se acordaba de esos pensamientos cuando los sacerdotes iban a su granja a primera hora de la mañana y su esposa lloraba al verlos llevarse las últimas mazorcas de maíz como tributo. Les estuvo dando vueltas cuando empezó a quitar la corteza de los árboles para comérsela, siguiendo las instrucciones que cuando era niño le había dado su bisabuelo, quien había vivido la última sequía. «Espero que nunca tengas que recurrir a eso, pero debes aprender a hacerlo, por si acaso», le había dicho. La primera noche que el hombre les dio a sus hijos corteza para comer, salió luego a hurtadillas del recinto familiar para participar en la reunión de medianoche de quienes habían resuelto que no podían continuar viviendo bajo el mando de ese rey y que debían prepararse para actuar.

No obstante, esa gente tardaba mucho en decidir cómo actuar. Algunos querían un nuevo rey, otros pretendían sustituirlo por un consejo que dirigiese la ciudad, como habían oído que ocurría en la capital de los itzás. Pero los itzás tenían además un ejército, controlaban un puerto en la costa y disponían de una red de ciudades vasallas que les mandaban tributos. E incluso así, algunos vagabundos transmitían noticias de que la capital estaba teniendo problemas para evitar que la gente se marchase conforme avanzaba la sequía. El hombre no estaba seguro de qué creer, pero tampoco estaba seguro de que eso importase. Aké no gozaba de las ventajas de Chichén Itzá, ¿y qué más daba si una ciudad vacía tenía un consejo o un rey?

Mientras debatían, debió de llegar al palacio la noticia de esas reuniones de medianoche. Cuando el hombre y sus vecinos aparecieron en el centro de la ciudad para la siguiente ceremonia (no podían ausentarse si querían guardar las apariencias), se dieron cuenta de inmediato de que no habría ceremonia alguna. El rey se había marchado. Había huido por la noche junto con la familia real y muchos de los sacerdotes. Los dioses lo habían abandonado y ahora el rey abandonaba Aké. El hombre se sorprendió ante su propia furia; al fin y al cabo, quería que el rey renunciara, pero no había imaginado que ocurriría de ese modo.

Con la familia real huida, ya no había trabajo para los artesanos, los escribas ni los arquitectos que vivían dentro de las murallas de Aké. Al poco, ellos también se marcharon. El grupo que estaba planeando derrocar al rey se fragmentó a raíz de su desaparición. Ya no había nadie que organizase los días de mercado, nadie que invitase a delegaciones comerciales de otras ciudades, nadie que intercediese por Aké ante los dioses. Quedaba un puñado de comerciantes que aún pasaba por la ciudad en sus rutas de siempre, pero conforme Aké se empobrecía, cada vez menos se molestaban en hacerlo. Sin sacerdotes que dirigiesen grandes ceremonias, la gente empezó a hacer sus propios rituales en casa. Nadie se preocupaba por patrullar el muro ni por vigilar las entradas a la ciudad. ¿Qué iban a querer los invasores de Aké?

El hombre creía que, tras la marcha del rey, los dioses devolverían su favor a Aké. Pero eso no ocurrió. Las cosechas seguían muriendo, los animales no regresaban, los cenotes menguaban aún más y las lluvias continuaban rehuyéndolos. Daba la sensación de que a diario se marchaba algún vecino con toda su familia, uniéndose al flujo de vagabundos. El hombre y su esposa hablaron de irse, pero nunca les parecía un buen momento. Dos de sus hijos eran demasiado pequeños para caminar mucho rato y ellos, sus padres, estaban demasiado debilitados por el hambre para cargar con toda la familia.

Además, no tenían nada claro que hubiese algún sitio al que ir. Las ciudades costeras más próximas se habían desmoronado y no sabían si Chichén Itzá seguía en pie. Ninguno de los dos tenía parientes en ninguna aldea. Al hombre le daba miedo que hubiesen esperado demasiado para tomar una decisión, lo que no les dejaba otra opción que seguir esperando. Aké se vaciaba más y más cada día que pasaba, pero también parecía cada vez más imposible marcharse.

El hombre había acudido a la plaza con el fin de ver qué podía sacar de las pirámides. En su huida, la familia real se había llevado todo el jade y las joyas que pudo cargar; sin embargo, por visitas anteriores, el hombre sabía que en los santuarios reales, ya en desuso, se habían quedado muchas figuras de arcilla prolijamente decoradas, toda la vajilla de servicio y las vasijas de almacenaje, así como estatuas talladas de gobernantes pasados. El hombre estaba más que dispuesto a llevárselo todo para comerciar la próxima vez que alguien pasara por Aké con comida. Incluso había arrancado trozos de los coloridos murales que decoraban el interior de las salas palaciegas. ¿Quién había allí para impedírselo? Llevaba semanas sin ver a nadie que no fuese su familia, ni siquiera en su barrio, al otro lado de las murallas.

Aunque aquel día había alguien más en la plaza: una pareja mayor, afanada en soltar piedras de la escalinata de la pirámide (que se deterioraba rápidamente) y disponerlas formando una casa nueva, mucho más pequeña. El hombre reconoció a la pareja de los días de mercado; también vivían extramuros, aunque en el otro extremo de la ciudad. Cuando se acercó, vio que la pareja estaba igual de sorprendida y aliviada que él de ver a alguien allí.

Mientras el hombre ayudaba a colocar las piedras en su nueva ubicación, la pareja le contó que sus hijos, ya mayores, habían huido de Aké con sus respectivas familias y que en su barrio no quedaba nadie. «Les dijimos que se fueran, y ahora nos sentimos muy solos en esa casa», explicó la mujer.

El hombre se marchó a casa y se lo contó a su esposa. No se mudarían muy lejos, la tranquilizó, solo al otro lado del muro, cerca de la plaza. Había material de sobra para construir una nueva casa, quizá incluso más bonita. En el centro de la ciudad nunca se había sembrado nada, así que ese suelo podía ser más fértil que sus agotadas tierras. Además, ya había otra gente instalada allí.

Al día siguiente, se fueron con sus hijos al interior de las murallas.

Tras bajar del Edificio de las Columnas, Rosado-Ramírez, Cocon López y yo cruzamos la antigua plaza de Aké hasta una parte del emplazamiento en la que se ha permitido que crezca el bosque. Llegamos a lo que a mis ojos es un montón de piedras caóticamente apiñadas en un pequeño montículo cubierto de vegetación. Pero Rosado-Ramírez y Cocon López ven algo que yo no sé distinguir. «Esta fue una de esas cosas que me llevó a decir: "Vale, no estamos tan locos"», comenta Rosado-Ramírez.

Buena parte de ese montón de piedras está formada por los restos dejados por una pirámide del período Clásico que se cayó a pedazos. Con el paso de los años, las décadas y luego los siglos, las piedras se fueron soltando y precipitándose por los costados de la edificación, hasta cubrirla con sus propios escombros. Sin embargo, Rosado-Ramírez y Cocon López señalan que no todas las piedras de ese montón cayeron al azar.

Algunos de los bloques más grandes están colocados en vertical, en el suelo, creando una especie de muro que contiene los escombros. Hay piedras más pequeñas encajadas en horizontal en ese amasijo, para crear una suerte de escaleras que suben a lo más alto de las ruinas, donde se levantó un pequeño santuario. La colocación en absoluto fortuita de las piedras demuestra que ese santuario y la escalera improvisada fueron una construcción deliberada, afirma Rosado-Ramírez, seguramente para conmemorar, proteger y preservar una especie de acceso a la vieja pirámide, mucho después de que esta perdiese su forma original.

Al igual que este nuevo tipo de escalera, la amplia mayoría de las edificaciones postapocalípticas de Aké se hicieron con materiales sobrantes del núcleo monumental de la ciudad antigua. La gente de a pie levantó los cimientos de sus pequeñas casas con piedras reutilizadas de las pirámides. Dispusieron en el interior de sus humildes casas y patios, a modo de altares y elementos decorativos, trozos de monumentos cubiertos por tallas de glifos (destinados en otros tiempos a espacios más elitistas). Rosado-Ramírez y Cocon López hallaron algunos de los enormes bloques de piedra pertenecientes a las primeras pirámides en espacios domésticos con unos surcos de desgaste en el centro; la gente se los había llevado a casa y los había convertido en piedras para moler el maíz, una herramienta vital en cualquier hogar maya. Los nuevos santuarios posclásicos se ubicaban en edificios del antiguo período Clásico o cerca de ellos, levantados a partir de los escombros de las propias pirámides. Eran mucho más pequeños y menos imponentes que sus predecesores, igual que la propia comunidad postapocalíptica de Aké, pero ahí estaban.

Históricamente, los arqueólogos quizá hayan considerado que los habitantes de la Aké postapocalíptica eran ocupantes ilegales que parasitaron la riqueza material de esa ciudad antigua sin mostrar respeto por su historia. Es posible asimismo que, si Rosado-Ramírez encuentra más tumbas, los restos revelen que esas personas vivieron en un postapocalipsis plagado de violencia y enfermedad, como observó Robbins Schug en las ruinas de Harappa. No obstante, cuando Rosado-Ramírez pensaba en cómo había interactuado la comunidad postapocalíptica de Aké con las ruinas que la rodeaban, no veía a gente despreocupada por lo que hubiera sido esa ciudad, ni luchando por una supervivencia básica. Los espacios centrales en los que eligieron vivir y el modo en que utilizaron y protegieron los restos materiales de la ciudad sugerían que esas personas conocían la historia de Aké, su geografía y sus monumentos, y que invirtieron gran parte de su tiempo y sus recursos en averiguar formas creativas de conservar su vinculación con todo ello. Rosado-Ramírez veía a gente que seguramente creía vivir en una época no de escasez y conflicto, sino de abundancia y pertenencia.

Es poco probable que unos forasteros llegados a la ciudad *a posteriori* hubiesen cuidado tanto los signos del pasado de Aké, o hubiesen entendido siquiera cómo hacerlo. En Copán, una gran capital del período maya Clásico situada en Honduras, la población posclásica también reutilizó material de la ciudad abandonada para levantar nuevas construcciones. En los muros de sus edificios, sin embargo, colocaron las piedras antiguas talladas con glifos, retratos y otros grabados de manera que el lado limpio y sin tallar quedara hacia fuera, haciendo que esas decoraciones fueran invisibles y despojándolas de significado. Según parece, además saquearon tumbas reales del período Clásico en busca de artículos con los que comerciar, en vez de usarlos luego para santuarios locales como el situado sobre el Edificio de las Columnas de Aké. Los arqueólogos creen que eso indica que la ciudad quedó reocupada por una comunidad proveniente de otro lugar y que los nuevos residentes eligieron mantener cierta distancia con la Copán del pasado.

En Aké, por el contrario, la gente del período Posclásico mostraba los glifos tallados y otros emblemas del glorioso pasado de la ciudad en un lugar muy destacado de sus casas. Continuaron honrando los palacios y templos antiguos (y a los espíritus y ancestros que los habitaban) con santuarios, ofrendas e incluso enterramientos. Se anclaron en la historia de la ciudad y utilizaron sus ruinas para definirse como un pueblo que seguía perteneciendo a ese lugar. El pueblo maya contemporáneo cree que las ruinas antiguas no están vacías, sino que albergan a dioses, ancestros y espíritus del bosque. Quizá el pueblo de la Aké postapocalíptica nunca pensó que su ciudad había quedado abandonada por mucho que hubiera cambiado.

Ese tipo de gente —agricultores, plebeyos, campesinos— había vivido en otros tiempos en las afueras de Aké, con poco que decir sobre su vida política, económica o religiosa. Durante el período Clásico, todo, desde la diplomacia hasta la oración, pasaba por el rey. En aquel nuevo mundo postapocalíptico, por el contrario, eran ellos quienes decidían qué era Aké y cómo se vivía allí. Eran ellos quienes invitaban a los comerciantes que seguían viajando por la península, llevando mercancías desde la nueva capital, Mayapán, y reuniéndose al sur de Aké. Eran ellos quienes ahora gestionaban la relación de Aké con Mayapán y los muchos otros pueblos que salpicaban la descentralizada península posterior al colapso. Eran ellos quienes debían inventar nuevos modos de practicar su religión sin la ayuda de un rey, rediseñando rituales que pudieran llevarse a cabo en los pequeños santuarios que encontró Rosado-Ramírez y en los altares familiares de sus casas. Eran ellos quienes vivían en el centro de la ciudad: la gente más importante de Aké.

Durante más de cuatrocientos años, el pueblo maya de la península de Yucatán se las arregló muy bien con este estilo de vida más reducido, más igualitario y más flexible y resistente del período Postclásico. Ni siquiera después de que acabase la sequía y se estabilizase el entorno, aceptaron que volviera a gobernarlos un rey divino. Habían probado a vivir en ese tipo de sociedad compleja y ultraestratificada y el sistema les había fallado de un modo catastrófico: las ciudades resultaron ser vulnerables, la política frágil y la religión impotente ante la llegada del apocalipsis. ¿Por qué volver a asumir ese riesgo?

Por el contrario, los mayas del norte de la península de Yucatán construyeron una capital de otro tipo a partir del año 1100 aproximadamente. Mayapán no era la sede de un rey dios, sino más bien el lugar de encuentro de una confederación constituida por representantes de familias poderosas y estructuras de gobierno de toda la península. Los isótopos hallados en los huesos de personas enterradas allí demuestran que la ciudad atrajo a gente de todas partes, y tanto a plebeyos como a miembros de las élites. Quizá fue allí donde acabaron los gobernantes de Aké tras huir, como integrantes de menor antigüedad del consejo de Mayapán.

Al igual que Aké al final de la primera fase de su vida, Mayapán levantó una muralla. Pero, al contrario que Aké, el centro amurallado de la ciudad estaba densamente ocupado por edificios monumentales y barrios plebeyos. Mayapán contaba con varias pirámides imponentes, pero no había una única plaza central como la situada ante el Edificio de las Columnas de Aké. Ninguna persona ni ningún grupo controlaba Mayapán, por lo que no se necesitaba un espacio público para las masas donde pudieran congregarse sus seguidores a oír sus proclamas. La política se desarrollaba en los recintos de los electores más poderosos del consejo, mientras que las prácticas religiosas eran más personales, con altares y quemadores de incienso en el interior de las casas. Sin la necesidad de glorificar a gobernantes individuales, los escribas redactaban libros en vez de tallar la historia en monumentos de piedra y los arquitectos diseñaban pirámides mucho más fáciles de construir. Al contrario que en la megalítica Aké del período Clásico Temprano, la gente de la Mayapán posclásica no se veía obligada a invertir su tiempo en conformar y disponer con precisión enormes bloques de piedra para convertirlos en escalinatas elegantes y perfectas o en muros de palacios que se ajustasen a los gustos de la realeza. Lo que hacían era levantar pirámides a partir de amasijos de piedras más pequeñas que luego cubrían con estuco y pintaban con murales coloridos. La mayoría de esos murales se ha desdibujado desde entonces dejando expuestos los cimientos de piedra. Cuando exploradores y arqueólogos como John Lloyd Stephens visitaron esas ruinas siglos después, la arquitectura monumental de Mayapán parecía más caótica y menos refinada que su homóloga del período Clásico. Sin embargo, en su momento, fue igual de preciosa e imponente, aunque de un modo distinto.

Un comerciante podía recorrer a pie los 40 kilómetros que separaban Mayapán de Aké en un día o dos, y Rosado-Ramírez encontró muchas cerámicas características de Mayapán en la Aké postapocalíptica, quemadores de incienso incluidos. Durante unos trescientos cincuenta años, la aldea cercada por las ruinas permaneció cómodamente en la órbita de la capital, en la que se compartía el poder. En torno al 1400, sin embargo, la sequía atacó de nuevo y también Mayapán colapsó. Según algunos textos mayas que se han conservado, la ciudad estaba casi abandonada por completo en 1441. Su confederación y el gobierno de consejos debieron de ser una reacción a la desigualdad y el fracaso de la realeza divina, pero los mayas de la península de Yucatán vieron entonces que cualquier tipo de poder centralizado, aunque fuera compartido, podía sucumbir ante un desafío medioambiental que requiriese el tipo de flexibilidad y adaptación que solo era posible para comunidades más pequeñas. Igual que en el valle del Indo y a lo largo del río Nilo tres mil años antes, los mayas del período Posclásico aprendieron que eran las aldeas, donde la gente podía actuar con rapidez y cooperar mano a mano, las que los mantendrían a salvo, y antes y después de la caída de Mayapán crearon y mantuvieron comunidades pequeñas de esa índole.

El pueblo de la Aké postapocalíptica notó el estrés de esa nueva sequía, pero no tuvo que abandonar sus casas ni rehacer su vida. Ya estaban viviendo del modo más seguro y adaptable que conocían. Al contrario que Egipto, que volvió a centralizarse en cuanto tuvo la oportunidad después del Primer Período Intermedio, o que la Inglaterra posterior a la peste negra, donde la clase poderosa insistió en que no había que cambiar nada en la estructura de su sociedad tras el apocalipsis, el pueblo maya posclásico continuó rechazando la realeza divina, los Estados excesivamente complejos y, después de Mayapán, el poder centralizado. Pero su pasado no estaba ni mucho menos perdido ni olvidado. La gente reconstruyó y reimaginó sus comunidades con la ayuda de todo lo que sus ancestros habían dejado atrás, mientras, quizá, prometían no repetir sus errores.

Un día del año 1400, un niño se soltó de una cuerda y cayó en el corazón del templo antiguo. Sobre su cabeza se extendían los restos de un techo de piedra abovedado. El sol se colaba por el hueco por el que el niño se había escurrido, iluminando de forma tenue aquella pequeña cámara, que en otros tiempos había estado conectada a otras estancias. El niño distinguió el perfil de una puerta en una de las paredes, pero esa puerta estaba bloqueada por escombros, y vio que los espacios situados más allá se habían desmoronado mucho tiempo atrás. Aun así, aquella cámara parecía bastante sólida. Las piedras grandes de las paredes encajaban sin mostrar un solo hueco, y sus padres le habían contado que los restos del techo nunca habían cedido ni un ápice, ni siquiera durante los huracanes. A veces, cuando el niño iba a explorar esos lugares antiguos, tenía que apresurarse a salir en cuanto divisaba un muro de carga en ruinas o notaba un temblor por el movimiento de las piedras más profundas del edificio colapsado. Su hermano mayor le había enseñado que no merecía la pena quedarse en un sitio así, por muchos tesoros que pudiese albergar. Pero esa cámara parecía segura, así que tendría la oportunidad de echar un vistazo.

El niño pasó la mano por una de las paredes y sobre algunos parches de pintura descolorida; los colores rojos y azules aún destacaban frente a la piedra. Se preguntó quién habría pintado aquello y de dónde habrían salido los pigmentos. Su tía era una artista con mucho talento, pero nunca tenía esos colores para trabajar, ni disponía de demasiado tiempo para decorar paredes cuando podía estar pintando cerámicas con las que comerciar en Mayapán. En la pared, el niño distinguió fragmentos de pies, manos, partes de caras y ropa colorida, pero no había ninguna figura completa. Gran parte del estuco en el que estaban pintados los murales se había desconchado con el tiempo, llevándose consigo trozos de las imágenes. O quizá exploradores anteriores hubiesen roto algunas partes para llevárselas a casa, pensó el niño. Había visto trozos de pinturas antiguas en el patio de la casa de su abuela, que no sabía de qué edificio habían salido; el padre de su abuela, quien había llevado a casa los fragmentos cuando ella era una niña, le había contado que eran retratos de sus ancestros, así que ella los había cuidado toda la vida: los mantenía limpios, les dejaba ofrendas y quemaba incienso a sus pies. Quizá su bisabuelo también hubiese visitado este viejo edificio, pensó el niño.

Paseó por la cámara hasta que llegó a la puerta bloqueada. Se agachó y empezó a escarbar entre las piedras sueltas. Algunas eran tan enormes que no podía moverlas; otras estaban encajadas en aquel montón de tal manera que no se atrevió a tocarlas, no fuera a ser que los escombros le cayeran encima. Sin embargo, había suficientes piedras más pequeñas por allí sueltas, y muchas tenían grabados. En algunas vio sus bordes dentados y volvió a unirlas. Al poco descubrió que formaban parte de una estatua más grande que se había desmontado. Pensó que se habría caído y se habría hecho pedazos; no se imaginaba a ninguna de las personas que conocía destruyendo una cosa así a propósito, a sabiendas de que había sido obra de sus ancestros. La vieja ciudad les proporcionaba material más que suficiente para construir sus casas y sus santuarios; reutilizaban cosas, pero no destruían nada. Sin embargo, dado que esa estatua ya estaba hecha añicos, el niño sabía que no pasaba nada por ver si podía llevarse algo.

Fue recogiendo y descartando las piezas en las que los grabados no estaban completos. No había imágenes, ni siquiera patrones, solo texturas sin significado. Por fin, levantó una piedra decorada con la imagen de una mano agarrando un pez. Nadie en Aké sabía leer la escritura antigua, pero el conocimiento de lo que significaba ese glifo sí había sobrevivido. Era el nombre de Aké.

El niño guardó la piedra tallada en el trozo de tela grande que había convertido en morral y se la echó al hombro. En su lugar dejó un tamal que había llevado como ofrenda a los espíritus que vivían en el edificio, un gesto de agradecimiento por permitirle visitar aquel espacio y por haberle dado aquel nombre en glifo.

Volvió a trepar por la cuerda y salió por el agujero próximo al techo. Desató la cuerda del tronco del árbol al que la había sujetado y la guardó en el morral junto con la talla. Emprendió el camino por el sendero de piedra vista que la gente había dispuesto hasta la cima de aquel edificio, dado que la escalinata original había quedado enterrada mucho tiempo atrás. En la temporada de lluvias, el edificio parecía un monte, cubierto en su totalidad por enredaderas y otro tipo de vegetación. Pero el niño, así como todo el pueblo de Aké, sabía que no lo era.

Siguió los senderos de tierra que se extendían entre los demás edificios enterrados y las casas más nuevas en las que vivía ahora la gente, avanzando por la sinuosa ruta de vuelta a la plaza grande. Su familia vivía en un extremo y usaba parte del terreno llano como huerto. Su madre estaba moliendo grano en el patio de la cocina; todavía no se había acostumbrado a las pendientes y ángulos nuevos de la piedra de moler que el padre había llevado a casa hacía poco, después de que la piedra se hubiese caído al suelo delante de una de las pirámides.

El niño le enseñó el grabado a su madre, que sonrió y lo acompañó al interior de la casa para colocar la piedra en el altar. Le dejó encender el incienso para dar la bienvenida al nombre en glifo y al espíritu de la persona que lo hubiese tallado. Al construir la ciudad antigua, los ancestros les habían dado cuanto necesitaban. Les habían dado la nueva Aké.

PARTE 3
NUEVOS MUNDOS

CAPÍTULO 7

CÓMO EL APOCALIPSIS DEL COLONIALISMO SE HA OCULTADO A NUESTRA VISTA

A finales del siglo XV, por todo el mundo había pueblos con milenios de experiencia afrontando distintos apocalipsis. Desde las periódicas unificaciones y colapsos del antiguo Egipto, la reagrupación económica de los europeos tras la peste negra y el rechazo entre los descendientes de Harappa y de los mayas clásicos a la fragilidad de las ciudades socialmente complejas a favor de la vida en comunidades más pequeñas, la gente había desarrollado sus propias tradiciones para capear los desafíos apocalípticos y aprovechar su potencial transformador. Cada apocalipsis era único y a menudo inesperado, pero las historias y los mitos narrados en todo el globo, que se remontaban a la Gran Inundación y quizá más allá, incluían innumerables relatos de supervivencia.

Entonces, en 1492, el mundo cambió para siempre. Una potente combinación del ingenio y la crueldad que caracterizan al ser humano desencadenó el primer apocalipsis verdaderamente global, que amenazó la vida de cientos de millones de personas y puso patas arriba antiquísimas creencias en los ámbitos de la naturaleza, la comunidad y la supervivencia. Ese nuevo apocalipsis tuvo de todo: revuelta política, violencia descontrolada, degradación medioambiental, caos espiritual y mortalidad masiva por nuevas enfermedades, y todo a una escala nunca antes vista ni imaginada. Y empezó en cuanto Cristóbal Colón puso un pie en la isla caribeña de La Española, creyendo que era la India.

Al igual que cualquier otro apocalipsis, el colonialismo europeo fue una transformación y afectó a todas las sociedades que tocó. Conectó por primera vez el planeta entero y, con ello, prendió la mecha de nuevas identidades, construyó nuevos mercados, reinventó gastronomías y rehízo jerarquías sociales, políticas y económicas. Causó asimismo la muerte de cientos de millones de personas, la esclavitud de millones más y el intento de destrucción de comunidades y culturas milenarias. El colonialismo europeo creó el mundo en el que vivimos actualmente, y aun así la verdadera historia de lo que ocurrió, y de cómo tales sucesos nos hicieron ser quienes somos, se ha visto distorsionada a cada instante por parte de quienes siguen beneficiándose del mayor apocalipsis de la historia.

Durante los últimos quinientos años, el colonialismo ha logrado disfrazarse de progreso cultural y moral, oculto tras una máscara de modernidad, y ha blanqueado sus tragedias como si respondiesen al destino mismo. Los relatos oficiales contados y recontados por los imperios, así como los Estados coloniales que estos engendraron, han deformado lo que aún puede verse del pasado para convencernos de que lo que ocurrió no fue un apocalipsis, con todas sus complicaciones y reverberaciones, sino un suceso inevitable cuyos detalles y significado se estipularon hace mucho. Esos relatos, que forman ahora la base de la historia que tantos de nosotros aprendemos, intentan hacernos creer que el mundo moderno era un destino predeterminado, el único resultado posible del progreso del que nos hemos beneficiado y por el que debemos dar las gracias.

Para entender el colonialismo europeo como el apocalipsis que fue y todavía es, hemos de volver a los inicios, antes de que la mentira de la inevitabilidad tuviese ocasión de permear la historia, y reescribir los relatos que muchos de nosotros creemos conocer para introducir las perspectivas que se han dejado fuera, se han eliminado o se han borrado. Solo entonces podremos apreciar el azar, la voluntad, la incertidumbre, la resistencia y la creatividad inherentes al apocalipsis del colonialismo, como a cualquier otro.

Existen muchísimos relatos de esta índole que pueden y deben contarse, y que nunca han dejado de narrarse por parte de personas en general ignoradas entre quienes han ocupado y ocupan el poder. No obstante, vamos a centrarnos en uno, el que yo mejor conozco y el que, desde un punto de vista logístico e ideológico, escribió el guion de numerosos relatos que llegaron después. Se trata de la historia que me hizo pensar por primera vez en los apocalipsis, en las transformaciones que estos desencadenan y en cómo malinterpretamos su poder: la invasión y la conquista del Imperio azteca y de su capital, Tenochtitlan. Mi vida existe a la sombra de este apocalipsis colonial en concreto, de maneras que aún estoy aprendiendo a ver y entender, porque fue ese apocalipsis el que creó Ciudad de México, el sitio que considero mi hogar.

En abril de 1519, Moctezuma se reunió con sus consejeros en el sagrado complejo de Tenochtitlan. Los embajadores habían regresado de la costa tras celebrar su primer encuentro oficial con los extranjeros. Durante muchos años se habían producido contactos extraoficiales, por supuesto. Entre los frecuentes viajeros de los caminos comerciales que alcanzaban todos los rincones del imperio y más allá, siempre había espías que hacían llegar a Tenochtitlan noticias de todos los avistamientos de naves. El imperio tenía ojos y oídos en todas las recaladas desde mucho antes de que los extranjeros supieran siquiera que ese imperio existía. Cuando Moctezuma tuvo conocimiento de que los mayas de Cozumel custodiaban como esclavos a dos extranjeros que habían sobrevivido a un naufragio ocho años antes, se planteó enviar a unos emisarios para comprarlos y llevarlos a Tenochtitlan. Era de recibo que los extranjeros le perteneciesen a él, que había llenado su zoológico con toda clase de aves y bestias, y recibía tributos de más tierras de las que hubiesen podido imaginar sus antecesores. Sin embargo, Moctezuma no tenía ni la necesidad ni el deseo de enfrentarse a ningún grupo maya, algo que podría desestabilizar las relaciones diplomáticas y comerciales con el pueblo hermano de todo el sureste. Si habían llegado esos extranjeros, a buen seguro los seguirían otros.

Y así fue. Moctezuma mandó embajadores a la costa oriental, a los campamentos de esos otros extranjeros, para enseñarles que los mexicas de Tenochtitlan eran el grupo más poderoso de la isla, con riquezas de sobra de las que desprenderse a modo de fastuosos regalos. Los extranjeros fueron sus invitados desde el momento en que pusieron un pie en la playa. Junto a los embajadores, Moctezuma envió un sol dorado, una luna de plata, jade, trajes de dioses y las piezas más exquisitas que elaboraban con plumas y tejidos los artesanos de la capital. Si aquello era lo que Moctezuma podía dar, ¿qué más poseería?, imaginaba él que pensarían los extranjeros.

Los embajadores regresaron espantados. Los extranjeros estaban sucios, desaliñados, eran unos bárbaros. Apestaban a mar, a las estancias cerradas de los barcos que los habían llevado hasta la costa, y la sangre les formaba costras en las vestiduras sin lavar, restos de las batallas que ya habían librado con las primeras comunidades con las que se habían cruzado. ¿Desde cuándo no se bañaban? Vivían muy pegados a sus animales, incluso se subían a lomos de lo que parecían ser unos ciervos monstruosos. Con la indecorosa desesperación de los hambrientos, devoraban la comida que les preparaban sus mujeres esclavas, entregadas a ellos como parte de un acuerdo de paz con los grupos costeros a los que habían derrotado.

Los extranjeros prácticamente habían ignorado las plumas, el jade y los trajes de dioses, aunque los ojos les brillaron con una lujuria descarada ante las piezas hechas de oro y plata. Y peor aún: prendieron el extremo de uno de sus largos cilindros de metal y ocasionaron una explosión justo al lado de los embajadores, sin ninguna advertencia previa. Se rieron cuando los embajadores saltaron y gritaron sorprendidos. Incluso los tlaxcaltecas, los archienemigos del imperio, recibían a los embajadores de Tenochtitlan con más respeto. Fue vergonzoso, dijeron los embajadores. ¿Cómo podía Moctezuma plantearse siquiera invitar a esos bárbaros incivilizados a la capital? Su mera presencia contaminaría el orden y la belleza de aquel lugar.

Los consejeros de Moctezuma opinaban lo mismo. Sería un sinsentido ahondar en el contacto con esos extranjeros que, en cuestión de semanas, ya habían demostrado ser violentos, avariciosos e irrespetuosos.

¿Por qué habría Moctezuma de dignarse a hablar con ellos? «Haré algo más que hablar con ellos. Me convertiré en su dueño», declaró Moctezuma. Y es que él también estaba consumido por la avaricia: un hambre insaciable de saber, novedad y descubrimiento. Aquellos hombres llegaban de tierras que él ni siquiera sabía que existían, vestían extraños ropajes, adoraban a un dios ajeno y manejaban animales desconocidos. Moctezuma quería convertirlos en su propiedad, lo necesitaba. En su colección disponía ya de lobos, jaguares y águilas. ¿Qué peligro podían suponer unos pocos hombres mal aseados?

Tenochtitlan la fundaron en 1325 los mexicas, un grupo que llegó a lo que ahora mismo es el centro de México tras siglos de migraciones desde tierras del norte. El valle de México estaba dominado por una serie de lagos interconectados en torno a los que, durante milenios, la gente había vivido y cultivado la tierra. Cuando los mexicas aparecieron allí como unos relativos recién llegados, se vieron relegados a una isla pantanosa en la que era complicado cultivar. Se alimentaban de pescado, algas, huevos de aves, cangrejos de río e insectos, y adoptaron la compleja pero eficaz técnica agrícola de construir «chinampas»: islas artificiales que sembraban de frijoles, calabazas, maíz, chiles y otros granos. En sintonía con sus orígenes nómadas, los mexicas se enorgullecían de su capacidad para adaptarse y resistir. Hasta el punto de ver su isla como un lugar de destino divino: según el mito, el dios Huitzilopochtli señaló que debían asentarse allí enviándoles un águila que se posó ante ellos (el emblema de la bandera mexica —un águila comiéndose una serpiente sobre un nopal— tiene sus raíces en este augurio).

La mayoría de la gente de la zona, mexicas incluidos, hablaba náhuatl, pero cada pueblo o ciudad contaba con su propia identidad política, de modo que los mexicas de pronto tuvieron que sortear una intrincada red de alianzas y enemistades que databa de mucho antes de su llegada al valle. Durante sus errancias y también cuando se establecían en un lugar, solían trabajar como mercenarios para comunidades más poderosas, hasta que estas, más pronto que tarde, terminaban por ver la fuerza militar de los mexicas como una amenaza y los expulsaban.

La dificultad para cultivar la tierra cenagosa de Tenochtitlan ponía en desventaja a los mexicas en un mundo en el que los calendarios, la gastronomía y la riqueza giraban en torno al maíz y su ciclo de cultivo. Sin embargo, su buena disposición a apañárselas con pequeñas chinampas y alimentos menos atractivos pero disponibles todo el año, como algas y pescado, los convirtió en magníficos lugartenientes para otras comunidades que debían dedicar más tiempo a la agricultura. Los mexicas, acostumbrados a aprovechar al máximo lo poco que tuvieran, a moverse de un sitio a otro y, quizá, a priorizar la guerra y la política frente a la siembra y la cosecha, hicieron de su estilo de vida nada convencional un activo para sus aliados, más ricos pero menos flexibles, entre los que se encontraba Azcapotzalco, una ciudad más antigua a orillas del lago que dominaba el valle a comienzos del siglo XV.

Cuando en 1426 la muerte del poderoso rey de Azcapotzalco desató una crisis sucesoria, los mexicas lograron maniobrar para hacerse con el control del valle como los principales líderes de una alianza con dos comunidades situadas en torno al lago.

A principios de la década de 1430, Tenochtitlan, Texcoco y Tlacopan habían formado lo que acabaría por llamarse la Triple Alianza y con el tiempo se conocería como el Imperio azteca.

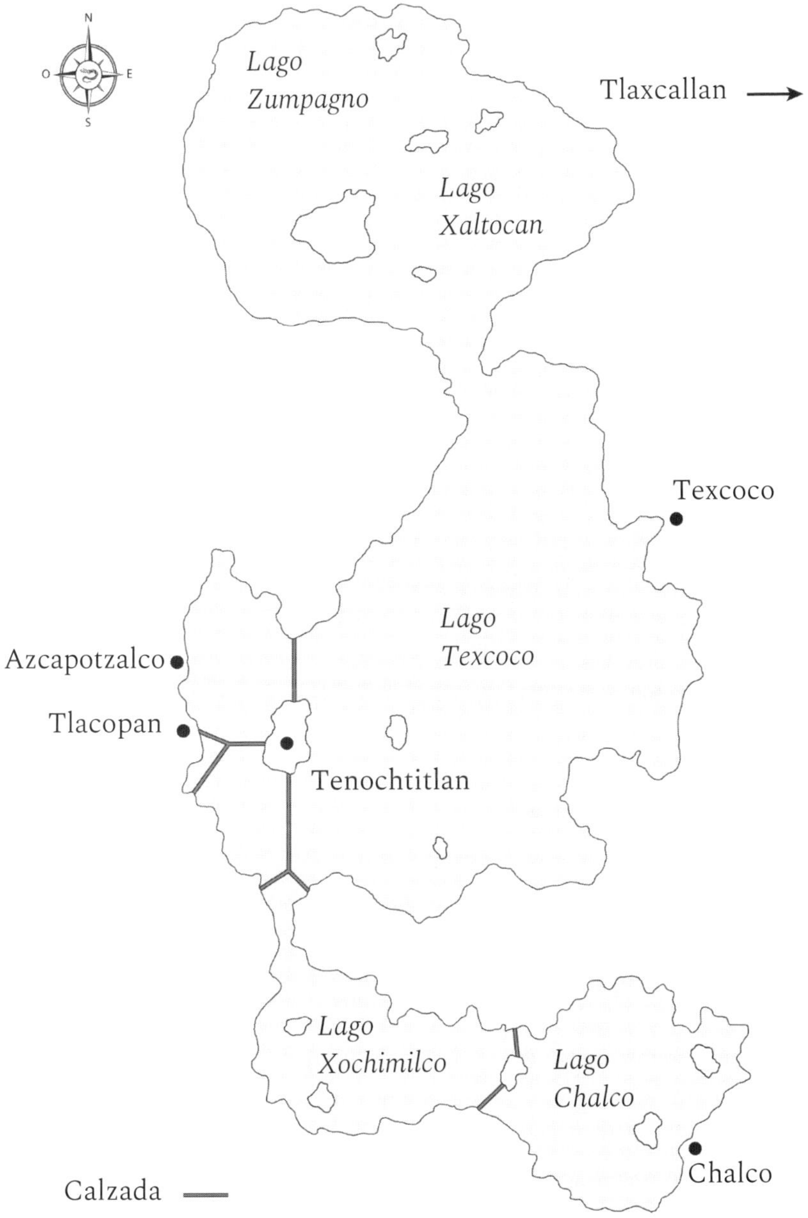

Tenochtitlan y los lagos circundantes en 1519

Solo unas generaciones después, los mexicas habían pasado de Estado vasallo a dirigentes imperiales y Tenochtitlan, antaño una aldea destartalada en un entorno precario, había crecido hasta erigirse en el corazón de una de las mayores áreas metropolitanas del mundo, eclipsando las versiones medievales de Londres y Roma. Más allá de las chinampas, los mexicas construyeron presas y diques para controlar las crecidas, acueductos para suministrar agua potable a la ciudad, calzadas para que personas y mercancías cruzasen el lago y llegaran a la capital, y calles y canales para recorrer el denso y anfibio entorno urbano. Todos los barrios contaban con su propia familia noble y se interconectaban en una compleja estructura de poder político dirigida por el *huey tlatoani*, o «gran orador», de Tenochtitlan. El núcleo de la ciudad, sede de los templos, palacios y jardines más grandiosos de todo el imperio, se consideraba sagrado. Al recordar la primera vez que vio Tenochtitlan, el conquistador español Bernal Díaz del Castillo escribiría: «[Y] decíamos que parecía a las cosas de encantamiento [...], por las grandes torres y *cúes* [templos] y edificios que tenían dentro en el agua, y todas de cal y canto; y aun algunos de nuestros soldados decían que si aquello que veían si era entre sueños...».

Sin embargo, como todos los imperios expansionistas, la Triple Alianza tenía enemigos. Algunas comunidades lograron repeler por las armas a los soldados de la Triple Alianza, mientras que otras accedieron de mala gana a su dominio. La comunidad más famosa, y sin duda más próspera, de entre las que resistieron al imperio era Tlaxcallan, una república inusualmente descentralizada y equitativa situada unos ciento sesenta kilómetros al este de Tenochtitlan. Los mexicas y los tlaxcaltecas compartían idioma, religión y origen ancestral; todos eran cazadores-recolectores del norte que habían emigrado para hacerse agricultores y urbanitas en sus actuales tierras. No obstante, Tlaxcallan siempre había hecho las cosas de otra manera. Su capital no tenía un centro, sino que estaba tejida a partir de barrios que cooperaban unos con otros. Senadores y plebeyos vivían por igual cerca de los templos más importantes y nadie acumulaba mucha más riqueza que sus vecinos. Los puestos de gobierno estaban abiertos a cualquiera que soportase dos años de pruebas físicas y espirituales, al contrario que el poder ejercido por los linajes nobles, como ocurría en Tenochtitlan. Tlaxcallan estuvo rodeada durante casi cien años de territorio azteca, y la Triple Alianza le impuso embargos comerciales y la atacó con frecuencia, aunque sin éxito. Tlaxcallan nunca cayó conquistada e incluso sirvió como bastión de la independencia para los enemigos de Tenochtitlan, incluidos, en último término, los invasores españoles.

Aun así, cuando la compañía dirigida por Hernán Cortés llegó a la costa del golfo de México en la primavera de 1519, el Imperio azteca era más poderoso que nunca. A lo largo de casi noventa años, la Triple Alianza había conquistado y subyugado comunidades en todo el centro y el sur de México; el imperio cosechaba la riqueza de sus tributos y controlaba algunas de las rutas comerciales más importantes de Mesoamérica. El tributo imperial adoptaba la forma de alimentos, algodón, conchas y materiales preciosos como jade y cacao, además de personas esclavizadas. Algunos esclavos pasaban el resto de su vida trabajando para familias nobles; y aunque sus hijos tenían garantizada la libertad, la práctica de capturar a seres humanos, apropiárselos y distribuirlos suponía una inevitable alteración para las comunidades y sembraba en ellas el resentimiento. Otros esclavos, como muchos de los soldados apresados en las batallas con las fuerzas mexicas, estaban destinados al sacrificio.

Por supuesto, en la época del contacto con los europeos, no todos los indígenas americanos eran imperialistas o súbditos imperiales. El Imperio inca dominaba los Andes e iba trasladando a personas y mercancías de un sitio a otro de acuerdo con las necesidades de su rey sol. No obstante, los grupos mayas, así como otras comunidades de todo el valle del río Misisipi y la zona este de América del Norte, habían experimentado anteriormente con grandes sociedades estratificadas y gobernadas por dirigentes divinos, pero, a raíz del colapso climático de sus capitales, las habían rechazado con rotundidad. Naciones indígenas de la costa oriental de América del Norte formaban coaliciones democráticas, mientras que al noroeste, en la costa del Pacífico, otras construían una cultura basada en una extrema desigualdad de la riqueza y en la generosidad teatralizada de los ricos. En lo que se convertiría en el suroeste de Estados Unidos, los agricultores empleaban tecnologías como canales de riego y terrazas agrícolas para expandirse por el desierto. En California, por su parte, la gente rechazó la agricultura y las jerarquías de sus vecinos y siguió siendo, por voluntad propia, una población igualitaria de cazadores-recolectores. No existía ninguna nación indígena en estado prelapsario, que permaneciese inalterada e invariable desde tiempos inmemoriales. Todas tenían sus propias historias, jerarquías, políticas, economías y estrategias para gestionar los beneficios y las desventajas de la complejidad social.

Así pues, cuando conocieron a los invasores europeos, los mexicas eran igual de poderosos, sofisticados y modernos que esos extranjeros y que los países de los que procedían. Los aztecas y los españoles vivían todos en el mismo siglo XVI, y sus respectivos ancestros habían desarrollado y abrazado muchas de las mismas tecnologías y prácticas culturales, desde la agricultura hasta el imperio, pese a vivir con un océano de separación. En 1519, entre los mexicas había eruditos, artistas, poetas, filósofos, sacerdotes, nobles, plebeyos, soldados y agricultores. Eran diestros agentes políticos cuyas ambiciones imperiales expandían su poder al tiempo que avivaban la resistencia a su control. Y fue ese paisaje político —ya atravesado por las fallas del enfado, el resentimiento y la violencia que todo apocalipsis logra exponer y activar— el que pisaron y lograron explotar los invasores españoles. No obstante, los propios extranjeros vivieron también en sus carnes la explotación, a manos de pueblos cuya historia y motivaciones nunca acabaron de entender. Los europeos llegarían a ver a los tlaxcaltecas como sus mayores aliados y la clave para su victoria final, sin darse nunca cuenta de que los tlaxcaltecas los veían a ellos como sus peones. En el otoño de 1519, a Xicoténcatl el Viejo se le presentó una oportunidad que no podía desaprovechar. Xicoténcatl era un líder respetado en el Senado de Tlaxcallan que llevaba toda su larga vida viendo cómo su república contenía a los mexicas. La cosa se había complicado en el reinado de Moctezuma, dado que el joven emperador pretendía expandir el poder de los mexicas a nuevos territorios y aumentar su control sobre lugares que ya tenía conquistados. La sed de tributos de Moctezuma era insaciable, y su zoológico, sus jardines y sus palacios estaban repletos de animales, plantas y objetos preciosos procedentes de todo el imperio. Su gobierno había aumentado, además, la exigencia de sacrificios humanos en las ceremonias celebradas en el Templo Mayor. Xicoténcatl sabía que algunos sacrificios eran necesarios para alimentar a los dioses y sostener el universo. Todos los años, durante la temporada de guerras, otros senadores de Tlaxcallan y él mismo negociaban con los mexicas los términos de las guerras en las que todas las ciudades obtendrían cautivos. En el campo de batalla apenas morían soldados. Sus muertes requerían más honor, más respeto. Las ceremonias garantizaban que esas muertes sirvieran a un propósito mayor.

En los últimos años, sin embargo, el número de sacrificios había crecido en Tenochtitlan de manera constante mientras Moctezuma y sus sacerdotes consolidaban su poder. El *tzompantli* de Tenochtitlan, el bastidor en el que se colgaban con honor los cráneos de los sacrificados, había alcanzado prácticamente la altura de dos hombres. Xicoténcatl había oído rumores de representantes de territorios aún sin conquistar a los que secuestraban y trasladaban en secreto a Tenochtitlan para que presenciaran las ceremonias; después, les prometían que los jóvenes de su pueblo se salvarían de correr la misma suerte si se rendían al dominio mexica. Moctezuma y su consejo cumplían esa promesa solo a veces. A Tlaxcallan no se le había concedido esta opción, aunque Xicoténcatl sabía que, de ser así, su pueblo no se rendiría nunca.

No obstante, Tlaxcallan estaba ya rodeada por tierras bajo el control mexica. Los embargos comerciales eran cada vez más duros, y Tlaxcallan dependía de sus propios recursos locales más que nunca. Gran parte del tiempo del Senado se invertía en organizar banquetes para distribuir de manera eficaz comida a todo el que la necesitase. Tlaxcallan disponía de recursos y aliados suficientes para sobrevivir aún mucho tiempo, pero Xicoténcatl sabía que la Triple Alianza no le pondría las cosas fáciles. Moctezuma sin duda creía que la existencia prolongada de un Estado independiente tan próximo al núcleo de su imperio enviaba un mensaje peligroso a los territorios mexicas más alejados. Tlaxcallan, con su gobierno abierto y su plan urbano descentralizado, era la prueba de que el poder podía esparcirse, distribuirse y compartirse. Tlaxcallan demostraba que la necesidad de un emperador era falsa.

La resistencia permanente y exitosa de Tlaxcallan a la hegemonía mexica era más amenazadora cuanto más poderoso se hacía el imperio, y Xicoténcatl sabía que Moctezuma estaba dispuesto a invertir un porcentaje mayor de ese poder en destruirlos. Tenochtitlan acababa de convencer a la sagrada ciudad vecina de Cholula para que abandonase su duradera alianza con Tlaxcallan a cambio de apoyo y protección imperiales. El Senado estaba furioso, pero no podían hacer gran cosa. Si enviaban soldados a atacar Cholula, ¿qué harían los mexicas en respuesta? ¿Podría Tlaxcallan aguantar esa represalia? ¿Estaban forjando los mexicas una justificación para destruirlos de una vez por todas, empujándolos a una batalla que no podrían ganar y que, además, en vista de la larga historia de Cholula como lugar sagrado, quizá rebajase peligrosamente el estatus de Tlaxcallan entre sus propios aliados?

Sin embargo, ahora habían llegado aquellos extranjeros: un nuevo enemigo con capacidades y carencias desconocidas. Habían desembarcado en la costa oriental, donde Xicoténcatl sabía que ya habían entrado en batalla con los soldados de varios señores locales y los habían derrotado. Los espías del Senado decían que los extranjeros habían echado el ojo a la riqueza de Tenochtitlan y que su objetivo era invadir la ciudad y capturar a Moctezuma, y los señores locales derrotados en la costa habían deducido lo mismo. Esos señores eran vasallos de la Triple

Alianza, aunque Xicoténcatl sabía muy bien que muchos de ellos estaban resentidos con las exigencias tributarias del imperio. Los señores vasallos no tenían la fuerza suficiente para resistir al dominio mexica, con ayuda de los extranjeros o sin ella. Por el contrario, llevaron a los extranjeros al único lugar que podría llegar a plantar cara al imperio: Tlaxcallan.

Xicoténcatl se rio de la ridícula idea de que los extranjeros fuesen capaces de capturar a Moctezuma o hacerse con el control de su ciudad por sí solos. Eran muy pocos, y muchos de ellos ya estaban enfermos o heridos. Sin embargo, los extranjeros tenían unas maneras de batallar sorprendentes y temibles: blandiendo las espadas desde el lomo de los animales que los tlaxcaltecas sabían ya que se llamaban caballos, desencadenando explosiones en el interior de armas y cañones, ordenando a sus perros de guerra que despedazasen a sus enemigos... Mataban a la gente en el campo de batalla, a menudo de la manera más brutal y tortuosa. Si Xicoténcatl y los demás senadores convencían a los extranjeros de que hiciesen la voluntad de Tlaxcallan, eso inclinaría a su favor la balanza de la larga guerra con los mexicas; aunque solo si los rumores sobre la capacidad de los extranjeros para la violencia resultaban ser reales.

Tlaxcallan debía poner primero a prueba a los extranjeros, así que los soldados tlaxcaltecas atacaron a su compañía. Los extranjeros se defendieron y Xicoténcatl vio que la información de sus espías sobre los modos de luchar que empleaban era correcta. Xicoténcatl sabía asimismo que la avaricia de Moctezuma solo se igualaba a su curiosidad. Si Tlaxcallan enviaba a un ejército a marchar sobre Tenochtitlan, el valle entero se levantaría en defensa de la capital antes de que sus soldados llegaran a la orilla del lago. Pero si Tlaxcallan enviaba a su ejército junto con los extranjeros, Moctezuma nunca se resistiría a conocerlos. Tendría que dejarlos entrar en la ciudad.

En el Senado no todo el mundo estaba de acuerdo con el análisis de Xicoténcatl. Su hijo, que había luchado en la batalla contra los extranjeros, decía que eran despiadados, sanguinarios, que no tenían respeto por la vida humana. Nadie podía negar eso, mucho menos después de que hubiesen roto las normas de la guerra y hubiesen lanzado un ataque sorpresa sobre Tlaxcallan de noche, dirigido no solo contra soldados que les habían plantado batalla, sino también contra ciudadanos que estaban durmiendo en sus casas. Quedaba claro, según el hijo de Xicoténcatl, que los extranjeros no se detendrían en Tenochtitlan, que algún día se dirigirían contra Tlaxcallan, que era un error aliarse con un pueblo cuyas relaciones desconocían y cuyas acciones eran impredecibles. En vez de asimilar a los extranjeros en sus fuerzas, Tlaxcallan debía destruirlos para proteger su propio futuro.

Sin embargo, Tlaxcallan necesitaba aliados más que otro enemigo, y el hijo de Xicoténcatl quedó desautorizado. Además, pensaba Xicoténcatl, se asegurarían de que los extranjeros estuviesen dispuestos a someterse al poder y a las prioridades de Tlaxcallan conduciéndolos primero a un ataque contra los traidores de Cholula. Los extranjeros no entendían nada sobre el paisaje político al que habían llegado ni parecía que quisieran enterarse. Su única prioridad era robar los tesoros de Moctezuma e instalar sus cruces en las tierras que conquistasen. A Xicoténcatl no le había importado seguirles la corriente en sus ceremonias, que para él no significaban nada pero parecían aumentar la confianza y la buena disposición de los extranjeros. Pese a que su capacidad para la violencia quizá no tuviera precedentes, eran fáciles de manipular. Tlaxcallan blandiría a los extranjeros como un arma contra sus enemigos y así cobraría más poder del que Tenochtitlan nunca habría podido soñar con alcanzar.

Cuando Cortés, con diecinueve años, salió navegando de España hacia la nueva colonia de La Española en 1504, lo que el historiador Matthew Restall denomina los «procedimientos de conquista» españoles ya estaban adquiriendo una pátina jurídica que justificaba la incautación de tierras y la esclavitud de los pueblos que se encontraran. Los potenciales conquistadores debían fundar formalmente una ciudad en la tierra que quisieran controlar, y para ello estaban obligados a leerles una solicitud formal de sumisión a los habitantes indígenas de la zona, que sin duda se quedarían desconcertados porque esa declamación se haría siempre en español. En el mejor de los casos, los invasores podrían proceder a capturar al confundido líder de la comunidad (o a la persona que creyesen que lo era) y a otros presos convenientes, y someterlos a una tortura desmesurada y espantosa y a la muerte para aterrorizar al resto de la población y lograr su obediencia. Entre las técnicas comunes se incluían cortar manos y brazos a los indígenas, quemarlos vivos, echarlos a los perros y dirigir masacres contra mujeres, niños y ancianos. Después, podían enviarles los cadáveres a las familias.

El objetivo de los invasores con respecto al pueblo indígena era, por lo general, «someterlos y explotarlos como mano de obra más o menos dócil» en los Estados coloniales, cimientos de la riqueza que los conquistadores esperaban producir. La ley española ya existente permitía a los colonos esclavizar a «caníbales», por lo que los invasores, de Cristóbal Colón en adelante, escribieron rápidamente a casa contando que habían encontrado a seres humanos así de monstruosos y que habían presenciado sus horribles prácticas. Más que una descripción de las religiones y tradiciones de guerra indígenas que de verdad habían visto los invasores, «caníbal» era «el título que los españoles tomaban para captivar y hacer las gentes libres esclavos», escribió Bartolomé de las Casas, un primer colono español que luego renunciaría a su Estado caribeño y se convertiría en la voz europea más influyente del siglo XVI en contra del abuso ejercido sobre los indígenas americanos.

Cortés y su compañía siguieron muchos de estos «procedimientos de conquista» al llegar a la costa del golfo de México, por ejemplo cuando atacaron las comunidades locales y fundaron la ciudad de Veracruz. Cortés intensificó además la campaña de propaganda «caníbal» tras empezar a ser testigo de la violencia estatal y religiosa mesoamericana, que de inmediato expuso como «horrible y abominable y digna de ser punida». «Toman muchas niñas y niños, y aun hombres y mujeres de mayor edad, y en presencia de aquellos ídolos los abren vivos por los pechos y les sacan el corazón y las entrañas, y queman las dichas entrañas y corazones delante de los ídolos, y ofreciéndoles en sacrificio aquel humo», según escribió en su primera carta enviada al rey y a la reina de España en julio de 1519. «Esto hemos visto algunos de nosotros, y los que lo han visto dicen que es la más cruda y espantosa cosa de ver que jamás han visto.» Leer este relato sobre la invasión y los de otros conquistadores supone oír hablar de sacrificios humanos casi diarios en templos salpicados de sangre en prácticamente todas las ciudades, pueblos y aldeas que visitaban. Las descripciones se harían aún más escabrosas cuando la compañía llegó a Tenochtitlan, donde Cortés afirmaba haber visto ídolos hechos de legumbres y semillas molidas «mezcladas unas con otras, y amásanlas con sangre de corazones de cuerpos humanos [...]. Y también, después de hechas, les ofrecían más corazones, que asimismo les sacrificaban, y les untan las caras con la sangre».

En realidad, el sacrificio humano azteca se entiende no como un ritual oculto y demoníaco practicado con regularidad por el sacerdote de cualquier aldea, sino más bien como una forma de violencia estatal entrelazada con las normas de la guerra de ese Estado. Los soldados mesoamericanos tenían como objetivo capturar a sus enemigos, no matarlos en el campo de batalla; sus muertes llegarían después, en ceremonias que se creía que aseguraban la continuidad del universo. En dichas ejecuciones públicas había una finalidad militar, política y religiosa. Todas las comunidades creían que esas ceremonias mantenían los ciclos del tiempo, aunque eran asimismo una manera de ejercer el control y la dominación sobre los vasallos por parte de los Estados más poderosos. A principios del siglo XVI, la Triple Alianza era el poder militar dominante de Mesoamérica, por lo que la gran mayoría de las ejecuciones se llevaba a cabo en Tenochtitlan, como una muestra del poder político y religioso del imperio.

Morir en sacrificio le garantizaba a la persona un lugar de honor en la otra vida, ahorrándole el desagradable viaje al inframundo que le estaba reservado a la mayoría de la gente. Los cautivos apresados por soldados mexicas a menudo vivían en la capital durante meses o años antes de morir en un ritual sobre el Templo Mayor de la ciudad. Las ejecuciones en sí solían ser rápidas, dado que las hojas de obsidiana estaban más afiladas que el acero quirúrgico actual y los sacerdotes disponían de un amplio conocimiento anatómico. Las escenas de extracción de corazones suenan horripilantes y terriblemente sangrientas ante nuestra sensibilidad moderna, pero ese método era sin duda más humano que las ejecuciones públicas que se celebraban por aquel tiempo en Europa, en las que herejes y criminales morían quemados vivos, arrastrados y descuartizados, o despedazados por perros (los mismos métodos de tortura y ejecución que ya se estaban aplicando en el Caribe), y todo delante de una multitud enfervorizada. En Tenochtitlan, los cráneos de los sacrificados se limpiaban y se colgaban en hileras en el *tzompantli* de la ciudad, un monumento a la renovación religiosa y una señal inconfundible de la dominación política mexica. En muchas ciudades europeas coetáneas, las murallas y puertas se decoraban con las cabezas de los decapitados y los cuerpos en putrefacción de los ejecutados, un recordatorio similar, aunque más macabro, del precio que había que pagar por desviarse de la norma.

Estas comparaciones no las hago para excusar la violencia estatal mexica, que el imperio blandió como una advertencia brutal de su hegemonía. Las subrayo para que recordemos que siempre ha ocurrido lo mismo con todas las violencias estatales, y en especial las imperiales, tanto en el pasado como en el presente. Al exagerar la dimensión, el horror y la singularidad de las ejecuciones públicas que presenciaron o de las que oyeron hablar en Tenochtitlan y toda Mesoamérica, los invasores españoles presentaban a los mexicas y a otros grupos indígenas como bárbaros, idólatras, sodomitas y caníbales, y, por tanto, merecedores de cualquier tipo de violencia que se les infligiese. «Vean vuestras reales majestades si deben evitar tan gran mal y daño», escribió Cortés sobre el sacrificio humano en su primera carta, mientras aún buscaba el permiso oficial de la Corona para iniciar su campaña de conquista sobre la península.

Siguiendo la estela de los conquistadores, invasores y colonos de toda América exagerarían la violencia y las tácticas militares de los indígenas para mostrarlas como prácticas mucho más salvajes, despiadadas y espantosas que las europeas, y luego usarían esas hipérboles para justificar y tapar sus propias atrocidades.

En 1622, tras soportar más de una década de asaltos, intrusiones, ataques y robos por parte de los ingleses, los powhatan lanzaron un contraataque sobre la colonia inglesa de Virginia y mataron a casi un tercio de los colonos con las propias armas de los invasores. «Esa fatal mañana de viernes cayeron bajo las bárbaras y ensangrentadas manos de aquellas gentes pérfidas e inhumanas, enemigas de todas las leyes de Dios y de los hombres, de la naturaleza y las naciones, 347 hombres, mujeres y niños. [...] conquistarlos [a los powhatan] es mucho más fácil que civilizarlos por medios razonables», escribirían los ingleses en los registros de la colonia. Solo doce años antes, el pueblo de Jamestown había perecido casi por entero tras un terrible invierno alimentándose de sus propios muertos.

El 8 de noviembre de 1519, Marina estaba en la calzada sur de Tenochtitlan entre dos hombres y dos mundos. Uno de esos hombres era la persona más poderosa del imperio, el *huey tlatoani* de los mexicas, el Gran Orador, el líder y representante del imperio que una vez la había convertido en esclava. El otro era un extranjero que sabía transformar su naturaleza novedosa en poder. Ese hombre la habría mantenido como esclava si Marina no hubiese demostrado ser útil, y ella sabía muy bien que volvería a hacerla esclava en cuanto dejara de serlo.

Hacía siete meses, Marina había llegado a manos de los extranjeros como un regalo. Sin oponer resistencia, pues mucho tiempo atrás había aprendido que no tenía sentido hacerlo. Sus obligaciones no iban a diferir tanto de las que había estado cumpliendo entre los mayas chontales durante muchos años, desde que, como parte de las desesperadas negociaciones de su comunidad para evitar la guerra con el imperio, la habían entregado a unos mercaderes mexicas que luego la vendieron en territorio maya. Los extranjeros necesitaban a mujeres que moliesen maíz e hiciesen tortillas; que matasen, desplumasen y cocinasen pavos; que preparasen tamales y los metiesen en farfollas. Les hacían falta asimismo mujeres que ejercieran de enfermeras, que supieran curar enfermedades y sanar heridas; ya tenían muchísimas heridas. Y luego estaba lo otro, lo inevitable, eso que al final dejaría a Marina con un hijo que pertenecería ante todo a su padre, fuera quien fuese.

Cuando la esclavizaron por primera vez le pusieron un nombre maya, y ahora llevaba otro nombre en la nueva lengua: Marina. Su nombre original había dejado de tener relevancia mucho tiempo atrás. A los hombres chontales, y ahora a los españoles, solo les importaba lo que ella pudiese darles. Era intercambiable: mujer, esclava, cocinera, sanadora, concubina. Daba igual cuánta devoción pusiera en cumplir esos roles, o las destrezas que adquiriese para desempeñar sus obligaciones: ella, igual que su nombre, siempre sería reemplazable.

Cuando los embajadores llegaron al campamento de la costa, Marina supo de inmediato quién los había enviado: Moctezuma, el hombre que dominaba el imperio que había comerciado con su vida. Solo él poseía los recursos y la astucia para mandarles un regalo tan extravagante a los extranjeros. Los embajadores saludaron a los extranjeros con todas las florituras lingüísticas del náhuatl culto. Querían intimidar, pero también comunicarse.

Los extranjeros ya disponían de intérprete, uno de los suyos que había naufragado allí años antes y había aprendido el idioma maya yucateco durante su permanencia como esclavo en la península. Era capaz de comunicarse bastante bien con quienes hablaban maya chontal, una lengua de la familia del yucateco, aunque no a la perfección. En el tiempo que llevaba con los extranjeros, Marina lo había visto pasar apuros, como les ocurría a muchas de las mujeres. Casi todas ellas sabían lo que era verse obligada a aprender una nueva lengua bajo coacción, pero desconocían lo que era que te rescatasen y te recibiesen de nuevo en tu idioma.

Así, cuando Marina volvió a oír su propia lengua, el náhuatl, le pareció casi increíble entenderla todavía, en especial viendo que los embajadores hablaban la forma noble, con una gramática propia y unas estrictas normas estilísticas. Marina, igual que otras niñas residentes en la órbita de hogares nobles, la había aprendido mientras se preparaba para su matrimonio concertado, mediante el que se reforzarían alianzas y se entrelazarían linajes. Aquel era un futuro imaginado que Marina nunca llegó a vivir, pero ahí estaba el idioma del poder que se le había prometido, hablado en su presencia tantos años después de que le hubiesen arrebatado cualquier resto de poder que le pudiera quedar.

Marina trató de obviar a los embajadores mientras se concentraba en moler maíz. Intentó dejar que las palabras fluyesen más allá de su comprensión como había hecho tantas veces entre los mayas chontales. Sin embargo, el náhuatl habitaba en su corazón, junto con su nombre original, y no podía decidir no entenderlo. Oyó a los embajadores presentar sus fastuosos regalos, indicando con meticulosidad de qué lugar del imperio procedía cada uno de ellos y cuántos artesanos habían contribuido a cada una de las esculturas o piezas de artesanía con plumas. Los oyó extender una invitación del propio *huey tlatoani* para visitar Tenochtitlan, donde aguardaban más esplendores. Oyó la confusión y la ofensa de los embajadores cuando los extranjeros, con avaricia, echaron mano del oro y la plata sin hacer caso al jade, a las telas ni a los intrincados trajes de dioses cosidos en los talleres reales para las ceremonias más importantes. Marina se dio cuenta de que el intérprete no entendía nada y de que la tensión iba en aumento.

«Ha dicho que sería un gran honor para Moctezuma recibir a su compañía en Tenochtitlan.» Las palabras se le escaparon en maya chontal antes de que pudiese detenerlas. Tenía intención de mantenerse invisible y dejar que el anonimato la protegiese en aquella volátil situación. Casi esperaba que el intérprete no la hubiese entendido, pero la entendió. La agarró del brazo y la llevó a tirones hasta el centro del grupo, exigiéndole que lo ayudase a hablar con los embajadores. Y de repente ahí estaba la lengua del poder fluyendo de nuevo por los labios de Marina.

Se preguntó si en otra vida, en caso de que no hubiesen comerciado con ella apartándola de su familia para aplacar al imperio, podría haberse casado con alguno de esos embajadores. Sin embargo, con el paso de los meses, cuando los extranjeros iniciaron su viaje hacia la capital, se percató de que en su nueva vida se había topado con mucho más poder. No estaba casada con un embajador: ella misma era una embajadora. El líder de los extranjeros la necesitaba y les prohibió a sus hombres que la tocasen; si Marina se quedaba embarazada y tenía un hijo (o, peor, moría en el parto), no estaría disponible para interpretar sus palabras. Al poco, Marina y el otro intérprete desarrollaron un sistema: ella interpretaba del náhuatl al maya y él del maya a la lengua extranjera. Marina se dio cuenta de que el intérprete no siempre la entendía, así que empezó a aprender también español. Ese era el idioma del poder entre los extranjeros, y ella sabía que si no lo hablaba quizá no pudiera aferrarse a su nueva posición por mucho tiempo.

Trabajando con el otro intérprete, y luego sola, Marina les trasladaba las palabras de los extranjeros a los fieros tlaxcaltecas, a los asediados cholulanes y a todas las comunidades con las que se reunían, y luego les comunicaba la respuesta a los extranjeros. Cuando reparaba en que a uno u otro bando no les gustaba el mensaje que ella les transmitía, la propia Marina juzgaba cuándo añadir amenazas relacionadas con el uso de la fuerza, o bien suavizar exigencias convirtiéndolas en peticiones diplomáticas. A veces le asaltaba la idea de que era la única persona que sabía lo que todos aquellos hombres pensaban de verdad y lo que en realidad querían. De ella dependía que se entendieran, y en qué medida. Era ella la que decidía lo que iba a ocurrir.

Su reputación viajaba junto con las noticias sobre los extranjeros, y los líderes de todas las comunidades por las que pasaban los recién llegados intentaban localizarla primero a ella. Como reconocimiento a su importancia, añadieron el sufijo náhuatl honorífico «-tzin» a su nombre español, y al poco Marina se convirtió en Malintzin: otro nombre nuevo. De todas las vestiduras que Marina se había visto obligada a llevar, de todas las identidades que se había visto obligada a asumir, Malintzin era la que por fin podría protegerla. Marina había sido anónima y desechable, mientras que Malintzin era indispensable. Malintzin era conocida.

Y así fue como Marina se vio de pronto en la calzada sur que conducía a Tenochtitlan, escuchando a Moctezuma dirigirse a los extranjeros en náhuatl culto, con las muestras de humildad que este idioma requería. Moctezuma era el sencillo servidor de los extranjeros, sería un honor para él regalarles los esplendores de la capital, nunca había recibido a unos invitados tan impresionantes. Marina sabía, según las floridas convenciones lingüísticas de la nobleza, que ese discurso pretendía transmitir lo contrario: el enorme poder de Moctezuma, dada su capacidad de exhibir tal generosidad ante los extranjeros y de situarlos así para siempre en deuda con él.

Pero en aquel momento Marina tradujo las palabras de Moctezuma de manera literal. Vio cómo la sorpresa y la ambición se extendían por el rostro de Cortés mientras ella le decía que Moctezuma le estaba ofreciendo la ciudad y todo lo que esta contenía. Los mexicas no se merecían la diplomacia de Marina, no después de haberle arrebatado su futuro. No se merecían la protección que ellos nunca habían pensado que Marina tuviese la potestad de ofrecer. A pesar de que la intérprete no confiaba en los extranjeros, odiaba al imperio. Moctezuma quizá fuera el *huey tlatoani*, pensó, pero si aquel día en la calzada había algún gran orador, ese era Marina.

Uno de los «mitos de la conquista española» más generalizados, por tomar prestadas las palabras de Restall, es el de que unos pocos centenares de soldados españoles se bastaron para desmantelar uno de los imperios más poderosos del mundo. A los conquistadores se les recuerda como un puñado de astutos perdedores que superaron todas las expectativas, o bien como unos vencedores predestinados cuya superioridad tecnológica y cultural hacía inevitable su triunfo. Los pueblos indígenas con los que se encontraron están estereotipados como enemigos y como víctimas, como unas comunidades destinadas a ser destruidas.

En realidad, no fueron la astucia, las armas, la tecnología ni la religión europeas, ni siquiera la enfermedad, lo que permitió derrotar al Imperio azteca. Fueron los miles de soldados indígenas que se aliaron con los europeos y lucharon junto a ellos, en especial los tlaxcaltecas. Insatisfechos con la hegemonía de la Triple Alianza, los tlaxcaltecas invitaron a los españoles invasores a forjar con ellos una alianza y, sin duda, dirigieron al menos algunas de las batallas subsiguientes, como el ataque a Cholula. Los conquistadores afirmaban haber instigado la masacre en sus relatos de la guerra, pero eran los tlaxcaltecas quienes tenían motivos para atacar esa ciudad sagrada, dado que Cholula había roto hacía poco su alianza con Tlaxcallan. Pese a que nunca vieron a los españoles como a unos enemigos especialmente aterradores o invencibles, sí eran un comodín impredecible con tecnologías y normas de guerra diferentes, y sin lealtades previas. Los tlaxcaltecas, marginados en un tablero político bajo el dominio del Imperio azteca, tenían poco que perder y mucho que ganar aliándose con quienes no sentían ningún escrúpulo a la hora de usar una violencia sin precedentes para destruir aquel mundo.

Algunos grupos indígenas se mantuvieron firmes en su oposición a los invasores, mientras que otros cambiaban de postura al son de las transformaciones que se producían a su alrededor en las estructuras de poder. Los grupos indígenas de México y de América en su conjunto no reaccionaron todos de una misma manera a la llegada de los extranjeros, al igual que no existía una única identidad «nativa americana» previa a la creación de los Estados coloniales y de las nuevas jerarquías raciales que estos inventaron e impusieron. Los mexicas eran diferentes de los tlaxcaltecas y ambos pueblos diferían de los grupos mayas del sureste, que a su vez eran distintos entre sí. Las identidades políticas y sociales se creaban y mantenían en el nivel de la comunidad local, nada que se asemejase a un Estado nación moderno, y mucho menos a un continente entero. Las diferencias de clase también permeaban esas comunidades locales, sobre todo en Mesoamérica, y dividían a nobles, plebeyos y esclavos en distintos estratos sociales, al tiempo que los unían en una red de roles interdependientes.

Los españoles no habrían podido ganar la guerra contra el Imperio azteca sin los aliados indígenas que lucharon junto a ellos, los asesoraron en materia estratégica y les ofrecieron refugio y refuerzos tras las derrotas (contaban asimismo con la ayuda de los muchos africanos, tanto esclavos como libres, integrados en su compañía y de los pueblos indígenas esclavos llevados allí desde el Caribe). Dichas alianzas fueron mucho más decisivas que las inusuales armas que usaban los extranjeros. Los mexicas y otros soldados indígenas luchaban con lanzas, arcos y flechas, hondas y garrotes provistos de afiladísimas hojas de obsidiana incrustadas en los bordes, mientras que los españoles disponían de caballos, espadas de acero, ballestas, cañones y arcabuces. Los caballos y cualquier cosa que explotase con pólvora debían de sorprender y asustar a toda aquella gente, que nunca había visto algo así, al menos en los inicios de la invasión. Sin embargo, según la extensa documentación de la guerra hispano-azteca dejada por autores de ambos bandos, «en ningún momento los guerreros [indígenas] parecen haberse asombrado o haberse sentido paralizados por las armas de los extraños», escribe la historiadora Camilla Townsend.

Y con razón. Las armas de fuego del siglo XVI eran lentas de cargar (algunos modelos «solo podían dispararse una vez cada diez minutos») y notablemente imprecisas, por lo que suponían «una ventaja más psicológica que táctica», escribe el arqueólogo David Carballo. Los caballos podían ser decisivos en batallas libradas en zonas amplias de terreno abierto, pero no en los espacios ajustados y las rutas reducidas de la guerra urbana que al final determinarían el resultado del conflicto. Aunque las hojas de acero duraban más que las de obsidiana, las fuerzas hispanotlaxcaltecas usaron también mucha obsidiana, en especial cuando tras una batalla no podían recuperar las puntas de lanza ni de flecha hechas de acero. Los conquistadores, en su mayoría, no eran ricos ni estaban lo bastante bien equipados para contar con una armadura de metal completa, así que muchos acabaron por ataviarse con la armadura acolchada de algodón utilizada por los soldados mesoamericanos, que ofrecía una sólida protección frente a las armas de obsidiana. Tanto los combatientes indígenas como los europeos se adaptaron rápidamente los unos a las armas de los otros y se aprovechaban de las debilidades tecnológicas del contrincante siempre que les era posible.

No obstante, es cierto que los españoles incorporaron un nuevo tipo de enfrentamiento muy peligroso: la guerra total. Los ejércitos europeos llevaban siglos saliendo al campo de batalla a matar a sus enemigos —a menudo un «otro» racial o religioso— para hacerse con el control directo de su territorio. Eso iba en contra de las normas de guerra mesoamericanas, que abogaban por tomar cautivos en batallas rituales y permitir al vencedor sacar tributos de los derrotados. «El aspecto clave del poder español en la conquista fue precisamente su desmedida capacidad para la violencia», escribe el historiador Federico Navarrete Linares. Su disposición a «asesinar a gobernantes enemigos, mutilar a embajadores, ultrajar a mujeres y masacrar a poblaciones desarmadas» impactó a sus enemigos y aliados indígenas por igual, y sin duda desempeñó un papel importante a la hora de convencer a algunas de esas comunidades, como Tlaxcallan, de convertirse en sus aliadas. La disposición de los invasores para involucrarse en ese nuevo tipo de violencia desafiaba las ideas mesoamericanas sobre las finalidades y objetivos de una guerra.

Después de haber entrado en la capital mexica en noviembre de 1519, los invasores españoles se quedaron ocho meses en Tenochtitlan. Los relatos coloniales suelen omitir la duración y los detalles de esos períodos de incómoda coexistencia; prefieren suavizar las negociaciones, traducciones, malentendidos y accidentes que desvelan el escaso control que en realidad los europeos tenían de la situación. En Tenochtitlan, aunque los conquistadores afirmaban haber hecho cautivo a Moctezuma en cuanto entraron en la ciudad, todos los relatos documentan que el *huey tlatoani* continuó con su actividad cotidiana, recibía visitas de la realeza, pasaba tiempo en sus jardines y en el zoológico y supervisaba las ceremonias religiosas. Es mucho más probable que Moctezuma mantuviera prisioneros a los españoles, bajo el pretexto de acogerlos como invitados de honor. Los confinó en las fastuosas estancias del palacio de su padre y los vigilaba de cerca en todo momento. Los acompañaba en excursiones al Templo Mayor, a su zoo de caza y al mercado más impresionante de la ciudad, y les ofrecía regalos de oro y jade de su almacén personal. Todo aquello era una distracción, y una prueba.

Ese período de confinamiento y de relativa inactividad en la capital obligó a Cortés a reencontrarse con su pasado. Cuando llegó a México y empezó a reclamar tierras para España, estaba desafiando las órdenes del gobernador colonial de Cuba, que era el único autorizado por la Corona para explorar y conquistar Mesoamérica. Al saltarse varios niveles de jerarquía colonial y reclamar su autoridad sobre el nuevo territorio, Cortés amenazaba con excluir al gobernador de Cuba y a muchos otros funcionarios poderosos de los esperados botines de la conquista (más bien imaginarios por entonces), así como del prestigio político asociado a ellos. Cortés no mantuvo su rebeldía en secreto, e incluso mandó a algunos hombres a que defendieran su posición directamente ante el rey de España. Mientras el caso legal se eternizaba, el frustrado gobernador envió a mil hombres de Cuba a México en la primavera de 1520 con la orden de arrestar a Cortés y, en la práctica, comenzar de nuevo el proceso de conquista.

Moctezuma permitió que Cortés y algunos de sus soldados españoles e indígenas —así como la intérprete Malintzin— se marcharan de Tenochtitlan para reunirse en la costa con los recién llegados de Cuba. Es posible que, tras meses de minuciosa observación, Moctezuma llegase a entender que entre los extranjeros había distintas facciones y que existían problemas entre Cortés y su superior. Quizá sospechase que los hombres de los nuevos barcos, cargados de armas, habían ido hasta allí para someter a Cortés. Si Moctezuma permitía a Cortés desplazarse a la costa, a lo mejor el español no conseguía regresar, cosa que habría convenido al *huey tlatoani*.

Sin embargo, tras unas semanas de sobornos, y luego de batallas, las fuerzas de Cortés apresaron al líder de la nueva expedición e integraron esas tropas en su propia compañía. La pequeña fuerza española recibió así un muy necesario aporte de energía, suministros, caballos y hombres, aunque es poco probable que un ligero aumento en el número de extranjeros que regresó a la ciudad alterase el equilibrio de poder en Tenochtitlan, donde Moctezuma permanecía firme en su control absoluto y hasta el último ciudadano varón estaba entrenado para la guerra.

En ausencia del mando de Cortés y de las habilidades diplomáticas de Malintzin, sin embargo, los extranjeros que se habían quedado en Tenochtitlan quebraron la precaria paz de la capital con otro espectáculo de violencia sin precedentes. Los habitantes de Tenochtitlan estaban disfrutando de una festividad religiosa que señalaba el final de la temporada seca e invitaron a los españoles a ver una danza ceremonial en honor a dos de los dioses más importantes para los mexicas, acto que a buen seguro, por tradición, culminase con sacrificios. Pero, en vez de quedarse mirando como los invitados educados que se esperaba que fuesen, los extranjeros interrumpieron la ceremonia, hicieron presos a los sacerdotes y a los espectadores en un patio y los masacraron a todos. Mientras los soldados mexicas se reunían para responder, los españoles se retiraron al interior del complejo palaciego, donde permanecieron semanas. Fuera, la ciudad empezó a prepararse para la guerra con los extranjeros, que por fin habían mostrado todas sus cartas y habían cruzado la línea de invitados a enemigos.

Fue durante ese volátil período cuando Cortés regresó a la ciudad con su ejército, avivado con los hombres recién llegados de Cuba, y también cuando murió Moctezuma. Los detalles de su fallecimiento siguen siendo imprecisos. Lo que se sabe con certeza es que, tras la masacre de los nobles y los sacerdotes mexicas a manos de los españoles que se habían quedado en la ciudad, los invasores lograron por fin apresar al *huey tlatoani* y a su corte. En algún momento, Moctezuma subió al tejado del palacio convertido en fortaleza, aparentemente para dirigirse a sus súbditos, que se habían congregado fuera. La gente estaba furiosa por la masacre y empezó a arrojar piedras. Una de ellas pudo darle a Moctezuma en la cabeza, o no, y ese impacto pudo haberlo matado, o no. Restall cree que esa herida (o incluso el rumor de su existencia) supuso la coartada perfecta para que las fuerzas españolas asesinaran a Moctezuma y culparan de ello a su propio pueblo. Los invasores desde luego mataron a los demás nobles mexicas hechos prisioneros en esa misma ocasión.

Los españoles y sus aliados sabían que debían huir de la ciudad lo antes posible. El 30 de junio de 1520, al amparo de la noche, reunieron todos los tesoros que podían transportar y huyeron por la calzada hacia la orilla occidental del lago. Allí estaban ya preparados los mexicas, dirigidos por Cuitláhuac, hermano de Moctezuma. Al poco, el agua quedó plagada de cadáveres de hombres y caballos, así como de las cajas de suministros y tesoros que los españoles estaban intentando sacar de la ciudad. Cortés escapó por la calzada, pero los mexicas mataron a unos seiscientos europeos, incluidos muchos de los recién llegados de Cuba, junto con más de mil tlaxcaltecas y otros aliados indígenas. Los huidos se apresuraron a volver al refugio seguro de Tlaxcallan.

A pesar de que, en la batalla, a los mexicas les fue mucho mejor que a sus enemigos, la ciudad mostraba las cicatrices de la guerra. Canales, puentes y otras infraestructuras sufrieron daños de gravedad, y el pueblo siguió llorando a los asesinados en la masacre y en los disturbios que siguieron, Moctezuma entre ellos. Aunque el consejo de Tenochtitlan eligió con rapidez a Cuitláhuac como el siguiente *huey tlatoani*, la transición política se produjo en mitad de un gran trauma e incertidumbre. Para los mexicas, probablemente aquel fue el primer momento en el que experimentaron la llegada de los extranjeros como algo cercano a un apocalipsis. Atacados en su propia ciudad por primera vez y conmocionados todavía por la repentina pérdida del líder que había mantenido una situación volátil bajo control durante más de un año, los mexicas apenas habían empezado a entender que se enfrentaban a una amenaza capaz de dar un vuelco a su vida, su identidad y su lugar en el mundo.

Cuitláhuac echaba de menos a su hermano. En el transcurso de su elección y presentación como nuevo *huey tlatoani* de Tenochtitlan, solo pensaba en que era Moctezuma quien debía estar ahí, ocupando el puesto para el que había nacido y que había desempeñado de manera tan capaz. Debía haber sido Moctezuma quien encabezara el asalto contra los extranjeros y sus aliados mientras esos cobardes trataban de huir de la ciudad. Quizá en ese caso ninguno de ellos habría escapado.

Pero Cuitláhuac era ya el nuevo Gran Orador y, con los extranjeros supervivientes lamiéndose las heridas en Tlaxcallan, su principal responsabilidad se distanciaba de la planificación de la próxima batalla para centrarse en dirigir la reconstrucción de la ciudad. Los canales eran un sistema delicado y debían estar reparados lo antes posible, mientras que la siembra en las chinampas se había retrasado por los preparativos de la batalla. Las guerras se libraban tradicionalmente en la temporada seca, y la temporada de lluvias se dedicaba a la agricultura. Sin embargo, aunque las lluvias hubiesen comenzado, Cuitláhuac se aseguró de que los hombres de Tenochtitlan mantuviesen su régimen de entrenamiento militar. Estaba más claro que nunca que los extranjeros no respetaban ninguna norma, y mucho menos la de cuándo y dónde debía desarrollarse la guerra.

Cuitláhuac sabía que sus hombres y él tendrían que adaptarse a esa nueva manera de luchar, menos predecible.

No obstante, los extranjeros habían dejado algo en Tenochtitlan que comprometía los planes de Cuitláhuac para recuperar la ciudad: solo unas semanas después de expulsar a los españoles, comenzó a extenderse una enfermedad entre los mexicas. Los síntomas eran fiebre, vómitos, un dolor insoportable y un sarpullido aterrador cuyas marcas rojas se llenaban rápidamente de pus. Los curanderos nunca habían visto marcas como aquellas. Casi un tercio de quienes enfermaban moría, y quienes sobrevivían se quedaban cubiertos de cicatrices y algunos perdían la vista. Nadie podía cuidar de nadie, y menos prepararse para librar futuras batallas o para reconstruir lo que se había dañado en la lucha. Los que habían resultado heridos (entre ellos, algunos de los soldados mexicas más fuertes) eran especialmente vulnerables por su débil estado.

Cuitláhuac seguía deseando que su hermano estuviese allí, aunque al mismo tiempo le aliviaba que Moctezuma no viviera para ver todo aquello: la noche más oscura de Tenochtitlan. El nuevo *huey tlatoani* hacía lo imposible por mantener unida la Triple Alianza y dirigir los trabajos que pudieran llevarse a cabo para reconstruir la ciudad, pero los avances eran escasísimos, dada la enfermedad que inmovilizaba a su pueblo. Cuitláhuac se marchó a la cama exhausto y dolorido, con la esperanza de que su estado se debiese únicamente a esas semanas de esfuerzo excesivo. Sin embargo, por la mañana se distinguió las primeras marcas de erupción en una pierna. Quería creer que sería uno de los supervivientes, pero sospechaba que eso era imposible. No habría ningún alivio para él ni para su pueblo mientras los extranjeros siguieran en aquellas tierras, desplegando su arma más poderosa: el caos.

En aquel abril de 1520, cuando había acudido a interceptar a los recién llegados de Cuba, Cortés recibió un regalo, aunque en su momento no fuera consciente de ello. Además de hombres y caballos de refresco, y varios barcos de suministros, entre aquellas tropas había otro pasajero del que no se habían percatado: la viruela.

Según la leyenda, el infectado era un esclavo africano, si bien pudo ser cualquiera. La viruela tal vez llegó desde el Caribe en «la costra de una pústula dejada en una manta» o en el cuerpo de una persona viva que no desarrollara síntomas hasta después del desembarco. Viniera de donde viniese, la enfermedad corrió de vuelta a Tenochtitlan junto con un alarmado Cortés y sus tropas. Aunque alguno de ellos hubiese estado enfermo, las heridas, las infecciones y las dolencias eran habituales en la experiencia del conquistador, y Cortés acababa de recibir la noticia de la masacre perpetrada durante la ceremonia religiosa. No habría permitido que un brote frenase su marcha.

Pese a que los españoles habían sido contundentemente expulsados de Tenochtitlan, el virus ya se había afianzado en la capital. Los invasores lo llevaron asimismo a todos los pueblos por los que pasaron en su retirada, incluido su puerto seguro: Tlaxcallan. La viruela comenzó a propagarse como un incendio por todo el valle de México y más allá. Algunos europeos también caían terriblemente enfermos, pero para la población de Mesoamérica aquella dolencia era por completo nueva y, por tanto, más peligrosa. La fiebre y las dolorosas pústulas se acumulaban con rapidez en los cuerpos y saltaban de un pueblo a otro y de una ciudad a otra, infectando a enemigos y aliados de los invasores por igual. En Tenochtitlan, el nuevo *huey tlatoani* Cuitláhuac sucumbió a la enfermedad después de solo ocho días de mandato, junto con miles de sus ciudadanos. En un relato sobre la epidemia posterior a la conquista escrito en náhuatl, los autores contaban: «... bien murieron muchos de ella. [...] [Los enfermos] ya no podían moverse, ya no podían menearse, ya no podían sacudirse [...]. [Por la sarna] murió muchísima gente, también muchos solo murieron de hambre, hubo muerte por hambruna, no había nadie que cuidara a las personas, no había nadie que hiciera algo por la gente».

Actualmente, este tipo de epidemias coloniales se consideran en gran medida culpables de arrasar comunidades indígenas tras los primeros contactos con los europeos. Dichas afecciones resultaron devastadoras desde un punto de vista material, psicológico y generacional, como había ocurrido con la peste negra en Europa. Sin embargo, igual que durante la peste negra, la violencia, el abuso y las jerarquías sociales desempeñaron un papel decisivo en ese apocalipsis, multiplicando y empeorando los efectos biológicos de las dolencias. Muchos indígenas se contagiaron de esas nuevas enfermedades bajo circunstancias que aumentaron de forma vertiginosa la tasa de mortalidad y que les pusieron mucho más difícil la recuperación a sus comunidades una vez que las epidemias pasaron.

Tenochtitlan, Tlaxcallan y las ciudades circundantes se enfrentaron por primera vez a la viruela en tiempos de guerra y dicha enfermedad mató a líderes políticos mexicas y tlaxcaltecas, lo que hizo que cundieran el miedo y la incertidumbre en una época ya impredecible y desgarradora. Epidemias posteriores surgidas en lo que luego serían México, Perú, Estados Unidos y otros países avanzaron rápidamente entre comunidades indígenas confinadas en misiones atestadas y, después, en reservas; obligadas a desempeñar unos trabajos agotadores en plantaciones y minas; aterrorizadas por redadas esclavistas y otro tipo de ataques cometidos por los colonos; apartadas de sus fuentes de alimento tradicionales; expulsadas de su tierra ancestral; y privadas de una higiene básica. Según estudios bioarqueológicos, la población indígena enterrada en misiones y en otros contextos coloniales de Florida, Perú, el suroeste de Estados Unidos y California presenta muchas señales de haber sufrido toda su vida mala salud y malnutrición que coinciden con las halladas por Sharon DeWitte, la bioarqueóloga de la peste negra, en personas con predisposición a morir por esa plaga en Londres.

La comunidad arqueóloga que trabaja en Estados Unidos y Canadá no ha encontrado demasiadas evidencias de epidemias que afectaran a las comunidades indígenas antes de su contacto directo con los colonos europeos. De todos modos, existe un caso conocido que subraya el papel decisivo desempeñado por la violencia colonial en el incremento de la destrucción causada por estas enfermedades en todo el continente. Los awanis eran cazadores-recolectores y vivían en el valle de Yosemite, en California. En la década de 1850, un líder awani llamado Tenaya le habló a un minero y voluntario de la milicia estadounidense sobre una «enfermedad negra» —seguramente viruela— que barrió su comunidad antes de cruzarse con los colonos blancos. Es probable que el virus llegase con la población indígena que huía de las misiones católicas de ese mismo estado asoladas por la enfermedad y que resultaban estar administradas por sacerdotes españoles. La arqueóloga Kathleen Hull hizo excavaciones en el valle de Yosemite y analizó datos sobre el número de aldeas awanis ocupadas, la cantidad de restos generados por la fabricación de herramientas de obsidiana y los cambios en las quemas controladas según la información de los anillos de los árboles. Un repentino descenso en esos indicadores de presencia humana sugería que la población de awanis experimentó una caída del 30 % en torno al año 1800: la tasa de mortalidad estándar de la viruela en todo el mundo hasta su erradicación en la década de 1980.

Antes del impacto de la epidemia, los awanis solo sumaban unas trescientas personas; la muerte de unas noventa de ellas debió de resultar devastadora. Sin embargo, al contrario que los mexicas —afectados por la viruela en mitad de unas batallas sin cuartel por la supervivencia de su ciudad— o los indígenas cautivos en las misiones —enfermos en mitad de unas condiciones de vida miserables y un abuso horrendo—, los awanis tuvieron la posibilidad de recuperarse, y lo hicieron. Emplearon una estrategia que seguramente habían usado muchas veces a lo largo de los siglos para lidiar con todo tipo de catástrofes, desde sequías hasta erupciones volcánicas: buscar la ayuda de sus vecinos, que los acogieron en una comunidad de desastre temporal. Tenaya le contó al voluntario de la milicia que, después de la enfermedad negra, los awanis abandonaron su tierra tradicional y se mudaron al lado oriental de las montañas de Sierra Nevada, al territorio del pueblo kutzadika'a, los monos paiutes. Allí, los awanis encontraron apoyo y, a largo plazo, la oportunidad de reconstruir su comunidad mediante matrimonios mixtos. El propio Tenaya era hijo de un líder awani que había vivido la epidemia y una mujer mono paiute.

Pasados unos veinte años, los awanis volvieron a su valle de origen, reforzados en número y sin haber perdido su cultura. En los objetos y datos de los anillos de los árboles analizados, Hull detecta la repentina marcha de los awanis, pero también su regreso. La epidemia debió de suponer un duro golpe para esa tribu, pero al no vivir todavía bajo las restricciones del dominio colonial, la población fue capaz de utilizar sus propias tradiciones de resistencia para recuperarse e incluso crecer. Tras su regreso al valle de Yosemite, los awanis se convirtieron a su vez en un puerto seguro para otros pueblos indígenas que huían de la perturbación causada por la naciente fiebre del oro en California.

Aun así, las epidemias no condenaron a las naciones nativas a un irremediable declive cultural, político o demográfico a largo plazo, como muchos hemos aprendido, ni siquiera entre las comunidades indígenas que perdieron una cantidad abrumadora de población mientras luchaban por defenderse —ellos mismos y sus tierras— de las incursiones coloniales. En la década de 1630, la viruela avanzó rápidamente por las naciones indígenas de la zona oriental de América del Norte mientras se adaptaban a la presencia relativamente nueva de colonos ingleses, holandeses y franceses en sus territorios. «He visto antes otros males en estas tierras, pero nunca he presenciado nada semejante», dijo un líder hurón durante la epidemia. Los iroqueses, unidos en una alianza política denominada Liga de las Cinco Naciones, perdieron casi la mitad de su población y se vieron «terriblemente expuestos» ante las colonias inglesas, holandesas y francesas, según cuenta el historiador Pekka Hämäläinen. Entonces declararon la guerra; en concreto, una serie de «guerras del duelo» destinadas a transformar otras comunidades indígenas en iroquesas mediante capturas y asimilación de rituales, restaurando así la fuerza política de las Cinco

Naciones y el equilibrio espiritual del mundo. La viruela y su devastación desencadenaron «la expansión indígena más explosiva desde las primeras migraciones a lo largo del hemisferio», escribe Hämäläinen. Los iroqueses invadieron nuevos territorios y se fueron haciendo con el control de relaciones comerciales coloniales, lo que provocó que otras naciones se desplazaran hacia el oeste para escapar de sus ataques. Cincuenta años después de que la mitad de su pueblo muriese de viruela, las Cinco Naciones «estaban en el apogeo de su poder». Las apocalípticas epidemias coloniales desestabilizaron el mundo y abrieron nuevas posibilidades, inimaginables hasta entonces, mientras las comunidades afectadas construían un futuro distinto.

En 1520 y 1521, los mexicas de Tenochtitlan no vivían aún bajo las privaciones y la violencia sistemáticas de un Estado colonial. Sin embargo, aunque habían salido victoriosos de su primera batalla oficial contra los invasores, no tardarían en vérselas con la peor versión del nuevo tipo de guerra total europea: un sitio prolongado.

Al tiempo que se recuperaban y se reagrupaban en Tlaxcallan, los españoles amenazaban y atacaban de forma periódica los pueblos cercanos, aterrorizando a muchos de ellos para que retirasen su apoyo a los mexicas. Barcos llenos de hombres, caballos y suministros seguían llegando desde el Caribe, lo que permitía a los españoles reponer recursos y fuerzas de un modo imposible para los mexicas, que luchaban por recobrar su vida cotidiana tras la epidemia de viruela. Con el recuerdo de cómo se habían visto acorralados en los canales y calzadas de Tenochtitlan, los españoles usaron parte de sus nuevos suministros para fabricar embarcaciones pequeñas que pudieran surcar el lago. Encontraron el emplazamiento perfecto desde el que lanzar sus ataques navales en la ciudad de Texcoco —la antigua segunda al mando de la Triple Alianza, situada también a orillas del lago—, después de que esta urbe retirase su lealtad a los mexicas a raíz de que un grupo de nobles texcocanos, a quienes Moctezuma había marginado, buscaran la ayuda de los españoles para derrocar del trono al sobrino del *huey tlatoani* muerto. Los nuevos dirigentes de Texcoco devolvieron el favor a los europeos luchando de su lado cuando lanzaron su asalto sobre Tenochtitlan.

Al inicio del sitio de seis meses, los españoles y sus aliados destruyeron el acueducto que llevaba agua dulce a la capital mexica. Asimismo, trataron de cegar constantemente los canales de la ciudad para crear más espacio abierto que poder controlar a caballo. Los mexicas respondieron ampliando canales siempre que les era posible, atacando las embarcaciones españolas desde multitud de canoas y colando alimentos por el lago durante la noche. Clavaban estacas puntiagudas en el lecho del lago para empalar las embarcaciones desde abajo. Mataron a muchos europeos, también en las ejecuciones públicas a las que siempre habían recurrido para aterrorizar a sus enemigos, y en una ocasión estuvieron cerquísima de capturar a Cortés. Sin embargo, tal y como un noble de Texcoco le dijo a Cortés cuando los ánimos decayeron después de que el español escapase por los pelos: «Están dentro en esta gran ciudad tantos mil xiquipiles de guerreros, que por fuerza comerán el bastimento que tienen; y el agua que ahora beben es media salobre, de unas fuentes que tienen hechas, y como llueve cada día, algunas noches recogen el agua, y de ello se sustentan; mas ¿qué pueden hacer si les quitas la comida y el agua, sino que es más que guerra la que tendrán con el hambre y sed?».

Gracias a la perspicaz ingeniería medioambiental de los mexicas, la antaño precaria ubicación de Tenochtitlan en el lago llevaba casi un siglo sin percibirse como un riesgo. Sin embargo, a esas alturas, con los canales y acueductos destruidos, las casas arrasadas y las reservas de alimento menguando, regresaron la dureza y el aislamiento de aquel hogar insular. Por su parte, los españoles y sus aliados tenían acceso a los recursos funcionalmente ilimitados del valle entero, así como a lo que llegaba del Caribe. Poco a poco, las fuerzas mexicas se retiraron al centro de la ciudad y, finalmente, a Tlatelolco, la ciudad hermana de Tenochtitlan, semiindependiente y situada en la orilla septentrional de la misma isla. Después de tres meses de batallas brutales, el nuevo *huey tlatoani*, Cuauhtémoc, embarcó en una canoa con su esposa y emprendió la travesía para rendirse ante los extranjeros.

Una tarde, al principio de una reciente temporada de lluvias, me subí al metro camino del núcleo histórico de Ciudad de México, conocido comúnmente como el Centro, para hacer un recorrido por la Tenochtitlan postapocalíptica. Partí de la estación que lleva el nombre de Cuauhtémoc y está indicada con el icono de una feroz cabeza de águila. Cuatro paradas después llegué a uno de los núcleos más concurridos del transporte público del Centro y me uní al flujo de trabajadores en tránsito que pasaba junto a un patio; ese patio lo ocupa un rectángulo achaparrado de piedra que está rematado por una plataforma circular y mide más de tres metros y medio de altura. Se trata de un pequeño santuario dedicado a Ehécatl, el dios azteca del viento, descubierto durante la construcción del metro en 1967. El Instituto Nacional de Antropología e Historia de México (INAH), que gestiona la investigación y la conservación del patrimonio nacional, calificó en un momento este templo como su «"zona arqueológica" más pequeña, pero la más visitada».

Hice transbordo para tomar otra línea con dirección a lo que es el corazón tanto del imperio caído como de la nación moderna. Salí a la superficie en el Zócalo, una plaza enorme que en otros tiempos se ubicaba en mitad de los templos y palacios más importantes de los mexicas y ahora está flanqueada por la Catedral Metropolitana y el Palacio Nacional, sede del Gobierno federal de México. Bordeé el extremo oriental de la catedral, que linda con las ruinas del Templo Mayor de Tenochtitlan. Torcí a la izquierda por una calle peatonal y me senté en un café detrás de la catedral mientras unas nubes de lluvia se congregaban sobre mi cabeza. Unos minutos después, se reunió allí conmigo Raúl Barrera Rodríguez, el arqueólogo a cargo del programa que ha excavado gran parte de lo que se conoce como el «corazón sagrado de Tenochtitlan».

Tal y como atestigua el santuario de la estación de metro, es imposible cavar en ningún lugar del centro de Ciudad de México sin encontrar ruinas de la capital azteca que la precedió. Sin embargo, aquí la arqueología no funciona de forma tan directa como en las excavaciones de la ciudad maya de Aké, del antiguo pueblo egipcio de Abidos o de sitios similares. Actualmente, esos lugares son municipios rurales que ocupan solo una fracción de las huellas de ciudades más antiguas, así que no cuesta nada encontrar un punto interesante en el que cavar y que, además, sea mínimamente molesto para la vida cotidiana de los habitantes actuales. Por el contrario, ya desde que los mexicas se asentaron en la isla que luego se convertiría en Tenochtitlan, esta zona ha sido un núcleo urbano densamente poblado y la sede del poder político, religioso y económico para tres Estados sucesivos: el Imperio azteca, la Nueva España colonial y el México moderno. Existen fases más recientes de la vida urbana que cubren y oscurecen otras más antiguas. Innumerables emplazamientos de importancia histórica —desde los restos de los jardines de Moctezuma hasta las tumbas de los primeros funcionarios católicos de México— reposan bajo calles, casas y tiendas actuales cuya actividad no puede verse interrumpida por una excavación. Además, muchas de las construcciones coloniales situadas sobre Tenochtitlan también se consideran históricas, como la catedral. Eliminarlas para ver lo que hay debajo es inviable.

Barrera Rodríguez y los demás arqueólogos que trabajan en el corazón del centro de Ciudad de México normalmente no pueden decidir dónde excavar. La arqueología aquí ha de ser oportunista y subirse al carro de proyectos urbanísticos o aprovechar la restauración o demolición de edificios dañados. Este tipo de trabajo se denomina «arqueología de salvamento» o «de rescate», dado que se solicita a los equipos de excavación que documenten y rescaten cuanto puedan antes de que sea destruido. Dicha tarea de salvamento es importante y necesaria en todo el mundo, y a menudo es la única oportunidad que tienen los arqueólogos de mirar bajo ciudades aún en activo (por ejemplo, el cementerio de víctimas de la peste negra de East Smithfield, en Londres, se excavó con ocasión de un proyecto urbanístico). Aun así, la arqueología de salvamento raras veces será la primera opción de un científico. Los especialistas prefieren formular primero las preguntas de su investigación y luego buscar lugares de excavación con altas probabilidades de ofrecer respuestas. En el trabajo de salvamento, un arqueólogo interesado en la vida de un palacio antiguo y en la política de la élite puede acabar recopilando con toda minuciosidad restos de semillas incrustadas en un campo agrícola abandonado; o quien pretende investigar el pasado más remoto de un pueblo o barrio en concreto quizá tenga que moverse con rapidez y superficialidad por la ruta planificada para una nueva autovía o ferrocarril.

Barrera Rodríguez, director del Programa de Arqueología Urbana del INAH, no comparte muchas de las preocupaciones del típico arqueólogo de salvamento. Pese a las limitaciones relativas a los lugares de excavación y a la duración de los proyectos, los científicos de dicho programa casi siempre cuentan con la garantía de que encontrarán algo importante en cuanto toquen la tierra con el paletín. Incluso el hallazgo arqueológico más relevante de Ciudad de México fue accidental: las ruinas arrasadas del Templo Mayor se redescubrieron en 1978 cuando unos trabajadores de la compañía eléctrica que estaban cavando bajo un cruce en el Centro se toparon con un enorme disco de piedra tallado con la imagen de la diosa luna azteca, Coyolxauhqui. El monumento medía algo más de tres metros de diámetro y pesaba casi ocho toneladas. Estaba asombrosamente intacto, salvo por una solitaria grieta que atravesaba su diámetro y partía en dos el torso de la diosa. Cuando los arqueólogos cavaron bajo las calles de la ciudad que rodeaban el cuerpo de Coyolxauhqui, hallaron los muros de piedra aún robustos del Templo Mayor, escalinatas flanqueadas por esculturas de serpientes, estancias decoradas por murales de pinturas brillantes y ofrendas en forma de hojas de obsidiana, conchas, corales, huesos de animales y cráneos humanos. La mayoría de la gente creía que lo que quedaba del Templo Mayor se encontraba justo debajo de la Catedral Metropolitana, no perdido, pero sí inaccesible para siempre. Sin embargo, estaba justo al lado de la iglesia. Actualmente, los visitantes pueden pasear por las ruinas de las fachadas de piedra anidadas del Templo Mayor: cada una de ellas representa una nueva fase de construcción, emprendida por un nuevo emperador mexica, para ampliar el tamaño y la grandeza del templo.

A Barrera Rodríguez lo conocí después de que su equipo hiciese un redescubrimiento similar durante la restauración de un edificio colonial en la misma calle del café en el que ahora estamos sentados, unos números más allá: los restos del *tzompantli* de Tenochtitlan, el imponente bastidor ceremonial en el que se exponían los cráneos de los soldados ejecutados y los cautivos sacrificados. Algunos conquistadores y sacerdotes coloniales escribieron sobre el *tzompantli*, pero los historiadores y arqueólogos no sabían si fiarse de sus descripciones por su muy documentada propensión a exagerar los horrores de las ejecuciones rituales mexicas. Tras quinientos años sin rastro del *tzompantli*, algunos investigadores se preguntaban si en realidad habría llegado a existir. Pese a todo, cuando Barrera Rodríguez y su equipo empezaron a encontrar cientos de fragmentos de cráneos bajo el suelo colonial del edificio, disponían de suficiente información histórica para saber a ciencia cierta lo que habían descubierto.

Al contrario que muchos arqueólogos, Barrera Rodríguez y otros investigadores que trabajan en Tenochtitlan y el centro de México pueden enriquecer su trabajo con información extraída de una plétora de documentos históricos, como mapas indígenas y europeos, historias posteriores a la conquista escritas en náhuatl por eruditos indígenas y las cartas y testimonios enviados al rey de España por varios conquistadores. Sin embargo, estas fuentes no siempre son fiables y nunca son transparentes. Los documentos escritos por los europeos «no son relatos de testigos» tal y como los entenderíamos hoy, afirma Restall. Por ejemplo, la *Historia verdadera de la conquista de la*

Nueva España, de Bernal Díaz del Castillo, es uno de los relatos de primera mano más famosos sobre la guerra hispano-azteca. Se escribió décadas después de la guerra que pretende describir y a modo de apelación al rey, después de que Díaz creyese que lo habían privado injustamente de su merecida parte del botín de la conquista. Su narración, así como miles de documentos similares guardados en archivos, registra casi con toda seguridad exageraciones intencionadas, detalles mal rememorados y recuerdos falsos o inventados. Al mismo tiempo, asegura Restall, «hay frases [en el relato de Díaz] que nos acercan todo lo que es posible a una descripción precisa de lo que ocurrió exactamente. El problema es que no sabemos cuáles son. Y no sabemos cuántas [hay]. Podrían ser cien. Podrían ser diez. Podrían ser mil frases de una precisión exacta [...]. No lo sabemos».

Sin embargo, la propaganda de los conquistadores es más fácil de detectar que las dudas y sesgos que impregnan las fuentes indígenas escritas. En las décadas posteriores a la conquista, los hijos y nietos de la élite indígena redactaron anales históricos en su lengua materna, el náhuatl. Combinaban la primera escritura náhuatl basada en glifos y pictografías con la alfabetización del idioma introducida por los sacerdotes coloniales. Esos anales y códices conservan buena parte de la historia, la cultura y las tradiciones mexicas y tlaxcaltecas anteriores y posteriores a la llegada de los europeos. Sus autores son indígenas, aunque criados como católicos y formados en nuevas escuelas-monasterio con el objetivo de hacerse sacerdotes. Algunos elaboraron esos anales en colaboración con frailes españoles, centrándose en la información que esos católicos europeos y su Iglesia querían conocer para evangelizar de un modo más eficaz a las comunidades indígenas. Otros anales parecen obedecer al criterio de sus propios autores y dirigirse tan solo a un público indígena, mediante un lenguaje «rico, evocador» y con el fin de registrar su propia historia, no de responder a cuestionarios europeos.

Esos escribas y autores indígenas eran personas que, según Townsend, «desesperadamente necesitaban aceptar la conquista» y su propia identidad dual dentro de la sociedad que se estableció tras la conquista. Seguían ocupando los escalones más altos de la ciudad en cuanto a clase social y educación, pero su estatus como indígenas los situaba en un riesgo siempre creciente de abuso, explotación y tributación excesiva bajo el emergente sistema de castas raciales de la Nueva España, que pretendía organizar y jerarquizar los muchos tipos diferentes de población que coexistían a esas alturas en Ciudad de México, no solo españoles, indígenas americanos y africanos esclavos y libres, sino también los hijos de todas las posibles uniones entre tales grupos. Muchos eruditos indígenas y mestizos de la posconquista renegaban de algunas partes de su historia, como la religión «pagana» de sus ancestros, mientras pretendían conservar y proteger otras, como los logros de los emperadores mexicas y los recuerdos de sus abuelos sobre la guerra hispano-azteca. Pese a que los anales en náhuatl no eran propaganda en el mismo sentido que los relatos de los conquistadores, también tenían sus propias intenciones ocultas, y los académicos actuales solo son capaces de descifrar algunas de ellas.

En la arqueología también existen sesgos e intenciones. El trabajo de Barrera Rodríguez en el Centro se centra en el núcleo sagrado de Tenochtitlan, que incluía los palacios más ricos y los templos más grandiosos de la ciudad, y era un lugar que los plebeyos visitaban, pero en el que jamás vivieron. El material azteca hallado por su equipo recibe más atención investigadora que los objetos coloniales encontrados encima (aunque estos también se excaven y se cataloguen). Debido a las limitaciones del trabajo de salvamento, sus excavaciones suelen ceñirse a la huella de un edificio moderno en un momento concreto y no pueden ampliarse para seguir el rastro de otros hallazgos interesantes. Por ejemplo, buena parte del *tzompantli* sigue sin excavarse bajo la calle peatonal actual y el patio trasero de la catedral, aunque los arqueólogos saben que está ahí.

En Ciudad de México, ni la arqueología ni la historia tienen el monopolio de la verdad sobre el pasado. Objetos y documentos llenan los vacíos unos de otros, aunque a veces también chocan y suscitan preguntas y debates productivos. Cuando se trata de comprender el apocalipsis de la conquista y del colonialismo, los anales indígenas y los testimonios de los conquistadores pueden ofrecer un nivel increíble de detalle, entre los que se encuentran nombres, fechas, la personalidad de los principales agentes y sus emociones durante una época tan transformadora. No obstante, sigue habiendo al menos un aspecto que Barrera Rodríguez halla en sus excavaciones sin que nadie lo documentara en ninguna parte: la resistencia de los plebeyos indígenas de Tenochtitlan a la desaparición de su ciudad.

En la misma calle del café en el que nos encontramos, unos números más allá, se ubica el Centro Cultural de España, uno de los primeros sitios en los que trabajó Barrera Rodríguez tras convertirse en director del Programa de Arqueología Urbana. Como parte de una reforma, el centro cultural pretendía incorporar un aparcamiento subterráneo. «Me encanta cuando me dicen que quieren construir un *parking*. Siempre es una buena noticia para nosotros», me dijo Barrera Rodríguez con una sonrisa pícara.

Cuando Barrera Rodríguez y su equipo comienzan una excavación, lo hacen escarbando entre los restos de la vida moderna: plástico desechado, hormigón, cañerías viejas y marañas de cables eléctricos. Luego aparecen el metal y el cristal de principios del siglo XX y finales del XIX, y después la porcelana y la cerámica vidriada y pintada del período colonial. Los estilos decorativos y los procesos manufactureros cambian según retroceden en el tiempo, señalando el principio y el final de las distintas épocas. Cuando el equipo alcanza el período de transición inmediatamente posterior a la conquista, a veces encuentra formas cerámicas híbridas, como bandejas apoyadas en tres patas, de estilo indígena, pero decoradas con imágenes de plantas europeas. Y entonces, por fin, llegan los suelos de losas de basalto y las cerámicas naranjas y negras tan característicos de la ciudad mexica.

Al excavar bajo el centro cultural, Barrera Rodríguez y su equipo hallaron una escalinata que subía hacia un amplio patio rectangular salpicado por las bases de unas columnas recias que en otros tiempos sostuvieron un techo y que dividían el espacio en tres o cuatro estancias. Con casi total seguridad, se trataba del calmécac: la escuela imperial, descrita por eruditos indígenas posteriores a la conquista, en la que los hijos de la élite mexica estudiaban filosofía, religión, ciencias políticas, astronomía y técnicas militares. «La idea del aparcamiento subterráneo se canceló», explicó Barrera Rodríguez, que, junto con el resto del INAH, trabajó con el centro cultural para elaborar un nuevo diseño de construcción que protegiese las ruinas. Actualmente, el lugar es un museo público en el sótano del edificio. Esa fue la primera parada de nuestro recorrido.

Las ruinas del calmécac se levantaban en mitad de una sala silenciosa y oscura, rodeadas de vitrinas con piezas excavadas, desde una herramienta de madera para sembrar maíz en las chinampas de Tenochtitlan hasta un oxidado revólver Smith & Wesson del siglo XIX o principios del XX. La iluminación de la sala destaca el patio en el que los jóvenes nobles mexicas aprendían su historia y su corresponsabilidad en la conservación del poder y la belleza de Tenochtitlan de cara a un futuro lejano. Esa visión se vio alterada para siempre por la guerra, que redujo a escombros el calmécac y el resto del núcleo sagrado de la ciudad. Según Bernal Díaz del Castillo, durante el sitio «[Cortés] mandaba derrocar y quemar casas y cegar puentes, [...] y que no quedase casa que no se derrocase y se pusiese fuego».

En los años inmediatamente posteriores a la rendición de los mexicas, Tenochtitlan fue un erial y los conquistadores que sobrevivieron mudaron su campamento a un pueblo cercano, a orillas del lago, llamado Coyoacán (que ahora es un barrio de Ciudad de México). Muchos no querían regresar a la isla en ruinas y confiaban en poder empezar de nuevo estableciendo su capital colonial en otra parte. Sin embargo, al final Cortés ordenó que la nueva ciudad se levantase «en el corazón de lo que había sido Tenochtitlan», contaba Barrera Rodríguez. El abandono de la antigua capital en ruinas, inevitablemente, les recordaría a los mexicas quiénes habían sido y lo que habían perdido. «Creo que Cortés le tenía un miedo atroz al regreso de Tenochtitlan», a que sus anteriores ciudadanos, si se les daba la oportunidad, resucitaran la antigua capital y el poder que esta simbolizaba. Por tanto, añadía Barrera Rodríguez, había que «borrar» Tenochtitlan del mapa.

Los plebeyos mexicas que sobrevivieron a la guerra y permanecieron en Tenochtitlan tras la rendición se vieron obligados a participar en esa dolorosa tarea. «Los obligaron a destruir sus templos con sus propias manos, y con sus propias manos tuvieron que construir las casas nuevas de la ciudad colonial», explicaba Barrera Rodríguez. Sin embargo, en el calmécac el arqueólogo encontró un indicio de que los mexicas no capitularon sin más ante las exigencias de los españoles. Quizá no tuviesen la fuerza ni el número de hombres necesarios para negarse abiertamente a participar en los planes coloniales y prestarse de este modo a librar otra guerra, pero aun así pudieron proteger piezas de la ciudad que habían conocido. Barrera Rodríguez señaló el espacio ahora vacío situado encima del patio del calmécac: «Ahí fue donde las escondieron», dijo.

Antes de la excavación de Barrera Rodríguez, el patio estaba cubierto por un amasijo de tierra y piedras que llenaba el estrecho espacio de separación con respecto al suelo de la casa colonial construida directamente encima. Cuando el equipo excavó ese relleno, encontraron un hoyo que alguien había abierto ahí, justo debajo del suelo colonial. Dentro estaban acurrucados los restos dañados de dos estatuas de gran tamaño: una de Mictlantecuhtli, el dios mexica del inframundo, y otra de Xiuhtecuhtli, el dios del fuego. El rostro de Mictlantecuhtli, representado por un cráneo expuesto, estaba parcialmente desconchado, y el cuerpo de Xiuhtecuhtli reposaba hecho pedazos. Barrera Rodríguez sabía que la gente que construyó aquella casa, y tuvo la oportunidad de enterrar las estatuas, seguramente fueran trabajadores indígenas. Los residentes europeos de la nueva casa colonial quizá nunca supieron que aquellas estatuas se encontraban ahí.

Varios años después, en el transcurso de las excavaciones llevadas a cabo en el *tzompantli*, el equipo de Barrera Rodríguez halló algo similar en el relleno que cubría el bastidor de cráneos, el cual estaba destrozado. Para los invasores españoles, el *tzompantli* representaba la supuesta idolatría y el poder imperial de los mexicas, elementos ambos de los que estaban intentando deshacerse. Al ordenar a los trabajadores indígenas que enterrasen los cráneos destruidos y levantasen un edificio encima, los conquistadores confiaban en neutralizar el poder de aquel lugar. Sin embargo, la gente «obligada a hacer desaparecer [el *tzompantli*]» en realidad asumió un riesgo para rendirle honores, explicó Barrera Rodríguez.

Justo bajo el primer suelo colonial, encima de los restos del *tzompantli*, alguien había enterrado un puñado de cuchillos ceremoniales de obsidiana. Al principio, el equipo pensó que se trataba de objetos del período mexica; normalmente, aparecían cuchillos similares tanto en tumbas domésticas humildes como entre las opulentas ofrendas de templos de todo Tenochtitlan. Sin embargo, la ubicación del relleno, encima de los restos machacados del *tzompantli*, no dejaba lugar a dudas: los cuchillos se enterraron ahí tras la destrucción del bastidor, durante los primeros años de la Nueva España. Alguien había sepultado el *tzompantli* con el mismo tipo de ofrendas con el que los mexicas estuvieron siglos enterrando a sus muertos.

En los meses y años posteriores a la rendición de Cuauhtémoc, élites y plebeyos aztecas por igual tuvieron que sortear un mundo apocalíptico que nunca habrían imaginado. Cuando la Triple Alianza conquistaba un territorio nuevo, su objetivo principal era obtener tributos. Sus soldados no permanecían en las tierras ocupadas y, por lo general, se permitía a los líderes locales quedarse donde estaban, siempre que admitiesen las exigencias de la estructura superior del poder azteca y se comprometiesen a cumplirlas. Este nuevo imperio, por el contrario, estaba decidido a eliminar hasta el menor recordatorio del poder mexica y a imponer su religión, su tecnología y su cultura a los nuevos súbditos lo más rápido posible. En sus prisas por reconstruir el núcleo urbano de la isla a su imagen y semejanza, los colonos quizá creyeran que lo estaban consiguiendo. Sin embargo, los enterramientos y las ofrendas que se ocultan bajo la nueva ciudad desvelan la resistencia que bullía invisible a sus ojos y, seguramente, inaccesible a su entendimiento.

Le pregunté a Barrera Rodríguez si creía que los supervivientes mexicas que enterraron estatuas y cuchillos, y todo lo que aún sigue escondido a la espera de descubrirse, pensarían o esperarían que algún día alguien como él encontrase esos fragmentos de Tenochtitlan, ocultos y protegidos, y devolviese a la vida parte de la ciudad que habían conocido.

«Por supuesto que sí», respondió.

CAPÍTULO 8

CÓMO LA ESCLAVITUD CREÓ EL MUNDO MODERNO

Hace doscientos cincuenta años, un navío atracó en el puerto de Christiansted, en la isla caribeña de Santa Cruz. Llevaba el cargamento más valioso y menos valorado del mundo colonial: esclavos africanos. Muchos habían muerto encerrados en la bodega del barco durante el traicionero y tormentoso viaje a través del Atlántico. A los supervivientes los condujeron de inmediato a la casa de pesaje de Christiansted, donde se inspeccionaban y procesaban todas las mercancías importadas, seres humanos incluidos. Santa Cruz era por entonces una colonia de Dinamarca, y el Gobierno colonial recaudaba su parte de impuestos por cabeza.

Tras varias semanas de confinamiento a bordo del barco (a lo que, a menudo, había que sumar cierto período cautivos en África occidental, transportados de un lado a otro), ninguno de los esclavos podía considerarse sano. Durante meses habían respirado un aire cargado de los efluvios de vómitos y enfermedades, agonía y pérdida, violencia y muerte. Sin embargo, su valor para la compañía europea que los trasladaba a Santa Cruz dependía de su capacidad para trabajar o, al menos, de la percepción de esa capacidad. Los comerciantes de esclavos que los habían llevado hasta aquellas orillas les engrasaban la piel para crear una «ilusión de salud» y elevar su precio. Les colocaban pipas de tabaco de tallo largo entre las manos, tanto a hombres como a mujeres, lo que sería su primera posesión en la isla y una iniciación en el mundo de las tradiciones coloniales y los objetos asociados a él.

A las personas que parecían estar más sanas y capacitadas las compraba directamente el Gobierno colonial de Santa Cruz, lo que las convertía en propiedad del rey de Dinamarca. Esos «esclavos reales» se quedarían en Christiansted y vivirían junto a los soldados daneses, trabajando como mozos, herreros, carpinteros y otras profesiones cualificadas. Durante décadas y siglos, los esclavos reales construyeron las calles, muelles, fuertes y casas de Christiansted, levantando y conservando la ciudad que los mantenía presos.

La mayoría de los recién llegados acababan vendidos a plantaciones de azúcar de Santa Cruz, mientras que una parte eran trasladados a empresas similares de otras islas. Durante milenios, el azúcar había sido un bien de lujo con un precio en consonancia. Hacían falta cantidades ingentes de agua, tierra y esfuerzo para cultivar, cosechar y refinar las cañas de azúcar hasta obtener aquellos dulces cristales tan apreciados por cualquiera que tuviese la suerte de probarlos. Sin embargo, el mundo estaba recién globalizado y los gustos, aromas, colores y lujos que antaño habían sido atributos especiales de lugares concretos podían tomarse, reproducirse y venderse en todas partes. Las compañías y los países con capacidad para crear y satisfacer esos nuevos deseos, sobre todo en el caso del azúcar, tenían casi garantizada una riqueza enorme, siempre que lograsen producir bastante azúcar a un coste lo suficientemente bajo para convertir ese lujo en un producto básico.

Algunos de los esclavos africanos vendidos en los barcos de Christiansted tenían como destino la Estate Little Princess, una plantación de la costa norte de Santa Cruz. Allí, unos ciento cuarenta esclavos africanos se veían obligados a desempeñar el agotador trabajo de desbrozar la tierra para la caña de azúcar, sembrar y cosechar los campos y, luego, aplastar las cañas y hervirlas para elaborar azúcar procesada y ron. Estaban en riesgo permanente de sufrir agotamiento, enfermedades y lesiones, en especial por causa de las enormes máquinas que aplastaban las cañas y los humeantes hervidores en los que posteriormente se cocinaban hasta obtener una pasta, aunque también por la violencia y la muerte a las que los sometían los esclavistas que supervisaban su trabajo y se beneficiaban de él. Esos dueños de esclavos registraban meticulosamente la productividad y los resultados de los esclavos africanos, al tiempo que hacían un recuento del valor que cada individuo generaba para las familias, empresas y países de los esclavistas, dato que se consideraba el hecho más importante de su existencia.

Cuando no estaban desempeñando esas tareas extenuantes y rigurosas, los esclavos africanos vivían en una aldea formada por casitas dispuestas a la vista de la mansión del dueño de la plantación. Eran viviendas atestadas, con dos familias en cada una; las construían los propios esclavos con piedras, coral y bagazo, es decir, la ceniza chamuscada y endurecida que quedaba después de procesar la caña de azúcar. Con apenas espacio para que padres e hijos se tumbasen de noche en las reducidas zonas que los esclavistas les dejaban para levantar sus casas, los esclavos elaboraban su comida y su artesanía al aire libre, bajo el calor tropical, siempre a plena vista de sus explotadores.

Sin embargo, esas viviendas, la plantación entera, no eran solo lugares de sufrimiento, tortura y privaciones. En la Estate Little Princess, los esclavos africanos se casaban, tenían hijos, hacían amistades y creaban familias bajo la amenaza constante de la enfermedad, la muerte y la posibilidad de que los vendiesen y los mandasen a otro lugar. Cultivaban sus propios alimentos, recogían agua, moldeaban y cocían nuevos estilos de cerámica con arcilla local, criaban ganado, pescaban y ponían trampas para capturar animales salvajes. Vendían el excedente de sus cultivos y su artesanía en mercados organizados por ellos mismos y utilizaban las ganancias para comprar artículos personales y domésticos. Cientos de esclavos africanos se pasaron la vida entera, o parte de ella, en la aldea de la Estate Little Princess, y sus vidas eran igual de vibrantes y complejas, si no más, que las de sus esclavistas acomodados en su mansión, a 30 metros de distancia.

En la aldea, con el paso de los años, se rompieron botellas de cristal, se hicieron añicos bandejas y ollas de cerámica, se tiraron huesos de la comida, se soltaron y cayeron botones... Posesiones preciadas y mundanas por igual se perdieron o se desecharon hasta quedar incrustadas en el suelo de tierra compactada de alguna casa o cubiertas por la tierra del exterior. Generaciones de esclavos dejaron atrás fragmentos de los objetos que poseían, fabricaban, compraban, usaban, elegían y, quizá, incluso apreciaban.

La esclavitud se abolió en Santa Cruz y en otras colonias de Dinamarca en 1848 tras una revuelta de los esclavos. Con todo, muchos de los recién liberados no tenían ningún sitio al que ir y se quedaron en la Estate Little Princess como trabajadores remunerados; la finca continuó produciendo azúcar hasta la década de 1960. La tierra pasó por muchas manos, como ocurrió con la propia Santa Cruz, y en 1917 la isla se convirtió en territorio estadounidense como parte de las Islas Vírgenes de Estados Unidos. Cuando las últimas personas que habitaban las casitas de la aldea por fin las abandonaron bien entrada la década de 1970, quedaron atrás más de dos siglos de evidencias de la vida que habían llevado allí, humildes, sin alterar: pertenencias que se transformaron en basura y, poco a poco, en piezas arqueológicas.

El apocalipsis del colonialismo europeo reorganizó vidas, comunidades, identidades, economías y expectativas a lo largo y ancho del mundo. Destruyó innumerables futuros mientras gestaba sueños nuevos, o al menos recién despertados, en torno a la posesión de tierras, al poder y, sobre todo, al acopio de riquezas. Los maravillosos museos y colecciones de Moctezuma se trasladaron a Europa, avivando así la ambición artística y científica del Renacimiento. También a Europa llegó el chocolate, así como el tabaco a Asia, la seda a México y los caballos a las Grandes Llanuras. El maíz, ese milagro agrícola de América, viajó a todas partes. Don nadies de provincias sin herencia, títulos ni oportunidades cruzaron el océano con la esperanza de encontrar una nueva vida de influencias, contactos y posibilidades, y algunos de ellos lo consiguieron.

En un mundo que de repente parecía ofrecer una riqueza ilimitada, provisto de pocas leyes preexistentes y de normas sociales muy desestabilizadas, las potencias coloniales europeas sabían que necesitaban una enorme cantidad de mano de obra para aprovechar la oportunidad. Así, montaron un comercio de esclavos racializado y recién globalizado para garantizar que las riquezas nunca dejasen de llegar a sus manos. La esclavitud existía desde hacía mucho en el mundo entero, normalmente como una ramificación de las tradiciones relacionadas con la guerra y los tributos de cada cultura. Desde los aldeanos del Amazonas hasta los emperadores romanos, pasando por la nobleza mexica o los piratas vikingos, todos capturaban, vendían, compraban y poseían esclavos, personas apresadas en batallas o intercambiadas como un bien, despojadas de su identidad y de sus vínculos sociales y obligadas al servilismo. La esclavitud colonial, por su parte, nació de la explotación económica, especialmente en las nuevas plantaciones de ultramar de los reinos europeos. El primer pueblo al que se hizo cautivo en el seno de lo que sería el apocalipsis del comercio transatlántico de esclavos fueron los africanos vendidos a comerciantes portugueses a mediados del siglo XV y transportados a las islas de Cabo Verde, una nueva colonia portuguesa junto a la costa de Senegal. Esas islas estaban deshabitadas antes de la llegada de los colonos, lo que permitió a los portugueses convertirlas en explotaciones agrícolas increíblemente rentables dedicadas al algodón y al azúcar gracias a la mano de obra forzosa de los esclavos africanos. Otras potencias europeas tomaron nota del éxito de Portugal con el modelo de las plantaciones de esclavos, sobre todo cuando también ellas empezaron a reclamar la propiedad de islas tropicales al otro lado del Atlántico.

Cristóbal Colón llevó la caña de azúcar al Caribe en su segundo viaje a la zona en 1493. Al poco, llegaron también los esclavos africanos, que se unieron a los indígenas ya cautivos en las encomiendas, unas fincas que garantizaban a los colonos parcelas de tierra y les otorgaban el derecho a la mano de obra forzosa del pueblo indígena, al que a menudo reubicaban de forma violenta separándolos de sus familias y comunidades para que vivieran y trabajaran en esas tierras. España había desarrollado el sistema de encomiendas durante la Reconquista, el proceso de siglos por el que los nobles cristianos expulsaron de la península ibérica a los gobernantes musulmanes (y luego a los judíos). En esa época, las encomiendas habían sido un modo de distribuir entre los cristianos las tierras y propiedades musulmanas conquistadas y, por lo general, incluían el derecho a «mano de obra local en servidumbre». España exportó el modelo de las encomiendas a sus colonias, donde lo mezcló con la nueva idea de las plantaciones y creó una mano de obra forzosa compuesta por africanos e indígenas para producir azúcar y otros cultivos comerciales. Bartolomé de las Casas, el influyente sacerdote español, escribió unos inflamados relatos condenando la esclavitud y el abuso sistemático sufrido por los nativos americanos, que él mismo había presenciado en el Caribe y México. Como respuesta, España prohibió la esclavitud formal de la población indígena en 1542. Sin embargo, la práctica continuó en las colonias españolas durante siglos a todos los efectos, menos de nombre, y siguió siendo legal en otros lugares, junto con la esclavitud de los africanos, que era legal en todas partes.

Conforme las comunidades indígenas iban quedando diezmadas por la malnutrición, el exceso de trabajo, la separación familiar, la violencia y la enfermedad, cada vez más esclavos africanos eran trasladados a América para mantener a flote las frágiles economías de las encomiendas, las plantaciones y las colonias en su conjunto, obsesionadas con el crecimiento. Entre 1500 y 1875, unos 4,8 millones de esclavos africanos llegaron al Caribe, frente a los trescientos ochenta y nueve mil, aproximadamente, que entraron en Estados Unidos en ese mismo período. La inmensa mayoría de ellos trabajaba en las plantaciones de azúcar de las islas, como la de Estate Little Princess, en Santa Cruz.

Si bien no eran exactamente lugares sin ley, las islas del Caribe representaban a menudo espacios liminales en los que nunca quedaba muy claro qué país colonial estaba al mando y, por tanto, qué normas y regulaciones se aplicaban en un momento dado. Las islas solían cambiar de manos como consecuencia de guerras, alianzas y tratados protagonizados por Gobiernos a miles de kilómetros de distancia. Esa lejanía y falta de supervisión permitió a los esclavistas de Barbados, por ejemplo, importar a trabajadores africanos antes de que la esclavitud fuese oficialmente legal allí. Una vez que se empezó a obtener beneficios, y teniendo presente que los esclavos generaban riqueza para los inversores de Europa, todos los que ocupaban el poder hicieron la vista gorda. «Las normas de la sociedad quedaron suspendidas a cambio del rendimiento del capital», dice el arqueólogo Douglas Armstrong.

Los colonos británicos se asentaron por primera vez en Barbados en 1627. Durante la primera década aproximadamente, explotaron sobre todo plantaciones de algodón y tabaco a pequeña escala, con europeos no remunerados y un menor número de esclavos africanos como mano de obra. Sin embargo, los colonos, que desde luego conocían el éxito económico de las explotaciones de azúcar portuguesas y las encomiendas españolas, pretendían obtener una riqueza mucho mayor. Tras recurrir a tecnología usada en plantaciones holandesas de Brasil y a un importante flujo de capital procedente de inversores holandeses e ingleses, los colonos de Barbados apostaron su fortuna al azúcar. Gracias a los mercados de capitales de Europa, los esclavistas de Barbados y del resto del Caribe «pudieron conseguir el dinero necesario para equipar por completo una parcela, comprar trabajadores y producir azúcar en cuestión de un año», cuenta Armstrong. «Y cuando te pasas al azúcar, eso lo cambia todo.»

Aquellos préstamos se basaban en los astronómicos márgenes de beneficios que facilitaba la mano de obra esclava. Los esclavos africanos no solo no recibían un salario, sino que se los podía obligar a trabajar en condiciones infrahumanas hasta la muerte. Los esclavistas, además, invertían muy poco en suministrar casa, comida, ropa o cualquier otro producto básico para la vida de los trabajadores esclavos, que debían procurarse su propio alimento y sus posesiones materiales, más allá del trabajo que hicieran en beneficio de la clase esclavista.

Las excavaciones de Armstrong en la plantación de Trents, en Barbados, confirman lo lucrativo y transformador que fue el paso al azúcar. Cerca de la mansión de la plantación, Armstrong halló montones de desperdicios anteriores y posteriores al inicio de la producción de azúcar en Trents. Antes del azúcar, en la década de 1640, incluso los dueños de la plantación tenían muy pocas posesiones materiales. La mayoría de lo desechado en esos años era cerámica tosca de fabricación local, mezclada con fragmentos de botellas de cristal y jarras de piedra, aparte de un cuenco de porcelana importado. En los inventarios de bienes correspondientes a Trents compilados en ese período se registraban artículos similares en cantidades igual de escasas. Al vivir en una isla diminuta muy alejada de los centros de poder de Europa y de florecientes núcleos comerciales coloniales como Ciudad de México, los esclavistas dependían sobre todo de la materia prima local y debían cuidar, conservar y reutilizar las pocas pertenencias extranjeras que habían llevado consigo o que lograban importar.

Tras la llegada del azúcar, unos cincuenta años después, los montones de desperdicios de la mansión abundaban en piezas importadas de cerámica vidriada y de porcelana. La cerámica de fabricación local ya solo se utilizaba para la cocina, labor reservada a los esclavos africanos. Los esclavistas remodelaron la mansión y tiraron montañas de escombros y cristales de ventanas. Armstrong descubrió asimismo que se habían deshecho de vasos de vino y de agua fabricados en cristal y de muy diversas formas, así como de botellas de vino, también de cristal. Antes de la producción de azúcar, las botellas de cristal solo se tiraban si se rompían, supuestamente tras haberse rellenado con agua y reutilizado múltiples veces. Después, las botellas de vino de cristal pasaron a ser desechables, dado que los esclavistas disponían del dinero suficiente para comprar todas las que quisieran.

Un siglo antes de que comenzase la Revolución industrial en Gran Bretaña, «ya está el capitalismo funcionando a pleno rendimiento» en Barbados y en otras islas caribeñas, afirma Armstrong. «La rentabilidad era inmensa [...] y, desde luego, el dinero era adictivo.» El flujo de riqueza hizo que los países europeos —y las enormes corporaciones militarizadas que estos engendraban— salieran en estampida a por más, más y más: más colonias, más productos, más beneficios, más esclavos.

Con el objetivo de cubrir al menos la mitad de esas ansias de riqueza, las plantaciones caribeñas acabaron contándose, además, entre las primeras empresas en industrializar su actividad. El azúcar se irguió como el primer monocultivo del mundo, precursor de la transición a la agricultura industrial, que sentó las bases del actual suministro de alimentos. En las primeras plantaciones experimentales con economías de escala se llevaba un seguimiento de las horas y la eficacia de los trabajadores y «se convertía la vida de los individuos en energía usada para generar capital», lo que sirvió de modelo para las fábricas que no tardarían en funcionar como los motores económicos de Gran Bretaña y Estados Unidos, según el arqueólogo William White. La tecnología del vapor pudo haber llegado al Caribe ya en la década de 1790 para utilizarse en refinerías de azúcar y destilerías de ron.

A ojos de los europeos, las islas del Caribe eran paraísos fértiles en los que podía cultivarse casi cualquier cosa. Sin embargo, el enfoque unívoco de los colonos en la agricultura industrial, la extracción de recursos y el crecimiento económico constante amenazaba con diezmar el entorno ecológico insular y a todo el que dependiese de él, esclavos y esclavistas por igual. Los esclavos africanos —el primer engranaje en la maquinaria del capitalismo globalizado e industrializado— se vieron obligados a deforestar islas enteras, Barbados y Santa Cruz entre ellas, para hacer espacio a las hileras de caña de azúcar; se arrasaba igualmente con cada vez más cantidad de bosques para suministrar la madera que mantenía los hervidores de azúcar en marcha día y noche. La deforestación generalizada exacerbó la erosión, lo que causaba corrimientos de tierra cuando llegaba un huracán. El azúcar es un cultivo que consume mucha agua, y los esclavos, invirtiendo un gran esfuerzo, debían alterar el curso de arroyos y ríos para desviar cantidades ingentes de agua hasta los cañaverales. Al mismo tiempo, debían lograr que aquel paisaje desolado produjese la mayor parte de su alimento, en unos pequeños huertos conocidos como «campos de aprovisionamiento».

La escala y velocidad de la transformación ecológica en muchas islas caribeñas fue tan extrema que el arqueólogo Justin Dunnavant habla de «terraformación», el término usado por los escritores de ciencia ficción para describir el proceso por el que un planeta alienígena se hace habitable. Aun así, los nuevos y sin duda apocalípticos entornos creados por la esclavitud no eran muy propicios para ningún tipo de vida. Los esclavistas exigían la explotación de cualquier recurso natural del que pudieran beneficiarse, así como la destrucción de los que no fueran rentables, con la certeza de que podrían mantener sus empresas en pie de manera indefinida gracias únicamente al dinero, la tecnología y la extracción de recursos.

Conforme se talaban bosques que se sustituían por cañas de azúcar, las sequías eran cada vez más severas y las aguas freáticas empezaban a escasear. En Dominica, otra isla del Caribe, el arqueólogo Mark Hauser descubrió que, tras la introducción del azúcar en la parte suroeste de la isla en 1763, los pozos abiertos por los primeros colonos acabaron cegados o convertidos en cisternas, lo que sugiere que el nivel freático se había desplomado más allá del alcance de esos pozos. Tanto esclavistas como esclavos comenzaron a depender del agua de lluvia recogida. El agua acumulada en las cisternas se filtraba y se dirigía a las mansiones y fábricas de azúcar de los esclavistas. Los esclavos debían contentarse con el agua que pudieran recoger en jofainas situadas al aire libre y forradas con arcilla, a menudo contaminadas por bacterias, mosquitos y desechos animales, más allá del plomo, el mercurio y el arsénico que impregnaban los vertidos producidos por las destilerías industriales de ron. Médicos europeos que pasaron por allí de visita documentaron brotes de males estomacales, y en los relatos de esclavos y otros testimonios se registra el terror de los africanos esclavizados a morir por enfermedades. La malnutrición y los desastres naturales, acentuados por los entornos degradados de las islas, también se cernían como amenazas de una muerte temprana.

Los esclavos no solo eran responsables de mantenerse vivos en esos ambientes precarios, sino que además se les exigía que cuidasen de la vida de sus esclavistas y de otros colonos. Para ello, se los obligaba a construir, manejar y conservar la infraestructura del colonialismo y la esclavitud en la que vivían atrapados. En Christiansted, la arqueóloga Alicia Odewale formó parte de un equipo que excavó un gran complejo urbano en el que había soldados daneses acuartelados junto con los llamados «esclavos reales», propiedad del rey de Dinamarca. En el espacio ocupado por los esclavos africanos, encontró una abundancia de herramientas y objetos metálicos directamente relacionados con sus habilidades como carpinteros, herreros, barrileros, albañiles, etcétera. La zona de los oficiales daneses, por su parte, mostraba «señales de riqueza, estatus y ocio», como objetos de porcelana y pipas de tabaco. «Esos soldados sin tierra no tenían medios para sobrevivir más allá de lo que aportasen sus esclavos», escribe Odewale. La relación de los colonos con la mano de obra esclava era «parasitaria».

A diario, en todo el Caribe colonial, esclavistas y colonos ponían su vida, su fortuna y la mera existencia de su sociedad en manos de la misma gente a la que deshumanizaban, de la que abusaban y a la que explotaban. Habían creado un mundo nuevo mediante el apocalipsis, pero, al contrario que muchas sociedades postapocalípticas, no se trataba de una adaptación lógica a un nuevo clima ni de un rechazo a un sistema político que hubiese dejado de servir a su población. No era más estable, más igualitario, más cooperativo ni más sostenible que el mundo anterior. La esclavitud, más bien, creó un mundo en el que el apocalipsis nunca debía acabar —eso no se podía permitir— mientras generase beneficios para quienes lo habían instigado.

La Estate Little Princess de Santa Cruz es actualmente la sede de una reserva medioambiental sin ánimo de lucro que ha quedado cubierta por la vegetación y a la que se ha permitido volver a crecer por buena parte de esas tierras antaño deforestadas. Las dos mansiones de los esclavistas siguen en pie y se utilizan en gran medida como espacio para oficinas, aunque hay una casa mucho más pequeña, la del capataz, marcada por unos muros en ruinas y unas pocas escaleras que llevan a un hueco, una antigua puerta; ahí el tejado se ha derrumbado y ha llenado de escombros el interior. Al otro lado de un claro, las enredaderas salen del bosque para cubrir y rodear los altos muros de piedra de la fábrica azucarera, aún imponente. No obstante, por dentro la fábrica está llena de agua: en algún momento del siglo XX se convirtió en una piscina cubierta. A su lado, continúa en pie el alto tocón de un molino de viento que suministraba la energía necesaria para moler la caña de azúcar.

Los arqueólogos a los que fui a visitar allí en el 2019, entre los que se encontraban Dunnavant, White y Odewale, habían dejado de lado esos grandiosos edificios coloniales. Por el contrario, estaban trabajando con el personal de la reserva para abrir senderos en el incipiente bosque tropical y llegar hasta los restos de la aldea en la que vivieron los africanos esclavos. En la historia escrita no se conserva apenas nada de lo que ocurrió allí. Los registros de la Estate Little Princess y de otros lugares parecidos señalan datos como la cantidad de esclavos residentes, el género y la edad, el lugar de origen y, a veces, incluso el nombre. Sin embargo, el registro documental de la esclavitud, por exhaustivo que fuese, no desvela casi nada sobre la vida diaria de los esclavos, y mucho menos sobre sus personalidades, preferencias, emociones, opiniones, esperanzas y miedos.

Un censo del siglo XIX llevado a cabo por el Gobierno colonial danés documentó 38 casas en la aldea de la finca, aunque muchas se demolieron. Los arqueólogos solo hallaron las ruinas de cinco y centraron su excavación en una de las mejor conservadas. El techo había desaparecido hacía mucho, pero las paredes seguían siendo lo bastante altas para mostrar el perfil de algunas puertas y ventanas. Los muros, como los de las otras cuatro casas, estaban hechos de piedra y trozos de coral recogidos en los numerosos arrecifes de Santa Cruz. El coral se consideraba el mejor material de construcción de la isla, por lo que a los esclavos los mandaban a recogerlo. Salían en canoa rumbo a un arrecife y utilizaban unas pesadas varas de madera para soltar y romper trozos de los corales de abajo. «La parte más complicada era sumergirse para extraerlo», contó Dunnavant, que es buzo. «A veces hay que bucear a pulmón nueve metros o más para sacar el coral del suelo marino.» A los buceadores esclavos los enviaban también a rescatar material de los naufragios —barcos que quizá transportasen más esclavos africanos a la isla— o a llevar a cabo reparaciones submarinas en navíos. «Se convirtió en una actividad muy especializada», dijo Dunnavant.

En la zona de la casa, Dunnavant se puso de cuclillas en la tierra, junto a los restos de la pared de piedra y coral, y empezó a escarbar con el paletín en un hoyo rectangular poco profundo, de unos dos metros de largo. Ese hoyo quedaba fuera de la vivienda en sí; se trataba de un espacio al que los residentes de la casa saldrían a cocinar huyendo de las estancias atestadas, y en el que seguramente dejasen todo tipo de restos, desde ollas rotas hasta plantas y huesos quemados. Con cuidado, Dunnavant despejó el perfil del hoyo para el equipo de la excavación, que estaba formado por 19 estudiantes de secundaria de Santa Cruz. Al otro lado de esa misma pared, en el interior de la vivienda, alumnos de universidades y centros de estudios superiores históricamente negros estaban abriendo otro hoyo, más pequeño. Mientras dos de ellos raspaban finas capas de tierra que echaban en cubos, otros la cribaban con tamices de alambre y mantenían los ojos atentos, en busca de objetos arqueológicos que se quedaran en la malla. Dado que la plantación era demasiado reciente para hacer una datación precisa por radiocarbono, los arqueólogos establecieron una cronología de su ocupación rastreando los estilos cambiantes de objetos como piezas de cerámica o botones. Pasar por alto un solo trocito diminuto podía suponer perder todo un mundo de información de valor incalculable.

Los estudiantes alternaban días de excavación con días dedicados a organizar las piezas encontradas, estos últimos bajo la guía de Odewale. Durante los años que he pasado escribiendo sobre arqueología, nunca me había cruzado con nadie que se emocionase tanto con todos y cada uno de los objetos salidos de la tierra. Muchos arqueólogos piensan en secreto que la excavación es la parte más tediosa de su labor. Incluso excavaciones relativamente pequeñas como la de la Estate Little Princess pueden proporcionar miles de objetos en cada una de las temporadas de trabajo de campo, y todos hay que categorizarlos, limpiarlos y embolsarlos antes de dar por terminada la tarea. La dura labor diaria de cavar y organizar no requiere demasiada creatividad. La imaginación llega antes, cuando los arqueólogos sondean un paisaje del pasado para averiguar dónde excavar, y después, cuando se llevan las piezas desenterradas al laboratorio para su estudio. La excavación facilita el descubrimiento de objetos materiales, pero el descubrimiento de su significado suele ocurrir mucho más tarde.

Odewale, por su parte, tenía un don para ver las historias que los objetos podían contar prácticamente en cuanto aterrizaban en su mesa de clasificación, instalada delante de las mansiones de los esclavistas. Esa hazaña de creatividad no era nada menor tratándose de la Estate Little Princess, donde las piezas que salían de la aldea eran en su mayoría extremadamente humildes: raspas de pescado y huesos de cerdo procedentes de comidas con siglos de antigüedad, botones caídos de prendas, trozos de tosca cerámica local con esquirlas de porcelana lisa y pintada... Mientras los estudiantes vaciaban bolsas sobre bandejas de plástico, Odewale advertía: «Nadie ha tocado estas piezas en doscientos años, así que es muy importante lo que ocurra con ellas ahora». La arqueóloga ayudaba a los estudiantes a ordenar los objetos por tipos: cristal, hueso, metal, cerámica y alfarería local a base de arcilla en bruto y cocida en hoyos cubiertos por matorrales, conocida como «cerámica afrocruciana».

Odewale les indicaba a los estudiantes que no lavasen los fragmentos de cerámica afrocruciana porque podían contener residuos de la comida que se cocinó o sirvió en ellos. Los análisis químicos de esos residuos quizá desvelasen lo que preparaban y comían los esclavos africanos en la Estate Little Princess, y cómo su dieta pudo cambiar con el paso del tiempo. Un simple recuento de la cantidad de cerámica fabricada en el lugar frente a la importada ya podía arrojar cierta luz sobre la economía de la plantación y de la isla en su conjunto, aunque allí había demasiadas piezas de ambos tipos. Al final, cada una de ellas se introduciría en una base de datos de material excavado en emplazamientos esclavos de toda América del Norte y el Caribe, para comparar la vida de los esclavos africanos en distintos lugares y épocas.

Por el momento, los estudiantes se centraban en categorizar, limpiar y embolsar los objetos para facilitar su posterior análisis. En ocasiones planteaban preguntas sobre piezas inusuales, o la propia Odewale detectaba algo en las bandejas que no había visto antes en Santa Cruz. El año que fui de visita, distinguió una cuchara de peltre. «Es complicado dar con ello [el peltre] en el Caribe», dijo Odewale. El peltre era un producto caro de importar incluso para los esclavistas, y la arqueóloga no lo había encontrado ni siquiera en la Christiansted urbana. Aun así, aquella cuchara estaba entre las pertenencias de los esclavos, en una plantación rural de azúcar.

En otros tiempos, la comunidad arqueóloga e historiadora habría dado por hecho que serían los esclavistas quienes adquirieron todos esos objetos en los pueblos cercanos a sus plantaciones, junto con las otras compras que hiciesen. Pero si los esclavos africanos no recibían un salario, ¿cómo iban a participar en la economía capitalista construida a partir de su trabajo? Nuevas investigaciones llevadas a cabo en archivos y sobre el terreno han desvelado que los esclavos africanos del Caribe y del sureste de Estados Unidos sí adquirían sus posesiones. En Santa Cruz y otras islas del Caribe, los esclavos africanos (y personas negras libres, viajantes y residentes blancos de clase media y baja) hacían sus compras en los mercados de los domingos, normalmente organizados por mujeres negras, tanto libres como esclavas. Allí, los esclavos vendían o cambiaban el excedente de las cosechas de sus campos de aprovisionamiento o cerámicas y otras piezas de artesanía que elaboraban, quizá a gente como los esclavos reales, que carecían de huertos. Con los beneficios obtenidos adquirían otros artículos, como porcelana importada y pipas de tabaco. Alguien, en algún momento, compraría la cuchara de peltre. Su identidad seguirá siendo desconocida, así como las razones de su elección. Pero ahí, entre los residuos de un apocalipsis y la creación de muchos más, se había tomado una decisión. Se había expresado una preferencia. Se había resuelto un problema. Se había cumplido un deseo.

Ayana Omilade Flewellen, integrante del equipo de arqueólogos que trabajaban en la Estate Little Princess, se centró en un tipo concreto de piezas arqueológicas que capta vívidamente cómo los esclavos africanos expresaban su identidad: los restos de ropa y de joyas. En ese entorno tropical, cualquier tejido enterrado se habría descompuesto mucho tiempo atrás, pero aún era posible recuperar objetos como botones, cuentas, corchetes y conchas perforadas. Pese a hallar varios botones hechos con hueso de vaca, el equipo no había dado con los trozos de hueso más grandes a partir de los que pudieran haberse tallado; eso significaba que los esclavos africanos que usaban los botones no los fabricaban, sino que los compraban o cambiaban en los mercados de los domingos, bien por separado o ya cosidos a las prendas. Flewellen confiaba también en detectar cómo las prácticas ornamentales de los esclavos africanos en la Estate Little Princess cumplían, o desafiaban, las leyes danesas que dictaban qué tipo de tejido, joya o estilo tenía permitido llevar cada cual en las colonias insulares del país. En el siglo XVIII, los códigos daneses en materia de esclavitud se contaban entre los más duros del mundo: no incluían «ni una sola mención relativa a la cobertura de unos niveles mínimos de alimento, ropa o refugio», al tiempo que permitían castigos como «desmembramientos, marcado a fuego, palizas, ahorcamientos y castración». Por tanto, encontrar evidencias de su indumentaria es la única manera que tenemos de saber a ciencia cierta cómo reaccionaron los esclavos africanos a las leyes que regían su imagen pública, incluido el hecho de si las respetaban o no.

De nuevo en la mesa de clasificación con Odewale, un estudiante sostenía en alto un objeto inusual mientras se preguntaba en qué montón dejarlo. Se trataba de una bolita perfectamente redondeada, más o menos del tamaño de un guisante. Odewale corrió a examinarla. La bola pesaba y parecía tener una tonalidad oscura bajo el polvo de tierra de su superficie. La arqueóloga soltó un grito ahogado. «¡Has encontrado una bala! ¡Es una bala de mosquete!», exclamó. Podía ser una prueba de la violencia ejercida contra los esclavos africanos, o quizá una señal de que estos cazaban animales salvajes o incluso de que planearon un levantamiento o una fuga.

Odewale estaba a punto de dejar la bala en el montón de los metales, pero entonces, para estar segura, frotó con suavidad la superficie usando un cepillo de dientes. Al desprenderse la tierra, lo que el objeto reveló no fue la superficie negra de una bala de plomo, sino el color marrón de la arcilla de la zona. Al final resultó que no era una bala: se trataba de una canica recia de arcilla que había rodado en las manos de alguien mucho tiempo atrás. La canica podía ser la evidencia de un juego infantil o de una apuesta entre adultos, algo que prohibía el brutal código de esclavitud danés. «Es un indicio de ocio», dijo Odewale, de un momento reservado al asueto y la diversión entre personas que tenían ambas cosas prohibidas oficialmente. Lo que Odewale veía en la aldea no era «solo gente trabajando, obligada a sacar adelante la plantación. Aquí hay familias, estas personas están conectadas, y llevan la mejor vida que pueden».

No obstante, la canica también pudo haber sido funcional. Gracias a relatos orales, Odewale sabe que los esclavos africanos echaban canicas de arcilla en vasijas opacas de cerámica que contenían agua. Cuando las canicas empezaban a chocar contra los lados de la vasija, era señal de que el nivel del agua estaba bajando. «¡Una innovación!», exclamó Odewale mientras les planteaba esa posibilidad a los estudiantes. «Lo digo en serio: aquí había auténticos genios. Lo único que tenemos que hacer es pararnos a intentar escucharlos.»

Reafirmar su identidad y crear comunidades en sus aldeas, como hicieron los esclavos de la Estate Little Princess mediante juegos, invenciones, mercados y quizá la vestimenta, era una forma de rebelión contra el régimen deshumanizador de la esclavitud. Sus campos de aprovisionamiento les permitían, además, tener un control sobre su dieta. En Morne Patate, una plantación de Dominica, Hauser descubrió uno de esos campos enterrado bajo una zona de cultivo. Su equipo extrajo e identificó semillas y otros restos de plantas de todo el mundo: maíz de América, guayaba del Caribe, cebada de Europa y mijo y sorgo, típicos de África. Ese experimento con diversos granos llevó a la creación de una nueva gastronomía caribeña, guiada por los gustos de los esclavos africanos.

En sus campos de aprovisionamiento, los esclavos también podían luchar contra la destrucción ambiental de la que se veían obligados a participar en otras zonas de las islas. Al ser ellos quienes trabajaban la tierra y cuidaban de las cosechas, debían de ser muy conscientes de cómo las exigencias de los esclavistas afectaban a la ecología de las islas. Plantar cultivos trepadores como la fruta de la pasión en sus campos de aprovisionamiento les permitía conservar la firmeza del suelo y contrarrestar la erosión causada por la deforestación generalizada. Los esclavos africanos eran «ingenieros que resolvían problemas provocados por otros», afirma Hauser.

La geografía y la política caribeñas ofrecían asimismo las condiciones perfectas para que mucha gente escapase de la esclavitud. Hubo africanos esclavizados en Santa Cruz que se escabulleron de las plantaciones y formaron comunidades ocultas en zonas más accidentadas de la isla, y luego, una vez que las plantaciones de azúcar se expandieron e invadieron espacios anteriormente aislados, cruzaron el mar para trasladarse al vecino Puerto Rico y a otras islas cercanas. Algunos se verían arrastrados a la deriva por las corrientes oceánicas o tendrían que nadar distancias abrumadoras, otros se colarían a bordo de barcos con documentación falsa o construirían en secreto sus propias canoas y remarían camino de la libertad. La esclavitud estaba ampliamente extendida por el Caribe y seguía siendo legal en Puerto Rico, aunque allí el Gobierno español acogía a los huidos de islas danesas como Santa Cruz con el objetivo de hacer mella en uno de sus rivales imperiales y, quizá, recopilar información valiosa sobre la situación de esas otras colonias.

Los esclavos africanos que no lograban escapar de las fincas azucareras corrían igualmente riesgos enormes para buscar lugares fuera de la vista de sus dueños en los que construir sus propias comunidades y desarrollar nuevas formas de existencia entre el apocalipsis de la esclavitud. Esa clase de sitios no se señala en ningún mapa ni se recoge en los registros de las plantaciones. Se trata de secretos muy bien guardados por personas cuyas experiencias e ideas personales, por lo general, quedaron excluidas de la historia escrita. Actualmente, los arqueólogos suelen ser los únicos capaces de encontrarlos y verlos como los espacios de poder, acción y resistencia que fueron.

Armstrong descubrió uno de esos sitios secretos en la plantación de Trents en Barbados. Como en la mayoría de las plantaciones, Trents no disponía de muchas zonas en las que los esclavos africanos no estuviesen vigilados. Los observaban en los campos en los que sembraban y cosechaban la caña de azúcar; en la abrasadora fábrica en la que procesaban las cañas para obtener azúcar y ron; en sus propias casas, situadas en una hondonada, a plena vista de la mansión y la fábrica de los esclavistas, justo enfrente. En aquella plantación solo había un lugar en el que un esclavo pudiese eludir, aunque fuera solo brevemente, los ojos fisgones que lo dominaban todo: una cueva ubicada unos veinticinco metros más abajo, en la propia hondonada.

Armstrong llevaba años ocupándose de la excavación de Trents cuando encontró la cueva. Su equipo y él se habían pasado la temporada de trabajo de campo localizando y excavando la aldea en la que vivieron los esclavos africanos y decidieron sondear la hondonada, dado que era el único lugar próximo a la aldea que estaba apartado de la vista de los esclavistas. Si los arqueólogos habían reparado en esa circunstancia, seguro que los esclavos que antaño habitaron la zona también lo habían hecho.

En compañía de otro colega, Armstrong bajó hasta el suelo de la hondonada escurriéndose y resbalándose entre árboles y raíces. Allí vieron un refugio natural creado por una roca saliente y cubierto por unas enredaderas, y en la pared del fondo hallaron la boca de una cueva a unos dos metros de altura. Utilizaron asideros y estribos para trepar por la piedra caliza y mirar el interior. La cueva se adentraba unos seis metros en la roca, aunque era tan baja que los arqueólogos tuvieron que encorvarse para entrar. Armstrong avanzó agachado por el lateral de la cueva, con cuidado de no alterar el suelo ni los objetos que estuviesen en la superficie. Con la linterna del móvil, vio huesos de animales, cenizas de un fuego increíblemente antiguo y trozos de hierro. Más al fondo aún, Armstrong y su colega divisaron lo que identificaron de inmediato como una colección de hojas de hierro.

Entendieron que debían dejar la cueva y sus objetos donde estaban y regresar lo antes posible a excavar. Sin embargo, el descubrimiento fue tan inesperado, tan impactante, que cuando Armstrong salió de la cueva tuvo que volver a asomar la cabeza para echar otro vistazo. ¿De verdad acababa de ver lo que creía haber visto? ¿Un lugar de reunión secreto? ¿Armas escondidas fuera de la vista de la mansión de los esclavistas? Así era.

Posteriores excavaciones desvelaron que las hojas tenían al menos doscientos años y quizá hasta trescientos cincuenta o cuatrocientos. Muchas de ellas comenzaron su existencia siendo bisagras de hierro y otros objetos prácticos que alguna persona limó y convirtió en dagas y machetes mucho tiempo atrás. Junto a una bisagra modelada como cuchillo, se halló una piedra de amolar, seguramente sacada de la fábrica de azúcar para afilar las hojas. Según parecía, en esa cueva no había vivido nadie: solo se encontraron botellas de cristal (el elemento característico de la basura doméstica en el Caribe colonial y la principal forma que tenían los esclavos de transportar, enfriar y almacenar la escasa agua disponible) fuera, en el refugio de roca.

«Al principio me planteé si estarían preparándose para participar en la rebelión de los esclavos de 1816 [en Barbados]», cuenta Armstrong. No obstante, las excavaciones demostraron que los objetos de hierro seguramente se habían dejado en la cueva antes y también después de esa época. Su prolongada horquilla temporal y el cuidado con el que estaban colocados allí llevaron a Armstrong a pensar que quizá fuesen ofrendas. Los huesos de cordero respaldaban esa interpretación; dado que se habían cocinado e ingerido allí, muy lejos de cualquier espacio doméstico, tal vez sus muertes fuesen sacrificios hechos como parte de un ritual ancestral. Armstrong concluyó que la cueva podía entenderse más bien como un santuario en el que generaciones de esclavos africanos practicaron una religión tejida a base de recuerdos y circunstancias, sin que sus esclavistas vieran nada.

La herrería y la forja se habían practicado en el África occidental durante siglos antes de que comenzase el comercio transatlántico de esclavos, y los pueblos de esa región adoraban a varios dioses vinculados al hierro. Transformar metales y convertirlos en armas imbuía a los herreros de poder social y espiritual mediante su conexión con Ogún, el dios del hierro. Ogún tenía la «capacidad de reintegrar tras el desorden, reequilibrar tras la inestabilidad y producir algo totalmente nuevo a partir del calor y la violencia», escribe la arqueóloga e historiadora Candice Goucher.

Actualmente, nadie sabe qué había en la cabeza de quienes fabricaron las armas de hierro en la cueva de la plantación de Trents, ni lo que tenían previsto hacer con ellas. Quizá estuviesen organizando un levantamiento, o una serie de ellos, que nunca ocurrieron y, por tanto, no quedaron registrados. A lo mejor aquello era un almacén común de suministros para quienes iniciaban su fuga, o para quienes necesitaban un arma que pudieran disfrazar de objeto doméstico hasta que estuviesen listos para usarla. O, tal y como sugieren los huesos de corderos sacrificados, la cueva pudo haber sido una especie de capilla para entrar en contacto con los dioses que los esclavos se habían visto obligados a dejar atrás, o con los nuevos que estuviesen creando. En esa isla, en el corazón de ese nuevo mundo, a lo mejor Ogún y sus habilidades sagradas adoptaron un nuevo significado: un dios del apocalipsis, adorado por personas resueltas a sobrevivir.

CAPÍTULO 9

POR QUÉ NOS HEMOS QUEDADO ATRAPADOS EN EL APOCALIPSIS Y CÓMO ENCONTRAR UNA SALIDA

Habían pasado algunas décadas desde la llegada del apocalipsis y se había construido ya una ciudad nueva a partir de los escombros de la vieja. Era el centro de un nuevo imperio, el lugar en el que personas procedentes de todos los rincones del globo recién cartografiado podían conocerse e intercambiar riquezas inconmensurables que alimentaban el deseo de obtener más. Esa ciudad, con sus nuevas oportunidades, atraía a un número cada vez mayor de gente con ideas nuevas sobre arquitectura, religión, gastronomía, agricultura y gobierno. Esas personas querían que la nueva ciudad se pareciese a su hogar de procedencia; querían sentirse allí como en casa, porque aquello era ahora su casa. Los palacios se habían convertido en mansiones, los templos en iglesias y los canales en calles.

La gente de la ciudad vieja aún alcanzaba a ver la sombra de la capital que habían erigido sus ancestros, dado que los espacios cambiaban de manos pero no de función; los nuevos mercados, plazas y escuelas se construyeron encima de los viejos y el lago seguía rodeando la ciudad nueva. Seguían viviendo en las mismas casas de siempre, y realizando exactamente los mismos trabajos de siempre. Sin embargo, había animales nuevos pisoteando los viejos huertos flotantes, mientras que las calzadas y los canales conservaban las cicatrices de la guerra y la nueva religión se esforzaba por eliminar todo cuanto pudiese de la antigua. Y lo que no conseguía borrar, lo absorbía y fingía que, en realidad, siempre había estado ahí. Los nuevos santos buscaban seguidores disfrazándose de los dioses antiguos, o quizá fueran los dioses antiguos quienes se colasen en las vestiduras de los santos.

Y aun así, con cada tormenta de la temporada de lluvias, el fantasma de la ciudad vieja se hacía presente. En verano, un día podía comenzar luminoso, sin nubes, con la ciudad refrescada por el aire limpio de las montañas, y los riscos de los volcanes cubiertos de nieve en el horizonte. Pero entonces, muchas tardes, llegaban las nubes de tormenta para convertir el día en noche, a veces en cuestión de minutos. Las nubes estallaban en torrentes de lluvia y granizo y el agua se derramaba por las calles y, en ocasiones, irrumpía en las casas. Los jardines y canales absorbían lo que podían, aunque la guerra y las nuevas edificaciones los habían dañado de un modo que la nueva población —la cual se había arrogado el mando de la ciudad— no sabía reparar. Las tormentas parecían casi sobrenaturales en su ferocidad y llevaban a los oriundos a recordar por qué habían honrado a su dios de la lluvia en el templo más importante de la ciudad vieja, mientras los recién llegados se preguntaban si ese demonio los estaría castigando por haber destrozado su templo.

Con frecuencia, las tormentas acababan igual de rápido que habían comenzado y dejaban atrás montones de piedras de granizo que parecían casi nieve compactada bajo el despejado cielo nocturno. Sin embargo, algunas lluvias seguían cayendo toda la tarde, toda la noche y hasta el día siguiente. El lago, que ni siquiera los naturales de la región habían logrado domar por completo, rebosaba los vagos límites que lo separaban de la ciudad. Cuando eso ocurría, la lluvia no tenía ningún lugar al que ir y comenzaba la inundación. El agua cubría las plantas bajas de las mansiones de la gente nueva y prácticamente disolvía las casas de adobe en las que aún vivía la mayor parte de la gente antigua. Se filtraba en los cimientos de las iglesias, los palacios y los monasterios nuevos, haciendo que se agrietaran y se desmoronasen desde dentro. Las calzadas que conectaban la ciudad con la orilla del lago desaparecían bajo el agua y los alimentos destinados por lo general a los mercados de la ciudad nunca llegaban. Por las calles pasaban flotando cadáveres hinchados de animales y, a veces, de personas. El agua estancada y putrefacta provocaba brotes de enfermedades.

Tras una inundación, la gente nueva que tenía tierras fuera de la ciudad se reubicaba en ellas mientras esperaba la retirada del agua; por su parte, la gente antigua recurría a familiares y amistades que vivían en el campo, reactivando de este modo vínculos que habían existido desde mucho antes del apocalipsis. Las casas de madera y adobe de la gente antigua sufrían daños más obvios que las nuevas mansiones de piedra, pero también podían reconstruirse de forma más rápida e íntegra. Los palacios e iglesias de piedra quedaban con daños permanentes; su solidez exterior ocultaba cómo el agua se había colado hasta su corazón mismo.

En cualquier caso, toda la gente, la nueva y la antigua, acababa siempre por regresar a la ciudad. La gente antigua sabía que su lugar estaba en esa isla, como lo había estado para sus ancestros cuando recibieron la llamada divina para instalarse allí; la nueva se veía arrastrada por la riqueza y el comercio que fluían por la ciudad procedentes de todos los rincones del mundo. Habían apostado su futuro a las oportunidades que ofrecía esa nueva economía, en uno de los pocos sitios en los que el destino individual podía escribirse y reescribirse. O quizá la gente, la nueva y la antigua, regresase obligada por los nuevos dirigentes, que, por encima de todo, temían perder su poder sobre aquel lugar que en otros tiempos se consideró el ombligo de la luna y que por entonces era el ancla del nuevo mundo. Si ese sitio desaparecía, el nuevo imperio no tardaría en correr la misma suerte. No importaba cuántos tuvieran que sufrir, ahogarse, morir de hambre o sacrificarse: no había ninguna intención (ni posibilidad) de permitir que esa ciudad cayese.

En 1524, Tenochtitlan estaba lo bastante reconstruida y transformada en Ciudad de México para acoger el regreso a la isla de toda la estructura española. Es muy probable que el nuevo Gobierno colonial no fuese consciente de cómo el pueblo indígena había logrado conservar su pasado en los cimientos de esa nueva ciudad destinada a destruirlo. Lo que sí sabían los europeos que habían proclamado su control sobre el valle de México era que se encontraban en una apabullante inferioridad numérica, incluso tras la muerte de tantos indígenas durante la epidemia de viruela y el posterior sitio. Necesitaban actuar rápido si querían albergar alguna esperanza de construir su propia capital en sustitución de Tenochtitlan antes de que los mexicas pudieran reagruparse y rebelarse.

En el transcurso de nuestro recorrido por el Tenochtitlan postapocalíptico, Raúl Barrera Rodríguez y yo dejamos atrás las ruinas del calmécac y nos dirigimos al edificio de al lado, que estaban reconvirtiendo en hotel. Debajo van a montar un museo subterráneo aún más ambicioso, aunque durante nuestra visita el lugar entero estaba todavía en construcción. Los ruidos metálicos y el sonido de los taladros se desvanecían según bajábamos al sótano, de vuelta al pasado. Allí, el equipo de Barrera Rodríguez había descubierto partes de dos edificios ceremoniales: un muro circular que pertenecía al templo de Ehécatl —el dios del viento cuyo santuario, más pequeño, se encuentra en la estación de metro— y una sección de lo que debió de ser la cancha de pelota más importante de Tenochtitlan. El juego de pelota mesoamericano se jugaba durante milenios por toda la región antes de que llegaran los europeos. Los jugadores debían golpear una bola dura de goma con la cadera y tratar de lanzarla para que se colase por los aros de piedra colgados en alto, en los muros que flanqueaban la angosta pista. Las canchas de pelota variaban en tamaño y altura, pero esta era monumental: cubría 50 metros de largo y albergaba una cantidad considerable de plataformas techadas a ambos lados para que los espectadores contemplaran el juego. Es probable que entre esos espectadores se encontrasen Moctezuma y otros nobles mexicas.

Encima de una de las plataformas sobresale la base de una casa de estilo europeo, plantada sobre unos cuantos metros de relleno. Se trata de una obvia interrupción arquitectónica de la construcción anterior. Al rehacer la ciudad a su imagen y semejanza, los invasores convirtieron un espacio público sagrado, diseñado para la ceremonia y el espectáculo, en un lugar privado de la élite pensado para cercar y excluir. No obstante, la materia prima de ambas edificaciones es la misma: los obreros usaron piedras de la cancha (o de sus ruinas tras la guerra) para construir las paredes de la casa. Durante las excavaciones, «a veces nos cuesta ver la diferencia entre lo prehispánico y lo que se hizo en la primera época colonial», aseguró Barrera Rodríguez. «Los materiales de construcción son las mismas piedras, las manos que hacen el trabajo son también las mismas, los suelos son similares.» La casa de encima de la cancha, que los registros coloniales sugieren que perteneció a un hombre llamado Juan Engel, es uno de los pocos sitios en los que la transición se percibe claramente.

A unas manzanas de allí hay otro ejemplo, bajo un edificio contiguo a uno de los laterales del Zócalo. Actualmente acoge una casa de empeños, pero en 1519 era la sede del complejo palaciego en el que Moctezuma alojaba a sus invitados extranjeros. Al excavar bajo el edificio moderno, Barrera Rodríguez halló los restos del suelo de basalto del período mexica sobre el que Cortés y sus hombres caminaron durante los ocho meses que pasaron en Tenochtitlan. También encontró los restos del nuevo palacio que el conquistador había construido encima después de que sus fuerzas tomaran la ciudad. Las piedras de un palacio mexica arrasado se utilizaron para levantar un palacio europeo sobre las ruinas del primero, y en ambos vivió el mismo hombre.

Destrozados bajo el suelo colonial, Barrera Rodríguez halló fragmentos de los vibrantes murales que decoraban las paredes del palacio mexica, pero también piezas de artesanía antigua incrustadas en la pared de una sala colonial: un relieve del dios Serpiente Emplumada y otro de un tocado con ornamentos. Cortés los había usado como elementos decorativos, igual que hicieron Moctezuma y sus predecesores; seguro que el español recordaba los murales a los que pertenecían originalmente. Al contemplar años después las piezas rotas que adornaban sus paredes, Cortés quizá sintiera una oleada de triunfo por todo lo que había conquistado, o a lo mejor fuera presa de la nostalgia por la fantástica ciudad que había conocido y los meses que había vivido rodeado de sus maravillas. Ni siquiera el hombre que ordenó la destrucción de Tenochtitlan pudo evitar honrar un pedacito de lo que esa ciudad había sido, y quizá de lo que él mismo le había hecho.

Al igual que la Aké posclásica, la Ciudad de México colonial se construyó con los escombros del apocalipsis. Sin embargo, al contrario que el mundo maya clásico o el Imperio Antiguo de Egipto, Tenochtitlan y el Imperio azteca no colapsaron del modo tradicional. La ciudad no menguó, el Estado no se desintegró ni el imperio se fragmentó. La desigualdad no decayó ni las jerarquías sociales quedaron patas arriba. Tras la conquista, las tierras y las personas del antiguo imperio, sencillamente, pasaron a otras manos; la capital continuó en el mismo sitio; las rutas comerciales se mantuvieron y se ampliaron hasta conectar territorios a ambos lados de ambos océanos; hombres españoles se casaron con mujeres nobles indígenas, creando una nueva jerarquía social y política que tomó prestado el prestigio de la anterior.

Cuando el mundo maya clásico se había desintegrado cuatrocientos años antes, fue el propio colapso el que creó las condiciones para la recuperación. En Aké, la gente se reencontró entre las ruinas y una comunidad del desastre se transformó por sí sola en una comunidad sin más, gracias al esfuerzo compartido y a la imaginación para reconstruir su hogar no como había sido antes, sino como era necesario que fuera. Pese a nacer muy probablemente del miedo, la incertidumbre y el sufrimiento, la Aké postapocalíptica floreció hasta erigirse en un lugar de abundancia y posibilidades, junto con otras innumerables ciudades y pueblos mayas postapocalípticos. A semejanza del Primer Período Intermedio de Egipto, el colapso trajo consigo un nuevo tipo de libertad y la oportunidad de reinventarse y renovarse.

Por el contrario, el apocalipsis del colonialismo que dio lugar a Ciudad de México excluyó esa clase de recuperación. Los conquistadores y los colonos que llegaron después estaban demasiado asustados por las posibles consecuencias de lo que habían hecho para pausar ni siquiera un instante su proyecto de deconstrucción y reconstrucción, mucho menos para pensar en cómo podría ser la restauración de la ciudad antigua. Los indígenas se vieron obligados a participar en el borrado de su ciudad y tuvieron poco que decir en el diseño de la nueva. Lejos de ser capaces de aunar esfuerzos entre los escombros para reagruparse y reimaginarse, las comunidades indígenas sufrieron el azote constante de la esclavitud, la violación, la migración forzosa y la enfermedad. Mientras España expandía su imperio por todo el norte y el sur de América, así como a través del Pacífico, hasta las Filipinas, Ciudad de México se convertía en el corazón político, económico y administrativo del Imperio español en América del Norte, en el nódulo que lo conectaba todo. Las heridas de la ciudad quedaron pavimentadas y el nuevo mundo se construyó encima. Pero debajo nunca llegaron a sanar.

Según pasaban los años y las décadas, y Ciudad de México cobraba cada vez más importancia para el Imperio español, empezó a evidenciarse una amenaza permanente para su existencia: el agua. En aquella ciudad insular había agua por todas partes y, además, fluía sin control. Ese problema también lo tuvieron los mexicas, que no lograron vivir en plena armonía con el lago que los rodeaba. Tenochtitlan experimentó varias inundaciones devastadoras en sus casi dos siglos de existencia como capital mexica, y algunas de ellas dejaron capas de barro que arqueólogos como Barrera Rodríguez encuentran en sus excavaciones y utilizan como herramientas de datación, dado que pueden hacerlas coincidir con los años de inundaciones precoloniales registrados en las historias indígenas. Para mitigar el riesgo de desastre, los mexicas intervinieron agresivamente en el lago y en su cuenca mediante la construcción de canales, islas artificiales, acueductos, diques, calzadas y presas. Su intención era regular el agua guiando su cauce, a veces caudaloso y dañino, hacia lugares como las chinampas, donde serviría a las necesidades de la ciudad en vez de amenazar su existencia.

No obstante, la infraestructura hidráulica de Tenochtitlan nunca acabó de repararse después de que las fuerzas españolas tratasen de destruirla durante el sitio de 1521. Muchos canales dañados se cegaron y se convirtieron en calles bordeadas por monasterios y mansiones de piedra. La demanda de madera en la ciudad colonial se disparó y causó la deforestación de las montañas de los alrededores. Cantidades ingentes de barro y limo se deslizaban hacia el valle y obstruían lo que quedaba de las tecnologías mexicas diseñadas para regular el agua. Los arados europeos soltaban sedimento, mientras que las pezuñas de sus vacas y ovejas pisoteaban el delicado suelo en capas de las chinampas. «Cuando unes todas esas cosas, empiezas a poner a prueba los límites de la ingeniería precolombina», afirma John López, un historiador especialista en arquitectura que estudia las estrategias mexicas y coloniales de control del agua en Ciudad de México. La urbe que existía gracias al lago se encontraba bajo la amenaza constante de ese mismo elemento.

Ciudad de México empezó a sufrir grandes inundaciones con una frecuencia más de dos veces superior a la que había afectado a la capital azteca. Las precipitaciones caídas durante las tormentas de la temporada de lluvias se acumulaban demasiado rápido para que la infraestructura hidráulica de la urbe pudiera asimilarlas. Las mansiones se inundaban y los colonos «quedaban varados en las plantas altas de sus casas, si tenían la suerte de conservarlas todavía», escribe la historiadora Louisa Hoberman. Las casas de adobe y madera de una sola planta que tenían las clases bajas indígenas desaparecían por completo. Por las calzadas inundadas no podían llegar a la ciudad ni el alimento ni los suministros. El riesgo de enfermedades se disparaba conforme las aguas estancadas se iban contaminando durante los días, semanas y meses siguientes a una inundación. Todos los peldaños de la escalera socieconómica se veían afectados, desde los acaudalados dueños de propiedades hasta la mano de obra forzosa indígena, una situación desastrosa para la economía y la legitimidad del Imperio español en su conjunto. «Cuando Ciudad de México se inunda, el proyecto colonial en su totalidad queda paralizado», sostiene López. Tras una inundación así, la recaudación de impuestos se reducía a la mitad, dado que la población europea huía a ciudades y pueblos de tierras más altas, como Coyoacán, el primer campamento base del Gobierno colonial después de la guerra, o Puebla, uno de los pocos asentamientos españoles que no se había construido sobre otro indígena anterior.

No obstante, el Gobierno colonial estaba decidido a mantener su control sobre Ciudad de México (y Tenochtitlan, debajo). Desesperado por resolver definitivamente el problema de las inundaciones, desestimó regular el flujo del agua que entraba y salía de la ciudad, como habían hecho los mexicas, y optó por deshacerse de toda el agua. A principios del siglo XVII, el Gobierno colonial contrató a los mejores ingenieros de Europa para que drenasen el agua de la cuenca de Ciudad de México, la cual carecía de una salida natural. Los ingenieros diseñaron un canal y túnel de drenaje de casi trece kilómetros de longitud, llamado el Desagüe, para transportar el agua hasta las montañas que rodeaban la ciudad y conducirla a un río que la llevase al golfo de México, a unos trescientos veinte kilómetros de distancia. El proyecto costó casi el doble que levantar la Catedral Metropolitana y reclutaron al menos a cuatro mil setecientos trabajadores indígenas (el 15 % de los hombres adultos indígenas del valle) para emprender la ardua tarea de construirlo (parece que ninguna de las personas al mando del proyecto pensó que esos trabajadores pudieran tener conocimientos hidráulicos valiosos aplicables a aquel entorno en concreto). Dos siglos después, el naturalista Alexander von Humboldt, de visita en el lugar, alabó el Desagüe como una maravilla de la ingeniería y un triunfo de la obra pública, semejante a lo que hoy sería la presa Hoover.

Y, sin embargo, nunca funcionó. Ciudad de México siguió sufriendo unas inundaciones catastróficas durante todo el período colonial, aunque el Desagüe se sometiera a reparaciones, reconstrucciones y ampliaciones frecuentes durante casi tres siglos. Su culminación se anunció por fin en 1900 (prácticamente trescientos años después de que se construyese su primera fase) con la inauguración del Gran Canal del Desagüe, que ocupaba unos cincuenta kilómetros de longitud y fue un elemento crucial entre los esfuerzos del dictador Porfirio Díaz por «modernizar» —frecuente eufemismo para «europeizar»— Ciudad de México.

Mientras la metrópolis trataba con desesperación de deshacerse del agua que no quería, paradójicamente estaba agotando el agua que necesitaba. Los menguantes lagos iban creando en el valle una superficie de territorio seco cada vez mayor y millones de personas se trasladaban a la capital para ocupar esos terrenos. Con el objetivo de cubrir las necesidades de la creciente población, cada vez se bombeaba más agua del acuífero situado bajo la ciudad. Al mismo tiempo, buena parte de la roca y el suelo volcánicos y porosos que permitían que el agua de lluvia se filtrase de nuevo a ese acuífero quedó cubierta por el pavimento para facilitar un mayor desarrollo urbanístico. La tierra reseca y deshidratada del lecho del lago empezó a colapsar: Ciudad de México, junto con sus edificios, calles e infraestructuras, comenzaba a hundirse.

Y el Gran Canal del Desagüe se hundió con ella. Ideado en sus orígenes para canalizar el agua monte abajo hacia un túnel valiéndose de la gravedad, el canal acabó estando por debajo de la boca de ese túnel. Hubo que añadir entonces puestos de bombeo para mantener el canal en activo, pero su capacidad había disminuido tanto que tuvieron que construirse múltiples túneles de drenaje adicionales, enormes, para complementarlo. El último se concluyó en el 2019, cuatrocientos once años después de finalizarse la primera fase del Desagüe, aunque en modo alguno supuso acercarse al sueño de tener una ciudad que no se inunde con frecuencia. En el 2021, un tramo abandonado e inutilizado del Gran Canal del Desagüe se convirtió en un parque urbano, sin agua a la vista.

Actualmente, Ciudad de México tiene al mismo tiempo exceso y carencia de agua. La metrópolis sigue viéndose afectada por catastróficas inundaciones todos los años durante la temporada estival de lluvias, transformando las calles en ríos, dañando casas, barriendo coches y matando a gente, casi siempre en los barrios más pobres. De manera simultánea, cortes de agua y luz asolan constantemente todas las zonas, salvo las más ricas. Mi bloque de apartamentos escapa por los pelos, casi siempre, porque almacenamos lo que pasa por las tuberías en un aljibe subterráneo. Cuando una fuga cercana o alguna bajada en la presión del agua impide que se llene el aljibe, racionamos el suministro y lo limitamos a un período de entre tres y cinco horas de agua al día. Por su parte, en los barrios pobres de la periferia oriental (la zona más alejada de la presa que ahora mismo proporciona, al menos, una cuarta parte del agua a la ciudad), los habitantes no pueden contar con recibir ni una gota del suministro municipal. Allí, la gente invierte una cantidad desorbitada de tiempo y dinero en pelearse por los tanques de agua, a menudo contaminada, que se reparten en camiones, en mitad de una situación plagada de corrupción y conflictos.

Desde que empezó el drenaje a principios del siglo XVII, la cuestión del agua en Ciudad de México ha sido tanto una increíble maravilla de la ingeniería como un desastre medioambiental insostenible, y los apocalipsis que se avecinan en el horizonte no harán más que aumentar los desafíos. El cambio climático ya está causando «lluvias más intensas, que equivalen a más inundaciones, pero también sequías cada vez más numerosas y prolongadas», afirmó en el 2017 Ramón Aguirre Díaz, el entonces director del sistema de agua municipal de Ciudad de México. A medida que la urbe continúe hundiéndose, el drenaje será cada vez más complicado y, al mismo tiempo, menos efectivo.

Cuando los desagües, bombas y túneles existentes fallan, algo que ocurre casi todos los años en algún punto del área metropolitana, los servicios de emergencia suelen tardar en llegar, aunque el desastre sea por completo predecible. En el verano del 2024, el barrio periférico de Chalco, de clase trabajadora, permaneció inundado más de un mes. El agua, contaminada por las aguas negras, alcanzó el metro y medio en algunas zonas, y los habitantes tenían que utilizar sus propias bombas de agua día y noche para mantener sus casas más o menos habitables. Las labores de retirada del agua, la basura y los sedimentos «rebasaron la capacidad de los equipos municipales y estatales», según la Comisión Nacional del Agua de México. Mientras tanto, los vecinos asistían a reuniones en las que se les prometía la construcción de una nueva tubería de desagüe, con los suelos de sus casas aún empapados por las aguas fecales.

Priorizar el drenaje no fue sencillamente una mala decisión colonial tomada hace cuatrocientos años. Se trata de una mala decisión colonial que Ciudad de México toma a diario, aunque las consecuencias sean cada vez más nefastas. Aun así, el terreno seco creado por el drenaje es el lugar en el que vive la gran mayoría de los habitantes de Ciudad de México. Ese terreno hizo posible el *boom* poblacional que convirtió la capital en una de las metrópolis más grandes del mundo. Ciudad de México sigue siendo el corazón político, económico y cultural de la nación. Incluso después de siglos de abuso y degradación medioambientales —o, más bien, *a causa de* ese abuso y esa degradación —, el lecho del lago es el fundamento de millones de vidas, incluida la mía.

Sin embargo, ese fundamento es inestable y, a veces, mortal.

El 19 de septiembre del 2017, a las 13:14, estaba trabajando en mi apartamento de Ciudad de México cuando noté un temblor. A los pocos segundos supe que era un terremoto. Estaba acostumbrada a que en Ciudad de México los seísmos se sintieran como estar en una barca que se mece, pero el ritmo de aquel era más rápido, más en *staccato* y más violento. Los muebles empezaron a saltar mientras yo me metía debajo del escritorio y me aferraba a una de sus temblorosas patas. No recordaba haber experimentado un terremoto así de ruidoso, al menos desde que tenía siete años y mis libros se cayeron de la estantería de mi dormitorio, junto a mí, durante el terremoto de magnitud 6,7 de Northridge, en Los Ángeles. Este nuevo temblor parecía más extremo que aquel, quizá porque, como adulta que llevaba años viviendo en Ciudad de México, de inmediato fui plenamente consciente de las peores consecuencias. Era el terremoto que siempre supe que llegaría, el que había estado esperando y temiendo. Era el terremoto que derribaría edificios y mataría a gente. Quizá a mí.

Cuando por fin el temblor se detuvo en nuestra zona, después de un minuto interminable, y mi marido y yo salimos a la calle, nos enteramos de que había sido un seísmo de magnitud 7,1. La cobertura de telefonía móvil era irregular, no había luz ni gas y parecía que la ciudad entera estuviese deambulando por las calles, aturdida, sin saber si era seguro volver a nuestras casas. Más tarde supe que amigos y familiares de fuera de Ciudad de México ya estaban viendo por televisión imágenes espantosas de edificios derrumbados y dañados, pero nosotros tardaríamos horas en poner los ojos sobre una televisión o un sitio web de noticias en funcionamiento. A esas alturas solo estábamos al corriente de lo que ocurría en las calles que nos rodeaban y solo teníamos información dispersa sobre derrumbes de edificios, intentos de rescate e incluso la ubicación de personas que llamaban a emisoras de radio con la esperanza de que los locutores transmitiesen o leyesen sus llamadas para que su familia supiera dónde se encontraban. Estuve caminando, fijándome en montones de cristales rotos bajo marcos de ventanas vacíos, fachadas de edificios que se habían convertido en escombros esparcidos por la calle y gente que, por valentía o insensatez, entraba en los edificios dañados una última vez y salía con maletas hechas a toda prisa. Traté de memorizar qué edificios presentaban las peores grietas para no cometer nunca el error de entrar en ellos después de que los daños visibles se hubiesen tapado con yeso.

Al final nos enteramos de que se habían derrumbado decenas de edificios en toda Ciudad de México, incluida una escuela de primaria, y muchísimos más estaban dañados. Casi trescientas personas murieron en la metrópolis y alrededor de otro centenar en los estados vecinos, donde muchos pueblecitos quedaron destruidos por entero. Miles de personas perdieron su casa, entre ellas varios amigos y familiares. *A posteriori*, el estrés postraumático fue una lesión común; durante meses parecía que nadie pudiera dormir ni respirar con normalidad siquiera. A veces, me sorprendía a mí misma corriendo hacia la puerta al menor temblor, hasta que me daba cuenta de que lo que notaba eran mis propias palpitaciones. No podíamos pensar en otra cosa que no fuese el terremoto, y desde luego tampoco podíamos hablar de nada más: dónde estábamos cuando ocurrió, cómo lo sentimos, quién se había quedado sin casa... Sin embargo, todos sabíamos que habíamos tenido suerte. Al fin y al cabo, aquel no era el mayor apocalipsis que había sufrido Ciudad de México.

Por increíble que parezca, el terremoto del 19 de septiembre del 2017 se produjo exactamente treinta y dos años después del temblor más letal de Ciudad de México: el seísmo de magnitud 8,1 que afectó a la capital el 19 de septiembre de 1985. Aquel otro temblor se había originado en la costa del Pacífico del estado de Michoacán, a unos trescientos veinte kilómetros de Ciudad de México, y tuvo una duración similar, de un minuto abrumadoramente largo. Entre los cientos de edificios destruidos, hubo hospitales y escuelas, además de rascacielos residenciales, fábricas y hoteles. En Tlatelolco, una torre de apartamentos de 13 plantas, situada en un complejo de viviendas sociales, se inclinó y cayó al suelo «como un barco encallado entre sus propios escombros», escribe Rebecca Solnit. El recuento de muertos sigue siendo controvertido, pero por lo general se admite que fallecieron al menos diez mil personas.

A primera vista, resulta extraño que Ciudad de México sufra terremotos tan intensos. No se encuentra especialmente cerca de ninguna gran falla; desde luego, no está construida encima de una, como Los Ángeles. La mayoría de los temblores de México ocurre en la costa del Pacífico, como el de 1985; el epicentro del seísmo del 19 de septiembre de 2017, pese a no situarse en la costa, tampoco estuvo muy próximo a la ciudad, sino a 120 kilómetros. Aun así, se sintió casi con la misma intensidad en algunas zonas de la urbe que en el propio epicentro. En 1985, el temblor fue cinco veces más intenso en el interior de la ciudad que fuera. Los cientos de kilómetros de roca que separan la costa de la metrópolis filtraron las oleadas del impacto y las convirtieron en frecuencias particularmente peligrosas para edificios de entre seis y dieciséis plantas de altura, por eso el terremoto resultó tan letal. Bajo la tierra que había sido Tenochtitlan y su lago, y que ahora es el centro de Ciudad de México, la arena y la arcilla del lecho drenado del lago atraparon y amplificaron las ondas sísmicas, que rebotaron por toda la cuenca y crecieron en intensidad cada vez que colisionaban unas con otras. Los geólogos suelen comparar Ciudad de México durante un terremoto con un tazón de gelatina que echara a temblar y tuviera encima una megalópolis balanceándose.

En nuestro mundo postapocalíptico, los efectos de los desastres naturales nunca son en esencia naturales. Si Ciudad de México no estuviese construida sobre un terreno inestable creado por el drenaje, la mayoría de los terremotos se extinguiría mucho antes de darnos alcance, o al menos impactaría con mucha menos fuerza. Si nuestro acuífero no se hubiese consumido peligrosamente después de bombear el agua del lago, la tierra que tenemos debajo no estaría cediendo ni hundiéndose. Si el lago siguiera existiendo, el agua que debía haber aquí no tendría que abrirse paso violentamente con cada tormenta de la temporada de lluvias.

Otras tierras colonizadas tienen su propia versión del Desagüe; este error medioambiental colonial es tan grande que su sombra continúa anulando otras posibilidades, al tiempo que garantiza que futuros desastres y apocalipsis adopten las peores encarnaciones posibles. Las comunidades aborígenes australianas habían gestionado los ecosistemas de su continente mediante quemas frecuentes y controladas desde mucho antes de la antigua subida del nivel del mar durante la Gran Inundación. Milenios de incendios antropogénicos habían creado paisajes que facilitaban mantener las llamas bajo control, y la gente confiaba en su tierra y en sus ecosistemas para saber recuperarse, adaptarse y florecer de la mejor manera tras una quema. Sin embargo, cuando el Gobierno colonial británico se apoderó de Australia, prohibió la quema cultural y, con ello, amenazó literal y figuradamente los asentamientos agrícolas permanentes y las ideas europeas sobre la propiedad privada.

Por supuesto, el Gobierno colonial no se contentó con ilegalizar la quema cultural. Además, trató de cercenar el vínculo del pueblo aborigen con su tierra y su historia matando a la población, robándole a los niños para «escolarizarlos» y adoptarlos (una práctica que continuó hasta la década de 1970 en Australia y que tuvo estrechos paralelismos con Canadá y Estados Unidos), y confinándola en reservas, entre otras atrocidades. «Fue desolador» para el pueblo aborigen, afirma Mark Koolmatrie, un anciano ngarrindjeri, así como devastador para el medio ambiente, de modo que Australia se volvió muchísimo más peligrosa para todas las personas que la habitan. La reducción de los incendios controlados convierte el paisaje en un yesquero listo para prender a la menor chispa y arder sin control. En enero del 2020, la mitad de la isla Canguro (la tierra y el camino a la otra vida creados por Ngurunderi al invocar las aguas para que castigasen a sus esposas fugadas) se quemó en un catastrófico incendio, igual que muchas otras partes del paisaje australiano. Actualmente, los incendios forestales desbocados son un fenómeno anual. «Deberíamos haber hablado con los ancianos para aprender a evitar los fuegos, pero condenaron al desprecio todo nuestro sistema de conocimientos», cuenta Koolmatrie.

Historias similares se han desarrollado en toda América, desde Canadá hasta el Amazonas. En California y el oeste de Estados Unidos, se denigraron e ilegalizaron las prácticas indígenas de control de incendios y se optó por erradicar las quemas forestales, hasta que los paisajes, que habían evolucionado para arder de forma inevitable, estallaron en desastres sin precedentes. En las Grandes Llanuras de Estados Unidos y Canadá, decenas de millones de bisontes fueron abatidos por los colonos del siglo XIX como un modo de diezmar la salud, la prosperidad y el poder político de las naciones indígenas que dependían de ellos. A lo largo del siguiente siglo y medio, los ecosistemas que habían evolucionado para alimentar al bisonte y nutrirse gracias a él empezaron a marchitarse en ausencia de estos animales y se hicieron menos biodiversos y más vulnerables a las sequías. En el Caribe, la precariedad medioambiental creada por la esclavitud sigue grabada en los paisajes de las islas «terraformadas». En Dominica, que se publicita ante los visitantes como la «isla natural» del Caribe, los acuíferos agotados por la producción de azúcar en la parte suroeste «nunca han vuelto», asegura Mark Hauser. Tras la abolición, además, a muchos trabajadores emancipados les fue imposible comprar tierras allí y se vieron obligados a vivir en peligrosas hondonadas del litoral. Sus descendientes siguen habitando aún esas zonas, directamente en el camino de deslizamientos de tierra e inundaciones causados por tormentas, como los devastadores huracanes Irma y María en el 2017.

Contamos historias de incendios, supertormentas y deterioro de preciados paisajes como si formasen parte del emergente apocalipsis del cambio climático: como un relato del futuro, no del pasado. Sin embargo, el mundo moderno, con todas sus comodidades y desafíos, milagros y tragedias, ya es un paisaje postapocalíptico, conformado por el mismo tipo de heridas profundas y sin curar que reposan bajo Ciudad de México. Al retirar la capa exterior de nuestros apocalipsis actuales, encontramos otra justo debajo, que en mi hogar en concreto se remonta al drenaje del lago, a las inundaciones que hicieron que ese drenaje pareciese la única solución, a la guerra de la que Tenochtitlan nunca pudo recuperarse y a la invasión extranjera que desencadenó dicha guerra. En otros hogares, las capas serán distintas, pero ahí están, a la espera de que las veamos tal y como han sido siempre.

Concebir el mundo moderno como un palimpsesto de apocalipsis implica ver cómo los errores y atrocidades de la historia reverberan en el presente de maneras que siempre fueron contingentes y nunca estuvieron del todo planeadas, pero que se volvieron ineludibles. Se han incrustado tan hondo en nuestras expectativas y en nuestro imaginario que acaban por parecer inevitables, incluso naturales, cuando lo cierto es que ni lo fueron entonces ni lo son ahora. Si logramos comprender que ya vivimos en un postapocalipsis, podremos ver que nuestro mundo fue una opción y que sigue siendo eso, una opción. Así que podremos contemplar la posibilidad de que existan otras opciones: otros mundos posibles.

En los últimos años, está cada vez más aceptado que el Desagüe fue y es una estrategia fallida para Ciudad de México; lo admite incluso el Gobierno, que aun así continúa financiando y ampliando proyectos de drenaje mientras proporciona escasas ayudas a sus ciudadanos durante las inevitables inundaciones. Una parte del lago Texcoco drenado, que hasta hace poco se preveía asfaltar para construir un aeropuerto internacional, la están recuperando ahora como humedal y parque ecológico. El Gobierno municipal ha invertido en proyectos de infraestructura verde y sistemas de recogida de agua de lluvia en barrios que sufren estrés hídrico. Se han ido cultivando diminutos humedales junto a una carretera que en otros tiempos fue un río, sacando el agua de su escondite y filtrando la contaminación. No obstante, las soluciones siguen siendo menores y relativamente locales, desconectadas unas de otras, y el problema lleva siglos agravándose.

A estas alturas, el entorno lacustre de Tenochtitlan nunca recuperará del todo su estado original, afirma López. En realidad, tal cosa no es posible, al menos en un período equivalente a la escala temporal de una vida humana. «No se pueden revertir de la noche a la mañana quinientos años de prácticas urbanísticas y ecológicas. Quizá se necesiten otros quinientos años», sostiene. Para los habitantes actuales de Ciudad de México, el daño del apocalipsis está hecho.

Sin embargo, tal y como hemos visto en Aké, Abidos, la costa norte de Perú e incluso las aldeas posteriores al colapso en el valle del Indo, los paisajes postapocalípticos no son eriales. Pueden ser lugares de abundancia, creatividad y renovación, y ofrecen su propio surtido de dádivas. Son capaces de darnos todo lo que necesitemos si estamos dispuestos a aceptarlo, a experimentar con ello y a utilizarlo para entender lo que puede ser el mundo, en vez de fijarnos en lo que ya no es. En un postapocalipsis, la recuperación no significa volver atrás en el tiempo. Significa construir desde el apocalipsis y junto a él de manera que no borremos el pasado, sino que lo usemos para reimaginar el futuro.

Las dádivas del postapocalipsis no son las que esperaríamos recibir. No son lo que queremos, lo que anhelamos, lo que imaginamos para nuestra vida. Aun así, pueden suponer la puerta de entrada a unas transformaciones, previamente impensables, que acabarán por definir quiénes seremos el resto de nuestra vida y la percepción de lo que somos capaces de hacer. En el postapocalipsis, la gente cambia y las sociedades no tienen más remedio que seguir su estela.

Tras el terremoto de 1985 en Ciudad de México, la respuesta del Gobierno al desastre fue desgraciadamente escasa, rozando la inexistencia. De entrada, la propia corrupción gubernamental había permitido que se construyeran muchos edificios de calidad inferior. En las torres de apartamentos de Tlatelolco, la gente se había estado quejando de los daños de un terremoto anterior y de las reparaciones defectuosas que se habían llevado a cabo, y el Gobierno había hecho caso omiso, con unas consecuencias devastadoras. Minutos después de que acabara el temblor, la población se dio cuenta por toda la ciudad de que la ayuda oficial no iba a llegar, así que entró en acción por su cuenta y riesgo, despejando escombros, rescatando a supervivientes, organizando refugios, montando cocinas en la calle y buscando a muertos y desaparecidos.

En su crónica del terremoto de 1985, la periodista mexicana Elena Poniatowska entrevistó a Consuelo Romo Campos, que perdió a su hermana, a su hija y a tres nietos en la caída de la torre de Tlatelolco. «Perdí a mi única familia, lo único que tenía [...]. Lloraba yo sola. Dije, no, yo tengo que ayudar, no soy la única», declaró la mujer. Llorando, Romo Campos repartió agua y alimentos a rescatadores voluntarios y a otras familias que esperaban. Al poco estaba coordinando a legiones de personas que habían acudido a aquel barrio devastado para ayudar. «Yo ya sabía lo que la demás gente sentía, lo sentía en carne propia, porque a mí me estaba sucediendo; estaban tan destrozados como yo. Entonces puse más y más mi amor como voluntaria», haciendo de todo, desde preparar comida en una cocina callejera hasta cargar con restos del colapso del rascacielos.

También en Tlatelolco, voluntarios sin formación ni equipación alguna se colaron en los escombros de la torre y de otros innumerables edificios de la ciudad en busca de supervivientes. Durante los meses que siguieron, esos voluntarios se unieron para formar los Topos de Tlatelolco, o los Moles de Tlatelolco, y se convirtieron en un equipo oficial de salvamento y rescate. Ahora los Topos viajan con frecuencia a otros países para prestar ayuda después de un desastre, como el tsunami de Indonesia del 2004 o el terremoto de Haití del 2010. También estuvieron en las calles de Ciudad de México el 19 de septiembre del 2017: se juntaron con voluntarios de toda la ciudad que corrían a las zonas más afectadas y se sumaron a los vecinos para liberar a supervivientes de áreas colapsadas, pasándose cubos de escombros de mano en mano.

En ambos seísmos ocurridos un 19 de septiembre, algunas fábricas textiles colapsaron, lo que terminó con la vida de las costureras que había en su interior. En el 2017, las ruinas de una fábrica clandestina que empleaba a trabajadores textiles extranjeros, posiblemente indocumentados, fueron de las primeras que las máquinas excavadoras arrasaron, antes de que nadie pudiera comprobar cuántas personas había dentro y confirmar el número de fallecidos. En 1985, al menos mil seiscientos trabajadores textiles fallecieron en fábricas derrumbadas, y quizá muchos más. Los supervivientes se organizaron primero para rescatar a sus colegas y luego para exigir los salarios que les debían los dueños de las fábricas que habían puesto su vida en tamaño riesgo. «Ahora, al mirar atrás, las costureras recuerdan el día en que vieron a los jefes sacar las máquinas, entre los cuerpos y los gritos de sus compañeras, como uno de los momentos cruciales de sus vidas», escribía la activista sindical Phoebe McKinney. Al poco, las costureras crearon su primer sindicato, una de las escasas organizaciones sindicales independientes del Partido Revolucionario Institucional (PRI), que se aferraba con mano de hierro al Gobierno de México desde 1929 en lo que suele llamarse la «dictadura perfecta».

Las costureras, los Topos, los voluntarios, las víctimas: todos ellos se radicalizaron de pronto no solo por la inacción y la corrupción del Gobierno del PRI, que había permitido la construcción de tantos edificios vulnerables, sino por su propia e increíble capacidad de entrar juntos en acción. Dos años después, en vista de la organización política creada a raíz del terremoto, Ciudad de México se ganó la posibilidad de elegir su propia Asamblea Legislativa, el primer Gobierno municipal representativo que se autorizaba bajo el mando del PRI. Ahora se reconoce ampliamente que el terremoto fue el principio del fin de la dictadura del PRI, dado que la población entendió que el Gobierno unipartidista no estaba dispuesto a protegerla ni a ayudarla —tal y como la propia ciudadanía lo había hecho por su cuenta y riesgo—, o que ni siquiera era capaz de hacerlo. Tres ciclos electorales después del seísmo, en el 2000, el PRI perdió la presidencia por primera vez en setenta y un años. Desde entonces, ha caído derrotado en cuatro de las cinco elecciones presidenciales celebradas.

«Esta ciudad se reinventa, se reconstruye sola, a partir de su destrucción. Esta ciudad desaparece y vuelve a surgir de los escombros de forma periódica. Es la historia que tenemos en Ciudad de México», dijo Barrera Rodríguez mientras estábamos en el corazón de esta urbe apocalíptica, pensando en la gente que, una y otra vez, se ha negado a dejarla desaparecer. Esas personas no siempre fueron capaces de construir algo mejor; a veces, solo lograron esconder entre las ruinas una señal de su presencia y de su resistencia al apocalipsis para que nosotros la encontrásemos después; otras, construyeron algo peor, como hizo el Gobierno colonial cuando drenó el lago; en ocasiones, improvisaron soluciones que inesperadamente le dieron un rumbo nuevo a la historia. En cualquier caso, todas nos regalaron una ciudad postapocalíptica: precaria, flexible y preparada, capacitada, para que su pueblo la rehaga en cuanto llegue una crisis que nos brinde esa oportunidad.

Actualmente, la costa norte de Perú alberga incontables campos de azúcar de caña, arroz y otros cultivos, todo ubicado en el corazón de los valles fluviales. Se trata de la misma zona peligrosa en la que se levantaron Huaca Cortada y los demás templos piramidales, antes de quedar abandonados hace unos dos mil novecientos años, después de que El Niño adoptase su ritmo actual de aparecer una o dos veces por década. Pese al riesgo recurrente de inundaciones, esas zonas bajas son las más sencillas para la agricultura de regadío, y los negocios agrícolas (igual que hicieron los constructores de los templos piramidales mucho antes que ellos) han sacado el máximo provecho de su eficacia.

Con todo, los agricultores de antaño no se detuvieron ahí: ampliaron los canales y las tierras de cultivo incluso más allá de los ríos, sembrando parcelas de tierra más elevadas y secas que el propio suelo del valle, lo que llevó a regar un 40 % más de terreno del que usan los agricultores modernos. Esas zonas se llaman «pampas» y actualmente se asemejan a los inhóspitos desiertos que las rodean. Sin embargo, para los arqueólogos, los restos de vida antigua que quedan en las pampas son clave para entender cómo se adaptó el pueblo de la costa norte al régimen más frecuente de El Niño.

La arqueóloga Ari Caramanica pasó cinco temporadas de trabajo de campo trazando el perfil de los antiguos canales que habían quedado grabados en la superficie de la Pampa de Mocan, parte del valle de Chicama, unos ochenta kilómetros al norte de Los Morteros. En la Pampa de Mocan aún se distinguen, en la propia superficie, los canales de los agricultores antiguos; el aislamiento y la hostil aridez del paisaje los han protegido del arado, la siembra y la construcción. Lo mismo ocurre con los restos de los campos de cultivo que regaban esos canales, inutilizados desde hace al menos mil años, pero todavía llenos de restos microscópicos de plantas, evidencias directas de las especies que antaño prosperaban en la zona.

La mayoría de los canales que Caramanica cartografió estaban conectados directamente con el río y llevaban agua a las tierras de cultivo llanas y desbrozadas, tal y como la arqueóloga había esperado. No obstante, había un número considerable de canales y campos muy diferentes a todo lo que Caramanica había visto hasta entonces. Algunos de los canales de riego, en especial los que mostraban signos de daños muy antiguos, no se remontaban hasta el río, como había pensado la arqueóloga, sino a los lechos secos que se llenaban de agua y barro solo durante las inundaciones causadas por El Niño. Esos canales conducían a campos de cultivo que mostraban una pendiente deliberada; se habían delineado usando barreras de rocas y se habían llenado con montones de piedras, obstáculos obvios para la siembra en hileras del maíz, el cultivo principal de aquellas comunidades. Caramanica, que había visto con sus propios ojos cómo la agricultura moderna y a gran escala de los valles fluviales dependía de la extracción de agua de los ríos y su transporte a campos llanos y uniformes de monocultivos, no lograba descifrar para qué debían servir aquellos extraños canales y esos campos deformes y rocosos. En cualquier caso, no tenía ninguna duda de que los antiguos agricultores los habían usado para algo: estaban repletos de restos de cultivos viejos, igual que sus campos vecinos, llanos y uniformes, y suponían una tercera parte de todos los cultivos que Caramanica había documentado. Los diseños de la cerámica demostraban que esos canales y campos tan peculiares habían aparecido por primera vez hace poco menos de dos mil novecientos años, cuando la frecuencia de El Niño aumentó.

Los habitantes de la Pampa de Mocan, o sus ancestros más recientes, vivieron el cambio de El Niño y el abandono de los templos piramidales. Debían de saber lo que era verse arrastrados a un entorno nuevo y más peligroso para el que sus sociedades anteriores no estaban preparadas. Los agricultores de la Pampa de Mocan se dieron cuenta, más pronto que tarde, de que aquel apocalipsis no iba a desaparecer. Cuando Caramanica observó aquellos canales ciegos y los extraños campos en pendiente con los ojos de un pueblo que intentaba averiguar una vez más cómo vivir con una nueva versión de El Niño, de repente logró ver para qué eran: se trataba de una manera de recoger y utilizar el agua de las inevitables inundaciones.

Al contrario que el agua de un río, dócil y lenta, que podía llevarse hacia canales de riego normales y extenderse por campos llanos sin ningún problema, las riadas de El Niño llegaban veloces y enfurecidas. Esas crecidas no solo inundaban los canales normales, sino que además destrozaban los diques. En vez de reparar el canal para devolverle su estado anterior, los agricultores de antaño aprovechaban la destrucción para reconducir su rumbo no de vuelta al río, sino hacia un lecho seco. La mayor parte del tiempo no habría agua en el arroyo ni en el canal reparado, pero durante El Niño podrían recoger y canalizar el agua de las crecidas que se precipitaba desde las estribaciones. Una vez que el agua y el sedimento llegaban a la pampa, los campos en pendiente y las barreras de roca la ralentizaban, conservando el agua y permitiendo que el barro se asentase en aquel campo peculiar, pero ahora útil.

Caramanica vio lo bien que funcionaba aquel sistema cuando examinó los granos de polen atrapados en las distintas capas de tierra conservadas en un pozo antiguo. En algunas de las capas, encontró polen casi exclusivamente de cultivos como maíz y jícama, lo que apunta a una agricultura intensiva en los campos normales de la zona. En otras, halló una explosión de plantas que prosperan con mucha agua, como la espadaña, las margaritas y una familia relacionada con los tomates silvestres. Esas otras capas debían de corresponder a los años de El Niño, aunque incluso en las capas de El Niño encontradas en el pozo había polen de maíz. Pese a las crecidas y a la lluvia que destruían canales y arrasaban con campos de cultivo antes productivos, la gente continuó cosechando en los años de El Niño. Los canales de las inundaciones y los campos rocosos habían funcionado. La población sacaba menos maíz de un campo lleno de piedras, pero algo era.

Muchas de las ideas de Caramanica se confirmaron en el 2017, cuando la arqueóloga vio personalmente las consecuencias de El Niño en el valle de Chicama. En Perú, aquel suceso dejó a un millón de personas sin casa en el transcurso de dos meses. La destrucción, pese a la tragedia, no sorprendió a Caramanica. Lo que sí la impactó fue la abundancia que siguió: la Pampa de Mocan, por lo general tan seca y desolada, explotó de vida. Flores, hierbas, legumbres, tomates silvestres e incluso árboles aparecieron de la nada. Caramanica corrió a recoger muestras de esas plantas y comprobó que muchas de ellas eran las mismas especies o familias que las halladas en las capas de El Niño de aquel pozo antiguo. La principal industria agrícola del valle, la caña de azúcar, se vio gravemente dañada. Sin embargo, en el agua estancada que las crecidas dejaron atrás, los agricultores sembraron otros cultivos, maíz y calabaza entre ellos, como un reflejo de la estrategia que Caramanica había visto usar a sus ancestros. De esos efímeros campos de cultivo se obtuvieron cuatro cosechas que luego volvieron a desaparecer en el desierto, en cuanto la última gota de agua se evaporó o se hundió en la tierra.

En Perú y en cualquier otra parte, El Niño se considera hoy en día una interrupción de cómo debe ser el entorno y cómo debe vivir la gente en él. La recuperación significa regresar lo más rápido posible al *statu quo* de un año sin El Niño. Al igual que el Desagüe de Ciudad de México, esa estrategia parece lógica en regímenes coloniales basados en la propiedad privada y la extracción capitalista de los recursos, pero ha fracasado desde el principio. «Actualmente, lo único que crece con El Niño es el coste de las reparaciones», dice Caramanica.

Al contrario que quienes llevan negocios agrícolas contemporáneos (e incluso que las comunidades antiguas que, desafiantes, levantaron sus templos piramidales en el propio camino de las crecidas de El Niño), la gente que construyó los canales de la Pampa de Mocan no veía El Niño como una interrupción del ciclo típico de la naturaleza, sino como el propio ciclo típico de la naturaleza. No es que esas personas recibieran el apocalipsis con los brazos abiertos, pero lo esperaban. Más que tratar de controlar la fuerza de El Niño, integraron su inevitable destrucción en el sistema que ya tenían, reconduciendo el uso de los canales dañados para que transportasen inundaciones futuras. El resultado fue otro tipo de abundancia, pero abundancia al fin y al cabo.

Quizá la gente de la Pampa de Mocan nunca dejara de desear que El Niño llegase con menos frecuencia, como bien sabía que ocurría en tiempos de sus ancestros. Ese pueblo sufría pérdidas —casas, familias, comunidades, ecosistemas— y lloraba por lo que El Niño les arrebataba. En sus oraciones y rituales, quizá esas personas deseaban que la naturaleza regresara a lo que había sido antes. Pero a lo mejor no. Lo que nos dejaron esos agricultores antiguos fue una señal de que habían aprendido a convivir con la inestabilidad y los cataclismos, con todas las tragedias y oportunidades que estos conllevan. No salieron corriendo, ni murieron ni se rindieron. No fracasaron ni desaparecieron. Miraron cara a cara al apocalipsis y construyeron algo nuevo.

EPÍLOGO

EL PRINCIPIO

Cuando en el 2018 empecé a trabajar en lo que acabaría siendo este libro, pensé que los tipos de apocalipsis sobre los que estaba escribiendo quedaban muy lejos en el futuro. El cambio climático cobraba fuerza año tras año, pero el ritmo de sus impactos seguía dejando tiempo para la recuperación. La política en Estados Unidos y más allá era cada vez más extremista, aunque el colapso del Estado parecía todavía una posibilidad remota. Comenzaban a surgir patógenos peligrosos (el SARS, el ébola, la gripe aviar), pero la infraestructura sanitaria pública siempre había funcionado lo bastante bien para evitar que se extendiesen por el mundo. La desigualdad económica, ya arraigada, era cada vez más pronunciada y perniciosa, y aun así parecía solo un telón de fondo para la vida y las decisiones de muchas personas, no su fuerza motora. Por entonces, yo sabía que esas tendencias acabarían por entrecruzarse y propiciar un apocalipsis, o quizá muchos. Por eso quería escribir este libro, para expresar con palabras los riesgos a los que creía que iban a enfrentarse pronto nuestras sociedades y las oportunidades que ofrecerían esos apocalipsis venideros. Sin embargo, no me parecía que estuviésemos viviendo un suceso similar a los que investigaba.

Dos años después, mis suposiciones, y nuestra vida entera, cambiaron radicalmente a causa de la pandemia por coronavirus, y terminé escribiendo la mayor parte de este libro durante un apocalipsis. Era el momento perfecto y, al mismo tiempo, el peor que pudiera imaginar. Sabía que el antes, en el que creía que viviría el resto de mi vida, había acabado de repente, que me había sobrevenido un apocalipsis igual de rápido que a las personas de nuestro pasado más profundo, sobre las que estaba leyendo y reflexionando. Me pasé el grueso de la cuarentena hablando con arqueólogos que habían dedicado su carrera a estudiar ese tipo de acontecimientos y que estaban estupefactos por lo que suponía estar viviendo uno. Sharon DeWitte, la bioarqueóloga de la peste negra, observaba horrorizada cómo la desigualdad en los Estados Unidos del siglo XXI configuraba las consecuencias de una pandemia del mismo modo, trágico e ineludible, que en el Londres del siglo XIV. Roberto Rosado-Ramírez, que estudia cómo la ciudad maya de Aké se reagrupó convertida en aldea tras el colapso, sintió que su mundo se encogía en cuestión de días, que pasaba de ser una comunidad vibrante, urbana, académica e internacional a quedarse en los cuatro vecinos a los que aún podía ver. Las excavaciones de Raúl Barrera Rodríguez en el Centro permanecieron meses en pausa, mientras el arqueólogo veía cómo Ciudad de México se negaba a sucumbir a otro apocalipsis.

El lamento por mi propio mundo, por mi propia vida, por mi propio antes, me ayudó a entender y a imaginar mejor cómo ha reaccionado la gente a lo largo de la historia a la pérdida instantánea de lo suyo. En mi caso, una parte consistía en llorar por la versión de este libro que nunca llegaría a escribir. Estaba desconsolada por los viajes de investigación que nunca haría, por la gente a la que no conocería, por las conversaciones que no tendría. Me enfurecían los contratiempos, tanto personales como colectivos, que parecían interferir en todos los planes que trataba de llevar adelante, y durante mucho más tiempo del que creí posible. Me sentí desesperada por mi creatividad y mi carrera profesional durante meses, y luego años, mientras luchaba contra los síntomas de un covid persistente después de diversos contagios, antes y después de ponerme la vacuna. Me dio miedo ver que la solidaridad y la cooperación parecían decaer en la hostilidad y la apatía con el paso del tiempo. Me aterroriza todavía la cantidad de cosas que ya hemos olvidado y hasta qué punto deseamos olvidar todo lo demás. Y, aun así, los últimos cinco años también he disfrutado de lo mucho que se ha expandido mi imaginación. Sabía que los apocalipsis eran transformaciones y que mi finalidad al contar estas historias consistía en demostrar lo cierto que ha sido eso siempre. De repente, aprendí lo que es sentirse transformada: era aterrador, pero también precioso; y todavía no ha acabado, ni de lejos.

Durante la pandemia, la comunidad arqueóloga no sabía si podría regresar alguna vez a los lugares que normalmente estudiaba ni, de ser así, cuándo ocurriría. Por tanto, los arqueólogos de todo el mundo se dispersaron por sus ciudades y pueblos confinados en busca de objetos del apocalipsis que estaban viviendo. Documentaron señales de distanciamiento social, primero de elaboración casera y luego indicadas por el Gobierno; cintas de advertencia que cercaban bancos y zonas de juegos; aceras decoradas con coloridos mensajes de solidaridad; grafitis políticos imbuidos de rabia justificada; guantes desechados en descomposición, y luego mascarillas tiradas en aceras y playas. Los museos recopilaron cucharas de madera utilizadas para golpear ollas y sartenes en honor de los trabajadores sanitarios; las bolsas de basura de plástico usadas por el personal de enfermería estadounidense cuyos hospitales no facilitaban equipos de protección personal, y viales vacíos de las primeras vacunas administradas.

Algunos de esos objetos o intervenciones en el espacio público estaban destinados a ser temporales y efímeros, como las cintas de advertencia o los dibujos a tiza. Otros se conservan aún hoy, como algún letrero remanente que exige el uso de mascarillas o la distancia de seguridad en espacios en los que poca gente los aplica desde hace años, y mucho después de que se haya levantado la mayoría de las restricciones oficiales. Algunos más han entrado en el registro arqueológico de los vertederos y depósitos de basura, creando un registro de nuestro tiempo formado por mascarillas y guantes de plástico, cuya cualidad de desechables nos protege de los microbios y es a la vez una condena para el medio ambiente. Esos objetos tienen ahora una nueva vida en forma de una basura y una fuente de contaminación que quizá nunca desaparezcan del todo, pero eso supone además que perdurarán como piezas arqueológicas: serán las cosas que dejemos atrás.

Según transcurrían los meses y años de la pandemia y yo pasaba de las mascarillas lavables a las quirúrgicas, más efectivas, y luego a las N-95, me fui planteando cómo influiría la conservación de esos elementos en la imagen que los futuros arqueólogos se hiciesen de la pandemia. Nuestras soluciones caseras del principio, fruto del pánico, se descompondrían, mientras que los equipos más recios y oficiales de las épocas intermedia y final aguantarían hasta que alguien los recogiese e interpretase. Imaginé a futuros arqueólogos cribando ruinas y vertederos y llegando a una capa de hisopos alargados de plástico y rectángulos finos, también de plástico, con dos muescas pequeñas y cuadradas: los restos de los test rápidos de covid y su repentina abundancia en el 2021, que serviría como diagnóstico temporal, igual que la capa de ceniza dejada por una erupción volcánica. Con suerte, gracias a las colecciones de los museos, a las bibliotecas, a internet y a nuestras propias historias heredadas, esos arqueólogos sabrán lo que significan todos esos objetos y podrán encajarlos en la historia, del mismo modo que los arqueólogos de Ciudad de México utilizan las capas de barro para identificar los años de las inundaciones precoloniales. No obstante, es posible que, en especial dentro de milenios, la aparición repentina en todo el mundo de mascarillas, guantes y test rápidos resulte igual de misteriosa para quienes los encuentren que la de las ruinas mayas para John Lloyd Stephens. Quizá esas personas observen los dientes y huesos de las fosas comunes de nuestra generación en busca de pistas para saber qué nos ocurrió y sea entonces cuando descubran que intentamos protegernos del virus SARS-CoV-2.

A lo mejor, gracias al modo en que el tiempo y la geología logran comprimir décadas o siglos en una única capa arqueológica, los desperdicios de la pandemia se cuenten entre las últimas piezas descubiertas en algunas ciudades y pueblos antes de su abandono por la subida del mar, los incendios, las supertormentas o, sencillamente, unas temperaturas demasiado elevadas. Los arqueólogos futuros quizá tengan acceso a documentos históricos que los guíen para saber que nuestro mundo interpretó la pandemia y el cambio climático como dos apocalipsis en gran medida independientes, o quizá piensen que una plaga causó el abandono de las ruinas que estén estudiando y que el posterior desastre climático solo lo experimentaron las pocas personas que permanecieron allí. Tal vez sean capaces de leer los periódicos y decretos gubernamentales que declararon el fin de la pandemia mucho antes de que haya cesado la evidencia material de su destrucción. Los arqueólogos futuros quizá piensen que nuestro registro escrito de la pandemia fue una propaganda vívida pero nada fiable, redactada por quienes estaban decididos a conservar o a recuperar un *statu quo* peligroso y opresivo, igual que el relato de Ipuur sobre la caída del Imperio Antiguo de Egipto. A lo mejor, a muchísimos años de distancia de nuestro contexto cotidiano, logren distinguir cierta verdad, una que en gran medida permanece invisible para nosotros mientras estamos viviendo este tiempo: que los efectos de la pandemia continúan extendiéndose por nuestras sociedades de modos que aún no podemos entender ni controlar, y que sus ondas sísmicas ayudarán a conformar los apocalipsis del futuro cercano.

Los apocalipsis siempre han sacado a la luz (y aprovechado) los puntos débiles de las sociedades, desde una relación insostenible con un entorno cambiante hasta una jerarquía social excesivamente rígida y opresiva. Por ello, los apocalipsis son la mejor oportunidad que tienen nuestras sociedades para mutar. Desde la colaboración entre neandertales y *Homo sapiens* para sobrevivir a un período de inestabilidad climática hasta la compleja civilización surgida de los restos ambientales y sociales dejados por sucesivas arremetidas de El Niño, pasando por la desintegración de Estados jerárquicos en porciones más locales y adaptables en el valle del Indo y la cuenca del río Nilo, o por la negativa de los trabajadores traumatizados a regresar al *statu quo* explotador tras la peste negra, un apocalipsis puede destapar los fallos de sistemas antiguos e inspirar la creación de otros nuevos.

Así, los arqueólogos futuros quizá vean también en esos objetos pandémicos un punto de inflexión previo a una transformación al nivel de toda la sociedad; a lo mejor los letreros que nos recuerdan el uso de mascarillas actúan como las fechas de término talladas en los monumentos de piedra antes del abandono de las ciudades mayas del período Clásico. Puede que de pronto esos arqueólogos tengan que debatir si las ruinas del siglo XXI representan un trágico suceso de muertes masivas o la renovación que llegaría luego y que propició el mundo en el que vivan ellos. Quizá ese mundo suyo sea más justo e igualitario, un experimento enorme con una forma de gobierno diferente, más inclusiva, como ocurrió antaño en Mayapán. A lo mejor es un mundo en el que vivir en ciudades vulnerables resulta impensable, como en el valle del Indo después de Harappa, y la gente prefiere habitar aldeas dispersas, alimentadas con energía renovable local y descentralizada. A lo mejor es un mundo más destructivo y autoritario, como Ciudad de México en su primera etapa colonial, y la gente cambia los riesgos y la incertidumbre de nuestro mundo apocalíptico por algo que, igual que el drenaje del lago, en apariencia la protege del destino que sufrimos nosotros.

En una cosa tendrán razón: hemos sufrido y seguiremos sufriendo. Sin embargo, escribir este libro sobre el apocalipsis durante un apocalipsis me ha enseñado que ya tenemos todo lo que necesitamos para adaptarnos a un cambio radical, si de entrada nos permitimos ver lo necesaria que es una transformación. Ahondar en ideas arqueológicas nuevas y más interesantes sobre cataclismos del pasado me ha enseñado a apreciar la enorme capacidad de superación de nuestros ancestros y a comprobar lo mucho que malinterpretamos y omitimos de su creatividad por el peso de lo que aprendemos y contamos sobre el pasado. La evidencia material, cultural y genética de las adaptaciones apocalípticas, visible desde el inicio mismo de nuestra especie y en cualquier momento posterior, nos ha llevado a comprender que la gente ya se ha enfrentado a distintas versiones de todos los desafíos que se ciernen sobre nuestro horizonte, y que podemos aprender de lo que esos pueblos se llevaron consigo en su avance y lo que estuvieron dispuestos a dejar atrás, así como de las consecuencias de ambas cosas. Aprender a ver la historia humana a través del prisma del apocalipsis nos enseña que nuestro pasado es un relato de supervivencia, transformación y reinvención, a menudo frente a la tragedia, la pérdida y el dolor individual y colectivo. Y ese es también el relato de nuestro tiempo y lo será de nuestro futuro.

Ha llegado el momento de que nos acostumbremos a vivir en el apocalipsis y con él. Lo que venga, o lo que quizá ya esté aquí, sea lo que sea, constituirá el telón de fondo del resto de nuestra vida y la de incontables generaciones de nuestros descendientes. Al contrario que la mayoría de los apocalipsis de este libro, los nuestros son y serán verdaderamente globales. En el caso del cambio climático, quizá acabe por transformar nuestro planeta en un lugar distinto a todo lo que el ser humano haya visto nunca. Pero, igual que todos los pueblos a lo largo de la historia, también nosotros experimentaremos nuestros apocalipsis de manera lenta y local, allí donde vivamos y amemos, dentro de los confines de unas vidas que apenas duran unas décadas. Hemos heredado una larga tradición de adaptación y supervivencia, que resulta igual de instructiva y poderosa que la tradición del progreso social y tecnológico que tanta influencia ha ejercido en nuestra imaginación moderna. Podemos emplear la energía y el potencial del apocalipsis para crear un mundo nuevo, aunque antes debemos aceptar que el apocalipsis, con todos sus horrores, ha llegado para quedarse. Solo entonces seremos capaces de ver las oportunidades que puede brindarnos, como les ocurrió a los antiguos constructores de los canales de la Pampa de Mocan.

Abrazar el apocalipsis no significa resignarnos al peor escenario posible ni renunciar a la idea del progreso. Significa creer que la destrucción puede ser una vía de entrada a ese progreso, que las sociedades pueden y deben cambiar y que los finales son siempre principios. Significa reconocer que estar acostumbrados a algo no quiere decir que ese algo esté bien. Significa priorizar valores y modos de vida que nos permitan adaptarnos y cambiar, y no apuntalar frágiles estructuras sociales que se desmoronen ante el primer indicio de desafío o presión. Significa mirar adelante con los ojos despejados, en vez de retroceder a toda prisa, hacia el espejismo de una seguridad que ya ha desaparecido o que quizá nunca existió. Significa lamentar lo que hemos perdido mientras imaginamos todas las cosas que aún podemos crear. Significa elegir la esperanza no en lugar del miedo, sino junto a él.

La gente sabía que el mundo se acababa, aunque no se lo creía del todo. El clima y las estaciones de sus tierras, que tan bien conocían, les resultaban cada vez más desconocidos, año tras año. Escuchaban noticias de guerras que parecían muy lejanas pero que siempre amenazaban con expandirse y alcanzar sus comunidades. Veían a otros huir de la calamidad y darse de bruces con la violencia, obligados a improvisar una existencia en los márgenes de otros sitios que ya tenían suficientes problemas. La gente sabía que debía cambiar, pero se resistía, o no se ponía de acuerdo en cómo hacerlo. Les daba miedo el futuro de sus hijos en un mundo que era cada vez más precario e inestable, sin darse cuenta de que el apocalipsis que tanto temían ya había llegado, o sin querer admitirlo.

Y entonces una plaga se extendió por todo el globo. La gente moría jadeando, incapaz de respirar con normalidad, en su casa y en la calle, a la espera de la ayuda de quienes ya hacían todo lo que podían. Los que disponían de casi todos los recursos se encerraron, agradecidos pero intranquilos al ver lo poco que el mundo parecía necesitarlos. Quienes estaban necesitados se vieron obligados a seguir adelante sin nada que los protegiese. Los viajes se cancelaron, los mercados se vaciaron y el sonido de la muerte y de las urgencias llenaba las desoladas calles. A la gente le costaba encontrar comida y suministros.

Todo el mundo se preguntaba cómo los líderes en los que había depositado su confianza le habían fallado tan terriblemente. Algunas personas se alzaron contra esos líderes y contra las desigualdades y opresiones que la plaga había sacado a la luz, con la mirada fija en otro tipo de futuro. Otras personas no querían más que volver al pasado, cuando aún podían fingir que desconocían la verdad de lo que ocurría en el mundo.

La gente perdió a ancianos y a jóvenes, trabajos y casas, relaciones y comunidades. También perdió la fe en que el mañana siempre sería como el hoy. Algunas personas perdieron su propia identidad al sufrir una enfermedad que parecía no terminar nunca y que convertía su cuerpo y su mente en algo espantosamente ajeno. Otras siguieron sanas pero tampoco se reconocían a sí mismas, después de que todo lo que creían que daba sentido a su vida se evaporase con tamaña rapidez y contundencia. La plaga unió a algunas comunidades y separó a otras. Algunas personas encontraron nuevos valores, nuevas comunidades y una nueva vida. Otras no lograron reunir el ánimo necesario para volver a confiar en alguien.

La gente salió tambaleándose de los años de la plaga, con la esperanza de que lo peor hubiese pasado, pero consciente, más que nunca, de que no era así. Por todo el mundo, el calor, los incendios, las inundaciones y las tormentas se convirtieron en otras plagas que mataban a los más vulnerables y obligaban a muchos otros a huir. Los nómadas se topaban con más muros y vallas, soldados y armas, prisiones y castigos que antes. Y, sin embargo, cada año que pasaba se les unía más y más gente, de todo tipo de lugares, dado que quedarse resultaba más peligroso que marcharse.

Tormentas, incendios, sequías y hambrunas no se parecían ya a nada que la gente hubiese podido imaginar o para lo que estuviese preparada. En cuanto acababa una crisis empezaba otra, agrandando las grietas dejadas por las anteriores. Se fracturaron Estados y se desintegraron imperios, y la gente tuvo que averiguar por sí sola quién era y cómo cooperar sin las identidades y las estructuras sociales a las que estaba acostumbrada.

Algunas personas se alejaron de sus vecinos; otras los atacaron. Con todo, en su mayoría la gente alargó la mano y se sorprendió al ver quién se la sujetaba.

Vendrían otras plagas, otras tormentas, otras sequías. El mar engulliría ciudades y también toda la tecnología que la gente había usado para mantener a raya las implacables aguas. Tierras, ecosistemas y especies desaparecerían, vivas solo ya en los cuentos de los ancianos. La gente recuperaría antiguas formas de vida, redescubriría la caza, la recolección y la pesca, y revolucionaría otras nuevas, como el uso del entorno para alimentar con energía sus comunidades, en vez de combustibles que había que transportar en barco por todo el mundo.

La gente exploraría las ruinas que sus ancestros habían dejado atrás, recorriendo en sus barcas torres sumergidas y diciéndose unos a otros los nombres que habían tenido esos lugares. Se llevaría lo que necesitase de esas ruinas, a veces por desesperación y otras por veneración, o quizá siempre por un poco de ambas. La gente volvería a aventurarse en tierras abandonadas que se habían vuelto demasiado cálidas y secas para la agricultura, aunque no para otros tipos de vida que permitían a la gente trasladarse cuando lo necesitara y seguir la climatología y los recursos de su elección. La gente recordaría lo que le hiciese falta del pasado y olvidaría lo que no. Contaría historias sobre ancestros conocedores de que había un precio que pagar pero que se habían negado a pagarlo y habían unido el globo solo para descubrir que su propia avaricia destrozaba esos vínculos. Sin embargo, también contaría relatos de ancestros que construyeron ruinas magníficas y misteriosas, que pasearon por las calles de ciudades sumergidas y que encontraron modos de sobrevivir incluso cuando parecía imposible. La gente sentiría rabia y agradecimiento, tristeza y fascinación, al recordar a esos ancestros que presenciaron el principio del mundo.

AGRADECIMIENTOS

Este libro no existiría sin la guía y el ánimo de mi agente, Sarah Levitt. A diario doy gracias por su astuto ojo editorial y su buena disposición a creer en esta obra antes que yo misma.

Gail Winston llevó el manuscrito a Harper, y le agradezco sus primeras y sabias correcciones. Sarah Haugen lo acompañó desde el primer borrador hasta su publicación y se ocupó de que mis argumentos fueran inconmensurablemente más sólidos y mis palabras mucho más elegantes. Gracias, Sarah, por no abandonarme nunca.

En Harper, agradezco asimismo el trabajo de Ezra Kupor, Maya Baran, Becca Putman, Frieda Duggan, Robin Bilardello, Muriel Jorgensen y Darren Haggar. En Aevitas Creative Management, gracias a Erin Files y Mags Chmielarczyk.

Gracias a John Wyatt Greenlee, que creó los maravillosos mapas de estas páginas. Fue un auténtico placer trabajar con él.

Les debo un agradecimiento enorme a mis colegas y editores de Science, que me han enseñado a redactar y a escribir con rigor, claridad y compasión durante los últimos doce años. En especial, gracias a Elizabeth Culotta, Tim Appenzeller, Richard Stone, Martin Enserink y David Grimm. He aprendido muchísimo de todos vosotros.

Con frecuencia me sorprende que los científicos acepten que les haga entrevistas, por lo que les estaré eternamente agradecida a todos y cada uno de ellos. Muchísimas gracias a todas las personas con las que hablé para este libro o que de algún otro modo han compartido generosamente su experiencia conmigo a lo largo de los años: Agustín Fuentes, Guy Middleton, Prudence Rice, John Robb, Rebecca Mendelsohn, David S. Anderson, Rosie Everett, Tiffiny Tung, Tom Higham, Chris Stringer, Johannes Krause, Paige Madison, Serena Tucci, Ehud Galili, Jim Leary, Patrick Nunn, Vince Gaffney, James Walker, Mark Koolmatrie, Dan Sandweiss, Andrew Somerville, Ana Cecilia Mauricio Llonto, Robert Rosenswig, Ari Caramanica, Jason Nesbitt, Felix Riede, Justin Jennings, Nicola Sharratt, Sara González, Gwen Robbins Schug, Cameron Petrie, Sharon DeWitte, Anna Colet, Richard Redding, Miroslav Bárta, Matthew Douglas Adams, Norman Yoffee, Roberto Rosado-Ramírez, Vicente Cocon López, Scott Hutson, Matthew Restall, David Carballo, Kathleen Hull, Enrique Rodríguez-Alegría, Raúl Barrera Rodríguez, Salvador Guilliem Arroyo, John López, Mark Hauser, Alexandra Jones, Alicia Odewale, Justin Dunnavant, Douglas Armstrong, Ayana Omilade Flewellen y William White.

No podría haber pedido un mejor grupo de autores científicos afines que el formado por Julia Rosen, Alexandra Witze, Jane C. Hu, Madeline Ostrander, Tiên Nguyễn, Kate Horowitz, Natasha Gilbert, Helen Shen, Rachel Ehrenberg, Antonia Juhasz, Katharine Sanderson y Laura Sanders. Gracias a todos por vuestro apoyo y vuestros consejos en esta carrera de locos que hemos elegido. Y gracias a Ashley Bovin por organizar un grupo virtual de *co-working* que me permitió seguir escribiendo y pensando en este libro en algunos momentos muy duros.

Gracias a mis padres, Jan Wildman y Michael Wade, por apoyar siempre mi curiosidad y mi sentido de la aventura. Gracias a mi hermana Carrie Wade por las largas llamadas telefónicas.

Por último, gracias a mi marido, Luckez Olmos García. No podría haber escrito una sola palabra de este libro sin tu apoyo, y no hay nadie con quien quisiera enfrentarme al apocalipsis antes que contigo.

NOTAS[1]

CAPÍTULO 1: CÓMO HEMOS MALINTERPRETADO EL APOCALIPSIS DE LA EXTINCIÓN HUMANA

29 «forma extraordinaria»: Hermann Schaaffhausen, «On the Crania of the Most Ancient Races of Man», trad. de George Busk, en *Natural History Review*, serie 2, vol. 1, n.° 2 (1861).
30 «eminentemente simio»: William King, «The Reputed Fossil Man of the Neanderthal», en *Quarterly Journal of Science*, vol. 1 (1864), págs. 88-97.
31 «Incluso los primitivos...»: citado en Paige Madison, «Characterized by Darkness: Reconsidering the Origins of the Brutish Neanderthal», en *Journal of the History of Biology*, vol. 53, n.° 4 (2020), págs. 493-519.
32 «Quienes analizan el destino...»: Arthur Keith, *The Antiquity of Man*, Williams and Norgate, 1915, pág. 136.
35 el primer genoma neandertal: Richard E. Green *et al.*, «A Draft Sequence of the Neandertal Genome», en *Science*, vol. 328, n.° 5979 (2010), págs. 710-722.
35 «fase» evolutiva: Aleš Hrdlička, «The Neanderthal Phase of Man», en *Journal of the Royal Anthropological Institute of Great Britain and Ireland*, vol. 57 (1927), págs. 249-274.

1. No se especifican los números de página de las ediciones en español mencionadas porque se trata de obras consultadas en formato digital. Algunas de estas citas se reproducen con ligeros retoques. En cuanto a las citas extraídas de referencias bibliográficas sin edición en español, se reproducen en versión de la traductora de este libro. *(Todas las notas son de la traductora.)*

37 camellos gigantes: Rebecca Wragg Sykes, *Kindred: Neanderthal Life, Love, Death and Art*, Bloomsbury Sigma, 2020, págs. 374-375. [Trad. esp. de Alberto Delgado Castro: *Neandertales: la vida, el amor, la muerte y el arte de nuestros primos lejanos*, geoPlaneta, 2021.]
37 recogían moluscos: J. Zilhão *et al.*, «Last Interglacial Iberian Neandertals as Fisher-Hunter-Gatherers», en *Science*, vol. 367, n.º 6485 (2020).
37 caballos prehistóricos: Wragg Sykes, *Kindred*, pág. 139.
37 pinturas rupestres: Tim Appenzeller, «Europe's First Cave Artists Were Neandertals, Newly Dated Paintings Show», en *Science*, 22 de febrero del 2018.
37 proteínas específicas de los neandertales: Lizzie Wade, «Neandertals Made Their Own Jewelry, New Method Confirms», en *Science*, 16 de septiembre del 2016.
37 la eclosión más relevante: Michael Price, «Neanderthals and Modern Humans Made Babies 47,000 Years Ago», en *Science*, 21 de mayo del 2024.
37 especies independientes: Josie Glausiusz, «Were Neanderthals More Than Cousins to *Homo Sapiens*?», en *Sapiens*, 20 de enero del 2020.
38 «se expandían como ondas en un charco»: entrevista a Tom Higham, 24 de septiembre del 2020.
39 «Estaba aferrado a la idea...»: entrevista a Higham.
40 las dos especies se habían solapado: Tom Higham *et al.*, «The Timing and Spatiotemporal Patterning of Neanderthal Disappearance», en *Nature*, vol. 512, n.º 7514 (2014), págs. 306-309.
40 diente de bebé: Michael Price, «Did Neanderthals and Modern Humans Take Turns Living in a French Cave?», en *Science*, 9 de febrero del 2022.
40 «Imaginemos...»: entrevista a Higham.
40 «terreno fértil»: entrevista a Higham.
42 animales amantes del frío como el reno: Wragg Sykes, *Kindred*, pág. 221.
42 la climatología se volvió irregular e inestable: Wragg Sykes, *Kindred*, págs. 374-375.
42 «Las cosas mejoraban durante un par de miles de años...»: entrevista a Chris Stringer, 14 de octubre del 2020.
43 «Ser bien recibidos en las hogueras...»: Wragg Sykes, *Kindred*, pág. 403.
44 «jugar a ser dentista»: entrevista a Johannes Krause, 16 de octubre del 2020.
45 «tamaño de dos granos de arroz puestos juntos»: Svante Pääbo, *Neander-*

thal Man: In Search of Lost Genomes, Basic Books, 2014, pág. 313. [Trad. esp. de Federico Zaragoza: *El hombre de Neandertal: en busca del genoma perdido*, Alianza, 2023.]

45 Llamaron a ese nuevo grupo «denisovanos»: David Reich *et al.*, «Genetic History of an Archaic Hominin Group from Denisova Cave in Siberia», en *Nature*, vol. 468, n.º 7327 (2010), págs. 1053-1060.

46 una cantidad sorprendente de ADN denisovano: Sharon R. Browning *et al.*, «Analysis of Human Sequence Data Reveals Two Pulses of Archaic Denisovan Admixture», en *Cell*, vol. 173, n.º 1 (2018), págs. 53-61.e9.

46 la hija de un denisovano y una neandertal: Viviane Slon *et al.*, «The Genome of the Offspring of a Neanderthal Mother and a Denisovan Father», en *Nature*, vol. 561, n.º 7721 (2018), págs. 113-116.

46 las altitudes habitables más elevadas del mundo, en el Tíbet: Emilia Huerta-Sánchez *et al.*, «Altitude Adaptation in Tibetans Caused by Introgression of Denisovan-like DNA», en *Nature*, vol. 512, n.º 7513 (2014), págs. 194-197.

46 «No da la sensación de que tuviesen problemas...»: entrevista a Stringer.

CAPÍTULO 2: CÓMO LA SUBIDA DEL NIVEL DEL MAR AVIVÓ EL INGENIO

57 los últimos vestigios de Doggerland desaparecieron: James Walker *et al.*, «The Archaeological Context of Doggerland During the Final Palaeolithic and Mesolithic», en Vince Gaffney y Simon Fitch (eds.), *Europe's Lost Frontiers: Volume 1*, Archeopress, 2022, pág. 76.

57 el Bosque de Noé: Clement Reid, *Submerged Forests*, Cambridge University Press, 1913, págs. 1-2.

58 levantar huesos: Reid, *Submerged Forests*, págs. 41-42.

58 En el interior de la turba se había conservado una punta: Vincent Gaffney, Simon Fitch y David Smith, *Europe's Lost World: The Rediscovery of Doggerland*, Council for British Archaeology, 2008, pág. 14.

58 tallado hacía más de trece mil años: Geoff Baily *et al.*, «Great Britain: The Intertidal and Underwater Archaeology of Britain's Submerged Landscapes», en Geoff Baily *et al.* (eds.), *The Archaeology of Europe's Drowned Landscapes*, Springer Cham, 2020, pág. 207.

58 «estuvieron ahí sin más...»: entrevista a Vince Gaffney, 30 de noviembre del 2018.

59 «Al leer libros de arqueología...»: Gaffney *et al.*, *Europe's Lost World*, pág. 42.
60 estacas de madera dispuestas como trampas de pesca: Ole Grøn y Jørgen Skaarup, «Møllegabet II: A Submerged Mesolithic Site and a "Boat Burial" from Ærø», en *Journal of Danish Archaeology*, vol. 10, n.º 1 (1991), págs. 38-50.
60 canoas y remos: Torben Malm, «Excavating Submerged Stone Age Sites in Denmark—the Tybrind Vig Example», https://www.abc.se/~m10354/publ/tybrind.htm.
60 Bryony Coles abogó: Bryony Coles, «Doggerland: A Speculative Survey», en *Proceedings of the Prehistoric Society*, vol. 64 (1998), págs. 45-81.
64 impactar en sedimentos y devolver un eco: Gaffney *et al.*, *Europe's Lost World*, pág. 74.
65 cartografiar casi mil seiscientos kilómetros de ríos: Gaffney *et al.*, *Europe's Lost World*, pág. 92.
66 cuyas formas ondulantes aún se conservaban: Gaffney *et al.*, *Europe's Lost World*, pág. 96.
66 las gentes de Doggerland se alejaron de las fuentes terrestres de alimento: J. Van der Plicht *et al.*, «Surf'n Turf in Doggerland: Dating, Stable Isotopes and Diet of Mesolithic Human Remains from the Southern North Sea», en *Journal of Archaeological Science: Reports*, vol. 10 (2016), págs. 110-118.
67 Han sumergido tubos vibratorios: Tine Missiaen *et al.*, «Targeting the Mesolithic: Interdisciplinary Approaches to Archaeological Prospection in the Brown Bank Area, Southern North Sea», en *Quaternary International*, vol. 584 (2021), págs. 141-151.
67 La expansión de parques eólicos por el mar: James Walker *et al.*, «Winds of Change: Urgent Challenges and Emerging Opportunities in Submerged Prehistory, a Perspective from the North Sea», en *Heritage*, vol. 7, n.º 4 (2024), págs. 1947-1968.
67 extrajeron un trozo de sílex labrado: «The First Archaeological Artefacts Found During the Search for Lost Prehistoric Settlements in the North Sea», nota de prensa de la Universidad de Bradford, 11 de junio del 2019, https://www.bradford.ac.uk/news/archive/2019/the-first-archaeological-artefacts-found-during-the-search-for-lost-prehistoric-settlements-in-the-north-sea.php.
67 trabajando con rastreadores voluntarios de playas: Andrew Curry, «Europe's Lost Frontier», en *Science*, 31 de enero del 2020.
69 «Parece magia»: entrevista a Ehud Galili, 13 de diciembre del 2019.

69 los restos de una aldea anegada que ahora recibe el hombre de Tel Hreiz: Ehud Galili *et al.*, «A Submerged 7000-year-old Village and Seawall Demonstrate Earliest Known Coastal Defence Against Sea-level Rise», en *PLoS ONE*, vol. 14, n.º 12 (2019).

72 el asentamiento ahora conocido como Atlit-Yam: Ehud Galili *et al.*, «Israel: Submerged Prehistoric Sites and Settlements on the Mediterranean Coastline—the Current State of the Art», en *The Archaeology of Europe's Drowned Landscapes.*

73 Las esposas de Ngurunderi habían huido: Patrick Nunn, *The Edge of Memory: Ancient Stories, Oral Tradition and the Post-Glacial World*, Bloomsbury Sigma, 2019, pág. 77.

73 «*Prenkulun prakuldun!*» ¡Agua que sube, agua que cae!: correspondencia personal de Mark Koolmatrie, 10 de agosto del 2020.

74 de camino al cielo: Neale Draper, «Islands of the Dead? Prehistoric Occupation of Kangaroo Island and Other Southern Offshore Islands and Watercraft Use by Aboriginal Australians», en *Quaternary International*, vol. 385 (2015), págs. 229-242.

74 un relato oral de la Gran Inundación: Nunn, *The Edge of Memory*, pág. 77.

75 la inundación no acaba: entrevista a Patrick Nunn, 7 de febrero del 2020.

75 «una tierra seca, polvorienta y árida...»: Amy L. Roberts *et al.*, «Marine Transgression, Aboriginal Narratives and the Creation of Yorke Peninsula/Guuranda, South Australia», en *Journal of Island and Coastal Archaeology*, vol. 15, n.º 3 (2019), pág. 13.

75 El pueblo yidinjdji del noreste de Australia recuerda: Nunn, *The Edge of Memory*, pág. 91.

76 con raíces de árboles: Patrick Nunn, «Responses to Ocean Rise: The Ancestors' Tales», en *Cosmos*, 4 de junio del 2019.

76 con lanzas: Nunn, *The Edge of Memory*, pág. 115.

76 Los artistas de Murujuga empezaron entonces a tallar figuras: Jo McDonald, «I Must Go Down to the Seas Again: Or, What Happens When the Sea Comes to You? *Murujuga* Rock Art as an Environmental Indicator for Australia's Northwest», en *Quaternary International*, vol. 385 (2015), págs. 124-135.

76 era un promontorio continental: Nunn, *The Edge of Memory*, pág. 92.

77 sepultó al menos a una parte de sus muertos: Jim Leary, *The Remembered Land: Surviving Sea-level Rise After the Last Ice Age*, Bloomsbury, 2015, pág. 72.

77 una embarcación funeraria de casi siete mil años: Grøn y Skaarup, «Møllegabet II».
78 los huesos de un niño de uno o dos años: Galili *et al.*, «Israel: Submerged Prehistoric Sites and Settlements on the Mediterranean Coastline—the Current State of the Art», en *The Archaeology of Europe's Drowned Landscapes*, pág. 469.
78 «un grito a los dioses para que lo detuviese»: Leary, *The Remembered Land*, pág. 72.
78 pudieron ser ofrendas: Leary, *The Remembered Land*, pág. 101.

CAPÍTULO 3: CÓMO EL APOCALIPSIS UNIÓ A LA GENTE

83 mató a 158 personas: Ari Caramanica, «Resilience and Resistance in the Peruvian Deserts», en *ReVista: Harvard Review of Latin America*, vol. 17, n.º 3 (2018).
85 «tesoros de información»: Dan Sandweiss, «Oscillations: What Effect Does the Weather Have on the Development of Human Culture?», en *Phi Kappa Phi Forum*, número de invierno (2015).
86 «Nunca había visto ostras en Perú»: entrevista a Dan Sandweiss, 1 de diciembre del 2020.
86 «¿Qué estabas haciendo por Ecuador?»: reconstrucción de la conversación de la entrevista a Sandweiss, 2020.
86 «Ese fue el principio...»: entrevista a Sandweiss, 2020.
89 Para procesar lo que habían visto: entrevista a Sandweiss, 2020.
90 «totalmente diferentes»: Sandweiss, «Oscillations», pág. 11.
90 una imagen de las idas y venidas de El Niño: Dan Sandweiss y Kirk A. Maasch, «El Nino as Catastrophe on the Peruvian Coast», en Felix Riede y Payson Sheets (eds.), *Going Forward by Looking Back: Archaeological Perspectives on Socioecological Crisis, Response, and Collapse*, Berghahn Books, 2020, pág. 983.
92 «el desastre es enormemente productivo»: Rebecca Solnit, *A Paradise Built in Hell: The Extraordinary Communities That Arise in Disaster*, Penguin Books, 2009, pág. 22. [Trad. esp. de David Muñoz Mateos: *Un paraíso en el infierno: las extraordinarias comunidades que surgen en el desastre*, Capitán Swing, 2020.]
92 «El sufrimiento y la pérdida...»: Solnit, *A Paradise Built in Hell*, pág. 56.

92 «nos permiten contemplar quiénes podríamos ser...»: Solnit, *A Paradise Built in Hell*, pág. 9.
93 «los grilletes de los prejuicios y los roles convencionales»: Solnit, *A Paradise Built in Hell*, pág. 97.
93 la Cuba precolombina: Jago Cooper, «Fail to Prepare, Then Prepare to Fail: Rethinking Threat, Vulnerability, and Mitigation in the Precolumbian Caribbean», en Jago Cooper y Payson Sheets, *Surviving Sudden Environmental Change: Answers from Archaeology*, University Press of Colorado, 2012.
93 las islas Kuriles: Ben Fitzhugh *et al.*, «Resilience and the Population History of the Kuril Islands, Northwest Pacific: A Study in Complex Human Ecodynamics», en *Quaternary International*, vol. 419 (2016), págs. 165-193.
94 «cualquiera puede hablar con quien le dé la gana...»: Solnit, *A Paradise Built in Hell*, pág. 32.
94 «más que alentar la competición y el aislamiento...»: Solnit, *A Paradise Built in Hell*, pág. 92.
98 «Es como si estuviese congelado en el tiempo»: entrevista a Ana Cecilia Mauricio Llonto, 9 de diciembre del 2020.
98 uno de los monumentos más antiguos de Perú: Dan Sandweiss *et al.*, «GPR Identification of an Early Monument at Los Morteros in the Peruvian Coastal Desert», en *Quaternary Research*, vol. 73, n.º 3 (2010), págs. 439-448.
100 el monumento de adobe más antiguo de América: Ana Cecilia Mauricio *et al.*, «The Earliest Adobe Monumental Architecture in the Americas», en *Proceedings of the National Academy of Sciences*, vol. 118, n.º 48 (2021).
102 dietas más variadas: Ann Gibbons, «The Evolution of Diet», en *National Geographic*, 18 de agosto del 2014.
102 mucho más tiempo libre: James C. Scott, *Against the Grain: A Deep History of the Earliest States*, Yale University Press, 2017, pág. 93.
103 «Pero ya habían emprendido ese camino»: entrevista a Mauricio Llonto.
103 cuya expansión alcanzaría unas dimensiones impresionantes: Ruth Shady Solís *et al.*, «Dating Caral, a Preceramic Site in the Supe Valley on the Central Coast of Peru», en *Science*, vol. 292, n.º 5517 (2001), págs. 723-726.
104 a causa del crecimiento, la división y la reorganización: Richard L. Burger y Lucy Salazar, «Monumental Public Complexes and Agricultural Expansion on Peru's Central Coast During the Second Millennium BC», en Richard L. Burger y Robert M. Rosenswig (eds.), *Early New World Monumentality*, University Press of Florida, 2012.

104 «los animales más grandes y fuertes...»: Richard L. Burger, «The Construction of Values During the Peruvian Formative», en John K. Papadopoulos y Gary Urton (eds.), *The Construction of Value in the Ancient World*, Cotsen Institute of Archaeology Press, 2012.
104 dos grupos poderosos separados: Thomas Pozorski y Shelia Pozorski, «Early Complex Society on the North and Central Peruvian Coast: New Archaeological Discoveries and New Insights», en *Journal of Archaeological Research*, vol. 26, n.º 4 (2018), págs. 353-386.
105 «zonas terriblemente peligrosas»: entrevista a Jason Nesbitt, 14 de diciembre del 2020.
106 «... aprovechar una crisis»: entrevista a Sandweiss, 20 de diciembre del 2018.
106 «... el sistema parecería estar funcionando»: Sandweiss y Maasch, «El Nino as Catastrophe on the Peruvian Coast», pág. 990.
106 una gruesa capa de barro: Jason Nesbitt, «El Niño and Second-Millennium BC Monument Building at Huaca Cortada (Moche Valley, Peru)», en *Antiquity*, vol. 90, n.º 351 (2016), págs. 638-653.
108 esta última fase desesperada: Nesbitt, «El Niño and Second-Millennium BC Monument Building».
108 derruir la pirámide: Pozorski y Pozorski, «Early Complex Society on the North and Central Peruvian Coast».

CAPÍTULO 4: CÓMO LOS APOCALIPSIS CONVIERTEN LA DESIGUALDAD EN VIOLENCIA

118 nunca han encontrado un palacio: Adam S. Green, «Killing the Priest-King: Addressing Egalitarianism in the Indus Civilization», en *Journal of Archaeological Research*, vol. 29, n.º 2 (2021), págs. 153-202.
118 «buena parte del dinero y del pensamiento se prodigaban...»: citado en Green, «Killing the Priest-King», pág. 154.
118 descifrar su escritura, ni siquiera de identificar a qué idioma corresponde: Andrew Robinson, «Ancient Civilization: Cracking the Indus Script», en *Nature*, vol. 526, n.º 7574 (2015), págs. 499-501.
119 gobierno municipal colaborativo: Cameron A. Petrie, «Diversity, Variability, Adaptation and "Fragility" in the Indus Civilization», en Norman Yo-

ffee (ed.), *The Evolution of Fragility: Setting the Terms*, McDonald Institute for Archaeological Research, 2019.

119 no ha hallado grandes diferencias en cuanto al nivel de riqueza: Green, «Killing the Priest-King».

120 «suceso del kiloaño 4,2»: Michael Marshall, «Did a Mega Drought Topple Empires 4,200 Years Ago?», en *Nature*, 26 de enero del 2022.

120 el monzón del verano se volvió más débil: Petrie *et al.*, «Adaptation to Variable Environments, Resilience to Climate Change: Investigating Land, Water and Settlement in Indus Northwest India», en *Current Anthropology*, vol. 58, n.º 1 (2017), págs. 1-30.

120 «predeciblemente impredecible»: Petrie, «Crisis, What Crisis? Adaptation, Resilience and Transformation in the Indus Civilisation», en Tim Cunningham y Jan Driessen (eds.), *Crisis to Collapse: The Archaeology of Social Breakdown*, Presses universitaires de Louvain, 2017.

120 La gente acudía en masa a la ciudad: Petrie, «Diversity, Variability, Adaptation and "Fragility"».

121 La basura se amontonaba: Gwen Robbins Schug *et al.*, «A Peaceful Realm? Trauma and Social Differentiation at Harappa», en *International Journal of Paleopathology*, vol. 2, n.os 2-3 (2012), págs. 136-147.

123 alto nivel de vida: Robbins Schug *et al.*, «A Peaceful Realm?».

123 individuos del cementerio urbano tuvieran lepra en estado avanzado: Robbins Schug *et al.*, «Infection, Disease, and Biosocial Processes at the End of the Indus Civilization», en *PLoS ONE*, vol. 8, n.º 12 (2013).

124 «Esto es el principio de algo importante»: entrevista a Gwen Robbins Schug, 30 de agosto del 2021.

125 La mitad de los cráneos del osario mostraba signos de violencia: Robbins Schug *et al.*, «A Peaceful Realm?».

125 mucho más enfermas que generaciones anteriores: Robbins Schug *et al.*, «Infection, Disease, and Biosocial Processes».

125 Ni siquiera los niños se habían alimentado bien: Gwen Robbins Schug y Kelly Elaine Blevins, «The Center Cannot Hold: A Bioarchaeological Perspective on Environmental Crisis in the Second Millennium BCE, South Asia», en Gwen Robbins Schug y Subhash R. Walimbe (eds.), *A Companion to South Asia in the Past*, John Wiley & Sons, 2016.

125 representan un grupo de la élite de la ciudad: Jonathan Mark Kenoyer,

«Changing Perspectives of the Indus Civilization: New Discoveries and Challenges», en *Journal of the Indian Archaeological Society*, vol. 41 (2011).

127 muchos de sus ciudadanos se marcharon para trasladarse a las aldeas: Petrie, «Diversity, Variability, Adaptation and "Fragility"».

128 casi el 40 % tenía lesiones en la cabeza: Robbins Schug *et al.*, «A Peaceful Realm?».

128 daños en el esqueleto derivados de algún tipo de infección prolongada: Robbins Schug *et al.*, «Infection, Disease, and Biosocial Processes».

128 casi la mitad sufría malnutrición: Robbins Schug y Blevins, «The Center Cannot Hold».

129 No construirían otra ciudad: Petrie, «Crisis, What Crisis?».

129 cargando los cadáveres en las catapultas: Gabriele de' Mussi en «The Arrival of the Plague», en Rosemary Horrox (trad. y ed.), *The Black Death*, Manchester University Press, 1994.

129 quizá, Etiopía y Ghana: Lizzie Wade, «The Black Death May Have Transformed Medieval Societies in Sub-Saharan Africa», en *Science*, 6 de marzo del 2019.

129 «Pero todo fue en vano»: Giovanni Boccaccio, «The Plague in Florence», en Horrox, *The Black Death*.

130 los lamentos de los dolientes: «The Plague in Padua», en Horrox, *The Black Death*.

130 dejó de tañer las campanas: «Ordinances Against the Spread of Plague, Pistoia, 1348», en Horrox, *The Black Death*.

130 la compararon con el diluvio de Noé: «The Plague in Padua», en Horrox, *The Black Death*.

130 azotarse de manera sangrienta: «The Flagellants», en Horrox, *The Black Death*.

130 «Os pido llanto...»: Gabriele de' Mussi, «The Arrival of the Plague», en Horrox, *The Black Death*.

131 «animarse unas a otras...»: «The Plague in Central Europe», en Horrox, *The Black Death*.

131 monedas que dataron los enterramientos: Anna Colet *et al.*, «The Black Death and Its Consequences for the Jewish Community in Tàrrega: Lessons from History and Archaeology», en Monica H. Green (ed.), *Pandemic Disease in the Medieval World: Rethinking the Black Death*, Arc Medieval Press, 2015.

131 «Muchos de los huesos mostraban signos de violencia»: entrevista a Anna Colet, 21 de marzo del 2022.

132 ataques a comunidades judías de Tàrrega: Colet *et al.*, «The Black Death and Its Consequences».
132 acusar a sus vecinos judíos de envenenar pozos: «Well-Poisoning», en Horrox, *The Black Death.*
132 El propio papa Clemente VI emitió una bula: «Mandate of Clement VI Concerning the Jews», en Horrox, *The Black Death.*
133 los ataques, en cualquier caso, eran de una brutalidad impactante: Colet *et al.*, «The Black Death and Its Consequences».
133 quizá se trate de una sobreestimación: entrevista a Colet.
134 las enterraron probablemente supervivientes de la comunidad judía: Colet *et al.*, «The Black Death and Its Consequences».
136 cada vez más gente terminaba en la pobreza: Bruce M. S. Campbell, *The Great Transition: Climate, Disease and Society in the Late-Medieval World*, Cambridge University Press, 2016.
137 quienes murieron justo antes de la peste eran más bajos: Sharon N. DeWitte, «Setting the Stage for Medieval Plague: Pre-Black Death Trends in Survival and Mortality», en *American Journal of Physical Anthropology*, vol. 158, n.º 3 (2015), págs. 441-451.
137 «Fue una auténtica sorpresa...»: entrevista a Sharon DeWitte, 7 de marzo del 2022.
138 más probabilidades de morir durante la peste negra: Sharon DeWitte y James W. Wood, «Selectivity of Black Death Mortality with Respect to Preexisting Health», en *Proceedings of the National Academy of Sciences*, vol. 105, n.º 5 (2008), págs. 1436-1441.
138 solo el 13 % de la nobleza inglesa murió en 1349: Sharon DeWitte y Maryanne Kowaleski, «Black Death Bodies», en *Fragments*, vol. 6 (2017).
139 «Deberíamos hacer amigos nuevos...»: «Petrarch on the Death of Friends», en Horrox, *The Black Death.*
139 «dado que había tal carencia de criados y peones...»: «The Plague According to Henry Knighton», en Horrox, *The Black Death.*
139 «Al invertirse el orden natural de las cosas...»: «The Plague Seen from Rochester», en Horrox, *The Black Death.*
140 mucho más sanas que las personas fallecidas durante la plaga: Sharon DeWitte, «Stress, Sex, and Plague: Patterns of Developmental Stress and Survival in Pre- and Post-Black Death London», en *American Journal of Human Biology*, vol. 30, n.º 1 (2018).

140 «un coste inconcebiblemente elevado»: DeWitte, «Stress, Sex, and Plague».
140 «para que así estos se vean forzados a trabajar para ganarse la vida»: «The Ordinance of Labourers, 18 June 1349», en Horrox, *The Black Death*.
140 «no mostraban ninguna consideración por dicha ordenanza...»: «The Statue of Labourers, 1351», en Horrox, *The Black Death*.
141 «un par de cepos en todas las ciudades»: «Additions to the Statue of Labourers, 1388», en Horrox, *The Black Death*.
141 la desigualdad en la riqueza se desplomó durante la peste negra: Guido Alfani, «Economic Inequality in Preindustrial Times: Europe and Beyond», en *Journal of Economic Literature*, vol. 59, n.º 1 (2021), págs. 3-44.
141 «prelados, condes, barones y otros prohombres»: «The Statue of Labourers, 1351», en Horrox, *The Black Death*.

CAPÍTULO 5: CÓMO LA SOCIEDAD COLAPSA PERO LA CIVILIZACIÓN SOBREVIVE

144 La vida en la ciudad de las pirámides: Mark Lehner, «The Pyramid Age Settlement of the Southern Mount at Giza», en *Journal of the American Research Center in Egypt*, vol. 39 (2002), págs. 27-74.
144 cuadrilla de trabajo: Mark Lehner, «Labor and the Pyramids: The Heit el-Ghurab "Workers Town" at Giza», en Piotr Steinkeller y Michael Hudson (eds.), *Labor in the Ancient World*, ISLET-Verlag, 2015.
148 pastorear reses, ovejas y cabras: Richard W. Redding, «A Tale of Two Sites: Old Kingdom Subsistence Economy and the Infrastructure of Pyramid Construction», en Bea De Cupere, Veerle Linseele y Sheila Hamilton-Dyer (eds.), *Archaeozoology of the Near East X*, Peeters, 2013.
148 el sustento de unas doscientas cincuenta mil personas: Miroslav Bárta, *Analyzing Collapse: The Rise and Fall of the Old Kingdom*, American University in Cairo Press, 2019.
150 inherentemente despótico: Toby Wilkinson, *The Rise and Fall of Ancient Egypt*, Random House, 2010. [Trad. esp. de Francisco José Ramos Mena: *Auge y caída del antiguo Egipto*, Debate, 2011.]
150 se sacrificaba a decenas e incluso centenares de miembros de su élite de cortesanos: Ellen Morris, «Ancient Egyptian Exceptionalism: Fragility, Flexibility and the Art of Not Collapsing», en *The Evolution of Fragility*, University of Cambridge Press, 2019.

150 trabajadores enterrados cerca de Guiza: Zahi Hawass, «The Discovery of the Tombs of the Pyramid Builders at Giza», 1997, https://www.guardians.net/hawass/buildtomb.htm.
153 «La tierra gira como el torno de un alfarero»: Ipuur citado en Barbara Bell, «The Dark Ages in Ancient History», en *American Journal of Archaeology*, vol. 75, n.º 1 (1971), págs. 1-26.
153 «una pérdida rápida y significativa de un nivel establecido de complejidad sociopolítica»: Joseph Tainter, *The Collapse of Complex Societies*, Cambridge University Press, 1988, pág. 4.
154 un drástico declive en el polen: Christopher E. Bernhardt *et al.*, «Nile Delta Vegetation Response to Holocene Climate Variability», en *Geology*, vol. 40, n.º 7 (2012), págs. 615-618.
155 Otro testigo procedente de un lago del desierto: Mohamed A. Hamdan, «Climate and Collapse of Egyptian Old Kingdom: A Geoarchaeological Approach», en Giuseppina Capriotti (ed.), *Proceedings of the Workshop "Italian Days in Aswan"*, 2013.
155 Un Nilo ya de por sí bajo continuó recibiendo sedimentos: Michael D. Krom *et al.*, «Nile River Sediment Fluctuations over the Past 7000 Yr and Their Key Role in Sapropel Development», en *Geology*, vol. 30, n.º 1 (2002), págs. 71-74.
155 la Piedra de Palermo: Bárta, *Analyzing Collapse*, pág. 55.
155 evidencia arqueológica de la isla Elefantina: Bárta, *Analyzing Collapse*, pág. 58.
156 incluirse animales y paisajes del desierto: Bárta, «Long Term or Short Term? Climate Change and the Demise of the Old Kingdom», en Susan Kerner *et al.* (eds.), *Climate and Ancient Societies*, Museum Tusculanum Press, 2015.
156 las raíces y los tocones fosilizados de árboles muertos mucho tiempo atrás: Bell, «The Dark Ages».
156 «El desierto está por toda la tierra»: Bell, «The Dark Ages».
156 «la tierra estaba en el viento»: Bell, «The Dark Ages».
156 la aparición de bancos de arena y bajíos: Bell, «The Dark Ages».
156 gruesas capas de barro depositadas por esas riadas: Bárta, *Analyzing Collapse*.
156 consideraban que la lluvia era una maldición: Bárta, *Analyzing Collapse*.
157 la familia real se vio obligada a ir disminuyendo el número de puestos de gobierno: Bárta, *Analyzing Collapse*.

158 «reyezuelos»: Ellen Morris, «"Lo, Nobles Lament, the Poor Rejoice": State Formation in the Wake of Social Flux», en Glenn M. Schwartz y John J. Nichols (eds.), *After Collapse: The Regeneration of Complex Societies*, University of Arizona Press, 2006.
158 fracasaron en su deber divino: Morris, «Nobles Lament».
161 «Soy un héroe sin igual»: texto de la tumba de Anjtifi citado en Stephan Seidlmayer, «The First Intermediate Period (c.2160-2055 BC)», en Ian Shaw (ed.), *The Oxford History of Ancient Egypt*, Oxford University Press, 2000, pág. 118.
161 «Yo di pan a los hambrientos...»: citado en Seidlmayer, «The First Intermediate Period», pág. 118.
162 aumento del número de tumbas: Morris, «Nobles Lament».
162 tumbas que pudieran sobrevivir cuatro mil años: Seidlmayer, «The First Intermediate Period».
163 «hileras de soldados y cazadores...»: Seidlmayer, «The First Intermediate Period», pág. 122.
164 «un grado asombroso de originalidad...»: Seidlmayer, «The First Intermediate Period», pág. 114.
164 una mujer centraba la narración oficial de su vida en sus «recursos y [su] moralidad»: Mariam Ayad, «Women's Self-Presentation in Pharaonic Egypt», en Hussein Bassir (ed.), *Living Forever: Self-Presentation in Ancient Egypt*, American University in Cairo Press, 2019.
165 «millones, miles de millones»: entrevista a Matthew Douglas Adams, 28 de julio del 2021.
165 nada en su vida parecía haber cambiado: Adams, «Community and Society in Egypt in the First Intermediate Period: An Archaeological Investigation of the Abydos Settlement Site», tesis doctoral, University of Pennsylvania, 2005.
166 «La imagen del Estado en el antiguo Egipto...»: entrevista a Adams.
167 imágenes de anarquía, hambruna, asesinatos, infanticidios: Morris, «Writing Trauma: Ipuwer and the Curation of Cultural Memory», en *"An Excellent Fortress for His Armies, a Refuge for the People": Egyptological, Archaeological, and Biblical Studies in Honor of James K. Hoffmeier*, Penn State University Press/Eisenbrauns, 2020.
167 «Los nobles están llenos de lamentos...»: Ipuur citado en Bell, «The Dark Ages».
168 la violación y la inversión de ese orden social: Morris, «Nobles Lament».
168 «ceños preocupados»: Morris, «Nobles Lament», pág. 67.
168 «buenos pastores»: Morris, «Nobles Lament», pág. 71.

CAPÍTULO 6: CÓMO SE REINVENTAN LAS SOCIEDADES POSTAPOCALÍPTICAS

171 «... grandes y numerosas ciudades desiertas y arruinadas»: John L. Stephens, *Incidents of Travel in Yucatan*, vol. 1, Harper and Brothers, 1848, cap. 1. [Trad. esp. de Justo Sierra O'Reilly y Jorge Quintana: *Viaje a Yucatán*, 2 vols., Imprenta del Museo Nacional de Arqueología, Historia y Etnografía, 1938.]

171 «el viaje más extenso hecho nunca por un extranjero»: Stephens, *Incidents of Travel in Yucatan*, vol. 1, prefacio.[2]

172 «... perdidas, sepultadas y desconocidas»: Stephens, *Incidents of Travel in Yucatan*, vol. 2, cap. 24.

172 «Ha sido una suerte para este autor...»: Stephens, *Incidents of Travel in Yucatan*, vol. 1, prefacio.

172 las ruinas de Aké lindaban con una hacienda: Stephens, *Incidents of Travel in Yucatan*, vol. 2, cap. 24.

172 construido gigantes: Augustus Le Plongeon en Roberto Rosado-Ramírez, «Living with Ruins: Community Regeneration After Political Collapse at the Ancient Maya City of Ake, Yucatan, Mexico», tesis doctoral, Northwestern University, 2021, pág. 212.

173 «la existencia de estas ruinas era un hecho totalmente desconocido»: Stephens, *Incidents of Travel in Yucatan*, vol. 1, prefacio.

173 «ni siquiera un pensamiento pasajero»: Stephens, *Incidents of Travel in Yucatan*, vol. 2, cap. 1.

173 «Involuntariamente dirigimos por un momento nuestra atención a las terribles escenas...»: Stephens, *Incidents of Travel in Yucatan*, vol. 2, cap. 24.

179 los mercaderes competían con la nobleza: Scott R. Hutson y Bruce H. Dahlin, «The Long Road to Maya Markets», en *Ancient Maya Commerce: Multidisciplinary Research at Chunchucmil*, University Press of Colorado, 2017.

180 se convirtieron de repente en fortalezas amuralladas: Arthur A. Demarest *et al.*, «Classic Maya Defensive Systems and Warfare in the Petexbatun Region: Archaeological Evidence and Interpretations», en *Ancient Mesoamerica*, vol. 8, n.º 2 (1997), págs. 229-253.

[2] En las distintas versiones consultadas de este libro en español no se recogía el prefacio aquí citado; por tanto, los fragmentos que corresponden a ese texto aparecen en versión de la traductora.

180 la sequía pudo afectar a estas ciudades del sur: Peter M. J. Douglas *et al.*, «Drought, Agricultural Adaptation, and Sociopolitical Collapse in the Maya Lowlands», en *Proceedings of the National Academy of Sciences*, vol. 112, n.º 18 (2015), págs. 5607-5612.

181 los arqueólogos han hallado fosas comunes: Patricia A. McAnany y Tomás Gallareta Negrón, «Bellicose Rulers and Climatological Peril? Retrofitting Twenty-First-Century Woes on Eighth-Century Maya Society», en McAnany y Norman Yoffee (eds.), *Questioning Collapse: Human Resilience, Ecological Vulnerability, and the Aftermath of Empire*, Cambridge University Press, 2010.

182 Aké construyó un muro: Rosado-Ramírez, «Living with Ruins».

182 una sequía más severa y prolongada: David A. Hodell *et al.*, «Terminal Classic Drought in the Northern Maya Lowlands Inferred from Multiple Sediment Cores in Lake Chichancanab (Mexico)», en *Quaternary Science Reviews*, vol. 24, n.ºs 12-13 (2005), págs. 1413-1427.

188 el bosque da paso a la ciudad de Aké: visita a Aké con Rosado-Ramírez, 12-13 de julio del 2022.

192 los restos de 96 pequeñas casas dentro del núcleo monumental: Rosado-Ramírez, «Living with Ruins».

194 quitar la corteza de los árboles para comérsela: Scott L. Fedick y Louis S. Santiago, «Large Variation in Availability of Maya Food Plant Sources During Ancient Droughts», en *Proceedings of the National Academy of Sciences*, vol. 119, n.º 1 (2021).

195 como habían oído que ocurría en la capital de los itzás: Jason Yaeger y David A. Hodell, «The Collapse of Maya Civilization: Assessing the Interaction of Culture, Climate, and Environment», en Sandweiss y Jeffrey Quilter (eds.), *El Niño, Catastrophism, and Culture Change in Ancient America*, Dumbarton Oaks, 2008.

199 haciendo que esas decoraciones fueran invisibles y despojándolas de significado: entrevista a Scott Hutson, 31 de enero del 2023.

200 las ruinas antiguas no están vacías: Lizzie Wade, «Ancient People Lived Among Ruins Too. What Did They Make of Them?», en *Science*, 30 de marzo del 2023.

201 la arquitectura monumental de Mayapán parecía más caótica: visita a Mayapán con Rosado-Ramírez, 14 de julio del 2022.

202 la sequía atacó de nuevo: Douglas J. Kennett *et al.*, «Drought-Induced Civil Conflict Among the Ancient Maya», en *Nature Communications*, vol. 13, n.º 1 (2022), 3911.

CAPÍTULO 7: CÓMO EL APOCALIPSIS DEL COLONIALISMO SE HA OCULTADO A NUESTRA VISTA

212 ocasionaron una explosión: Bernal Díaz del Castillo, *The Conquest of New Spain*, trad. de J. M. Cohen, Penguin Books, 1963, pág. 91. [Ed. orig: *Historia verdadera de la conquista de la Nueva España*, 1632, disponible en https://www.rae.es/sites/default/files/aparato_de_variantes_historia_verdadera_de_la_conquista_de_la_nueva_espana.pdf.]

213 «... Me convertiré en su dueño»: Matthew Restall, *When Montezuma Met Cortés: The True Story of the Meeting That Changed History*, Ecco, 2018, pág. 130. [Trad. esp. de José Eduardo Latapí Zapata: *Cuando Moctezuma conoció a Cortés*, Taurus, 2019.][3]

213 enviándoles un águila que se posó ante ellos: Camilla Townsend, *Fifth Sun: A New History of the Aztecs*, Oxford University Press, 2019, caps. 1 y 2. [Trad. esp. de Mario Zamudio Vega: *El quinto sol: una historia diferente de los aztecas*, Grano de Sal, 2021.]

216 «... edificios que tenían dentro en el agua...»: Díaz del Castillo, *The Conquest of New Spain*, pág. 214.

216 una república inusualmente descentralizada y equitativa: Lizzie Wade, «It Wasn't Just Greece: Archaeologists Find Early Democratic Societies in the Americas», en *Science*, 15 de marzo del 2017.

217 del colapso climático de sus capitales: David Graeber y David Wengrow, *The Dawn of Everything: A New History of Humanity*, Farrar, Straus and Giroux, 2021, cap. 11. [Trad. esp. de Joan Andreano Weyland: *El amanecer de todo: una nueva historia de la humanidad*, Ariel, 2022.]

218 la generosidad teatralizada de los ricos: Graeber y Wengrow, *The Dawn of Everything*, cap. 5.

218 los agricultores empleaban tecnologías como canales de riego: Pekka Hämäläinen, *Indigenous Continent: The Epic Contest for North America*, Liveright, 2022, cap. 2. [Trad. esp. de Javier Romero Muñoz: *Continente indígena: la implacable pugna por Norteamérica*, Desperta Ferro, 2024.]

218 siguió siendo, por voluntad propia, una población igualitaria de cazadores-recolectores: Graeber y Wengrow, *The Dawn of Everything*, cap. 5.

[3] No se ha podido confirmar esta referencia bibliográfica. La traducción de la cita aparece en versión de la traductora de este libro.

219 Los embargos comerciales eran cada vez más duros: Keitlyn Alcántara-Russell, «The Diet of Sovereignty: Bioarchaeology in Tlaxcallan», tesis doctoral, Vanderbilt University, 2020.
222 lanzado un ataque sorpresa: Federico Navarrete Linares, *¿Quién conquistó México?*, Penguin Random House Mexico, 2019, cap. 4.
222 un ataque contra los traidores de Cholula: Restall, *When Montezuma Met Cortés*, cap. 6.
222 «procedimientos de conquista»: Matthew Restall, *Seven Myths of the Spanish Conquest*, ed. actualizada, Oxford University Press, 2021, cap. 1. [Trad. esp. de Marta Pino Moreno: *Los siete mitos de la conquista española*, Paidós, 2004.]
223 «someterlos y explotarlos...»: Restall, *Seven Myths*, pág. 24.
223 La ley española ya existente: Restall, *When Montezuma Met Cortés*, pág. 78.
223 «el título que los españoles tomaban para captivar...»: citado en Restall, *When Montezuma Met Cortés*, pág. 78.
223 «horrible y abominable y digna de ser punida»: Francis Augustus MacNutt (trad. y ed.), *Five Letters of Relation from Fernando Cortes to the Emperor Charles V*, G. P. Putnam's Sons, 1908, pág. 78. [Ed. orig.: *Cartas de relación de Hernán Cortés al emperador Carlos V*, disponible en https://www.memoriapoliticademexico.org/Textos/1Independencia/1519PCR.html.]
224 como una forma de violencia estatal: Restall, *When Montezuma Met Cortés*, cap. 3.
225 el *tzompantli* de la ciudad: Wade, «Feeding the Gods: Hundreds of Skulls Reveal Massive Scale of Human Sacrifice in Aztec Capital», en *Science*, 21 de junio del 2018.
226 «Esa fatal mañana de viernes...»: citado en Hämäläinen, *Indigenous Continent*, pág. 66.
226 alimentándose de sus propios muertos: Joseph Stromberg, «Starving Settlers in Jamestown Colony Resorted to Cannibalism», en *Smithsonian*, 30 de abril del 2013.
230 Marina tradujo las palabras de Moctezuma de manera literal: Camilla Townsend, *Malintzin's Choices: An Indian Woman in the Conquest of Mexico*, University of New Mexico Press, 2006, pág. 95. [Trad. esp. de Tessa Brisac: *Malintzin: una mujer indígena en la Conquista de México*, Ediciones Era, 2020.]
232 en el nivel de la comunidad local: Townsend, *Fifth Sun*.
232 «... haberse asombrado o haberse sentido paralizados...»: Townsend, *Fifth Sun*, pág. 125.

232 «una ventaja más psicológica que táctica»: David M. Carballo, *Collision of Worlds: A Deep History of the Fall of Aztec Mexico and the Forging of New Spain*, Oxford University Press, 2020, pág. 121.
233 «El aspecto clave del poder español...»: Navarrete Linares, *¿Quién conquistó México?*, cap. 4.
234 mantuviera prisioneros a los españoles: Restall, *When Montezuma Met Cortés*, cap. 4.
236 supuso la coartada perfecta: Restall, *When Montezuma Met Cortés*, cap. 6.
236 los mexicas mataron a unos seiscientos europeos: Townsend, *Fifth Sun*, pág. 117.
239 «la costra de una pústula dejada en una manta»: Townsend, *Fifth Sun*, pág. 118.
239 Algunos europeos también caían terriblemente enfermos: Carballo, *Collison of Worlds*, pág. 218.
239 «... bien murieron muchos de ella...»: *Florentine Codex, Book 12: The Conquest of Mexico*, trad. de Arthur J. O. Anderson y Charles E. Dibble, The University of Utah Press, 1975, pág. 82. [Ed. en español y náhuatl: *El Códice florentino. Libro duodécimo de la conquista mexicana*, disponible en https://florentinecodex.getty.edu/es/book/12/folio/53r?spTexts=&nhTexts=.]
240 contextos coloniales de Florida: Clark Spencer Larsen, «Colonialism and Decline in the American Southeast: The Remarkable Record of La Florida», en Catherine M. Cameron, Paul Kelton y Alan C. Swedlund (eds.), *Beyond Germs: Native Depopulation in North America*, University of Arizona Press, 2015.
240 antes de su contacto directo con los colonos europeos: Matthew Liebmann, «Colonialism and Indigenous Population Decline in the Americas», en Lee M. Panich y Sara L. González (eds.), *The Routledge Handbook of the Archaeology of Indigenous-Colonial Interaction in the Americas*, Routledge, 2021.
241 Kathleen Hull hizo excavaciones en el valle de Yosemite: Wade, «From Black Death to Fatal Flu, Past Pandemics Show Why People on the Margins Suffer Most», en *Science*, 14 de mayo del 2020.
241 los awanis abandonaron su tierra tradicional: Kathleen L. Hull, «Quality of Life: Native Communities Within and Beyond the Bounds of Colonial Institutions in California», en *Beyond Germs*.
243 «la expansión indígena más explosiva...»: Hämäläinen, *Indigenous Continent*, pág. 101.
243 retirase su lealtad: Townsend, *Fifth Sun*, pág. 121.

244 «... ¿qué pueden hacer si les quitas la comida y el agua, sino que es más que guerra la que tendrán con el hambre y sed?»: Díaz del Castillo, *The Conquest of New Spain*, págs. 389-390.
245 un recorrido por la Tenochtitlan postapocalíptica: entrevista a Raúl Barrera Rodríguez, 1 de junio del 2022.
245 «"zona arqueológica" más pequeña, pero la más visitada»: INAH, «Pirámide de Ehécatl», 23 de abril del 2009, sitio web en archivo: https://web.archive.org/web/20210625030747/https://inah.gob.mx/boletines/2051-piramide-de-ehecatl.
248 cientos de fragmentos de cráneos: Wade, «Feeding the Gods».
248 «no son relatos de testigos»: entrevista a Restall, 6 de junio del 2022.
249 lenguaje «rico, evocador»: Townsend, *Fifth Sun*, pág. 224.
249 «desesperadamente necesitaban aceptar la conquista»: Townsend, *Fifth Sun*, pág. 98.
252 «... quemar casas...»: Díaz del Castillo, *The Conquest of New Spain*, pág. 369.

CAPÍTULO 8: CÓMO LA ESCLAVITUD CREÓ EL MUNDO MODERNO

257 «ilusión de salud»: entrevista a Alicia Odewale, 11 de julio del 2019.
258 «esclavos reales»: Alicia Odewale *et al.*, «In Service to a Danish King: Comparing the Material Culture of Royal Enslaved Afro-Caribbeans and Danish Soldiers at the Christiansted National Historic Site», en *Journal of African Diaspora Archaeology and Heritage*, vol. 6, n.º 1 (2017), págs. 19-54.
260 museos y colecciones de Moctezuma: Lawrence Weschler, *Mr. Wilson's Cabinet of Wonder: Pronged Ants, Horned Humans, Mice on Toast, and Other Marvels of Jurassic Technology*, Pantheon, 1995. [Trad. esp. de Rosa M.ª Bassols Camarasa: *El Gabinete de las Maravillas de Mr. Wilson: hormigas con púas, humanos con cuernos, ratones con tostadas y otras maravillas de la tecnología jurásica*, Impedimenta, 2022.]
262 «mano de obra local en servidumbre»: Carballo, *Collision of Worlds*, pág. 90.
262 unos 4,8 millones de esclavos africanos: Wade, «Caribbean Excavation Offers Intimate Look at the Lives of Enslaved Africans», en *Science*, 7 de noviembre del 2019.
263 «Las normas de la sociedad quedaron suspendidas...»: entrevista a Douglas Armstrong, 11 de septiembre del 2019.

263 «... producir azúcar en cuestión de un año»: entrevista a Armstrong, 4 de diciembre del 2018.
264 lo lucrativo y transformador que fue el paso al azúcar: Armstrong, «Early Seventeenth Century Settlement in Barbados and the Shift to Sugar, Slavery, and Capitalism», en Christopher R. DeCorse (ed.), *Power, Political Economy, and Historical Landscapes of the Modern World*, State University of New York Press, 2019.
264 «... el capitalismo funcionando a pleno rendimiento»: entrevista a Armstrong, 2018.
265 «se convertía la vida de los individuos en energía...»: entrevista a William White, 11 de julio del 2019.
265 La tecnología del vapor pudo haber llegado al Caribe: Charlotte Goudge, «Man vs. Machine: Betty's Hope and the Industrialisation of 19th-Century Caribbean Factories», en *Industrial Archaeology Review*, vol. 41, n.º 1 (2019), págs. 45-51.
266 «terraformación»: entrevista a Justin Dunnavant, 10 de julio del 2019.
266 el nivel freático se había desplomado: entrevista a Mark Hauser, 5 de septiembre del 2024.
266 más allá del plomo, el mercurio y el arsénico: E. Christian Wells *et al.*, «Social and Environmental Impacts of British Colonial Rum Production at Betty's Hope Plantation, Antigua», en C. E. Orser, Jr. (ed.), *Archaeologies of the British in Latin America*, Springer, 2019.
267 el terror de los africanos esclavizados a morir por enfermedades: Odewale, «An Archaeology of Struggle: Material Remnants of a Double Consciousness in the American South and Danish Caribbean Communities», en *Transforming Anthropology*, vol. 27, n.º 2 (2019), págs. 114-132.
267 objetos metálicos directamente relacionados con sus habilidades: Odewale *et al.*, «In Service to a Danish King».
268 Los arqueólogos a los que fui a visitar allí: viaje de investigación a Santa Cruz, 9-11 de julio del 2019.
269 «La parte más complicada...»: entrevista a Dunnavant, 10 de julio del 2019.
270 «Nadie ha tocado...»: informe sobre el terreno, 10 de julio del 2019.
271 base de datos de material excavado en emplazamientos esclavos: Digital Archaeological Archive of Comparative Slavery, https://www.daacs.org.
272 «ni una sola mención relativa a la cobertura...»: Odewale *et al.*, «In Service to a Danish King».

274 restos de plantas de todo el mundo: Sarah E. Oas y Mark W. Hauser, «The Political Ecology of Plantations from the Ground Up», en *Environmental Archaeology*, vol. 23, n.º 1 (2017), págs. 4-12.
274 «ingenieros que resolvían problemas...»: entrevista a Hauser, 2024.
274 a la deriva por las corrientes oceánicas: Dunnavant, «Have Confidence in the Sea: Maritime Maroons and Fugitive Geographies», en *Antipode*, vol. 53, n.º 3 (2021), págs. 884-905.
276 una colección de hojas de hierro: Armstrong, «Cave of Iron and Resistance: A Preliminary Examination», en *Journal of the Barbados Museum & Historical Society*, vol. 61 (2015), págs. 178-199.
277 «... participar en la rebelión de los esclavos de 1816»: entrevista a Armstrong, 2018.
277 «capacidad de reintegrar tras el desorden...»: citado en Armstrong, «Cave of Iron», pág. 184.

CAPÍTULO 9: POR QUÉ NOS HEMOS QUEDADO ATRAPADOS EN EL APOCALIPSIS Y CÓMO ENCONTRAR UNA SALIDA

280 comenzaba la inundación: Louisa Hoberman, «Bureaucracy and Disaster: Mexico City and the Flood of 1629», en *Journal of Latin American Studies*, vol. 6, n.º 2 (1974), págs. 211-230.
283 «Los materiales de construcción son las mismas piedras...»: entrevista a Barrera Rodríguez, 2022.
283 los restos del nuevo palacio: «Descubren en Monte de Piedad restos del Palacio de Axayácatl y de una casa construida por orden de Cortés», Secretaría de Cultura, 13 de julio del 2020, https://www.gob.mx/cultura/prensa/descubren-en-monte-de-piedad-restos-del-palacio-de-axayacatl-y-de-una-casa-construida-por-orden-de-cortes.
286 «... empiezas a poner a prueba los límites de la ingeniería precolombina»: entrevista a John López, 27 de enero del 2018.
286 «quedaban varados en las plantas altas...»: Hoberman, «Bureaucracy and Disaster».
287 al menos a cuatro mil setecientos trabajadores indígenas: Hoberman, «Technological Change in a Traditional Society: The Case of the Desagüe in Colonial Mexico», en *Technology and Culture*, vol. 21, n.º 3 (1980), págs. 386-407.

287 el naturalista Alexander von Humboldt: Hoberman, «Bureaucracy and Disaster».
287 se anunció por fin en 1900: «El Desagüe del Valle de México», en *Mirador*, Secretaría de Infraestructura, Comunicaciones y Transportes de México, https://elmirador.sct.gob.mx/manos-a-la-obra/el-desague-del-valle-de-mexico.
288 buena parte de la roca y el suelo volcánicos y porosos: Zoë Schlanger, «Solving Mexico City's Cataclysmic Cycle of Drowning, Drying, and Sinking», en *Quartz*, 18 de mayo del 2018.
288 El último se concluyó en el 2019: «Inauguran Túnel Emisor Oriente que permitirá evitar inundaciones en la Ciudad de México y Edomex», Gobierno de la Ciudad de México, 23 de diciembre del 2019.
289 increíble maravilla de la ingeniería: Jonathan Watts, «Mexico City's Water Crisis—from Source to Sewer», en *The Guardian*, 12 de noviembre del 2015.
289 «lluvias más intensas, que equivalen a más inundaciones...»: citado en Michael Kimmelman, «Mexico City, Parched and Sinking, Faces a Water Crisis», en *The New York Times*, 17 de febrero del 2017.
290 «rebasaron la capacidad de los equipos municipales y estatales»: «Mantiene Conagua las labores de desazolve y desalojo de agua anegada en el municipio de Chalco», Comisión Nacional de Agua, 22 de agosto del 2024, https://www.gob.mx/conagua/prensa/mantiene-conagua-las-labores-de-desazolve-y-desalojo-de-agua-anegada-en-el-municipio-de-chalco.
290 los vecinos asistían a reuniones: Mariana Martínez Barba, «Residents of Mexico City Suburb Are Anxious After Living over a Month in Black Sewage Water», Associated Press, 14 de septiembre del 2024.
292 «como un barco encallado...»: Solnit, *A Paradise Built in Hell*, pág. 136.
293 rebotaron por toda la cuenca: Maya Wei-Haas, «How Mexico City's Unique Geology Makes Deadly Earthquakes Even Worse», en *Smithsonian*, 20 de septiembre del 2017.
293 un tazón de gelatina que echara a temblar: Robert A. Jones, «Pattern of Destruction: New Lessons from Quake in Mexico», en *Los Angeles Times*, 26 de septiembre de 1986.
293 quemas frecuentes y controladas: Cassandra Rowe *et al.*, «Indigenous Fire Management Began More Than 11,000 Years Ago: New Research», en *The Conversation*, 11 de marzo del 2024.
294 «Fue desolador»: entrevista a Mark Koolmatrie, 4 de agosto del 2020.
294 la mitad de la isla Canguro: Jamie Tarabay, «There's No Place Like Kangaroo

Island. Can It Survive Australia's Fires?», en *The New York Times*, 4 de febrero del 2020.

294 se denigraron e ilegalizaron las prácticas indígenas de control de incendios: Livia Gershon, «The Global Suppression of Indigenous Fire Management», en *JSTOR Daily*, 12 de octubre del 2020.

295 evolucionado para alimentar al bisonte: Christopher J. Preston, «Why Grazing Bison Could Be Good for the Planet», en BBC, 2 de noviembre del 2023.

295 «nunca han vuelto»: entrevista a Hauser, 2024.

295 directamente en el camino de deslizamientos de tierra: entrevista a Hauser, 13 de septiembre del 2019.

296 como humedal y parque ecológico: Matthew Ponsford, «Restoring an Ancient Lake from the Rubble of an Unfinished Airport in Mexico City», en *MIT Technology Review*, 13 de febrero del 2023.

296 junto a una carretera: Claire Potter, «The Search for Mexico City's Lost Water», en *Nextblue*, 28 de noviembre del 2023.

296 «No se pueden revertir de la noche a la mañana quinientos años…»: entrevista a López.

297 «Perdí a mi única familia…»: citado en Elena Poniatowska, *Nada, nadie: las voces del temblor*, Ediciones Era, 1988, pág. 66.

298 las ruinas de una fábrica clandestina: Patrick J. McDonnell, «Mexico Didn't Wait Long After the Earthquake to Raze a Building That Housed Low-Wage Textile Workers. Neighbors Want to Know Why», en *Los Angeles Times*, 26 de septiembre del 2017.

298 «… las costureras recuerdan el día…»: Phoebe McKinney, «Fighting to Survive: Mexico's 19th of September Union», en *Women and Labor*, vol. 10, n.º 9 (1989). Citado también en Solnit, *A Paradise Built in Hell*, pág. 138.

299 el primer Gobierno municipal representativo: Alejandra Reyes, «The Evolution of Local Governance in Mexico City: Pursuing Autonomy in a Growing Region», en *IMFG Perspectives*, vol. 25 (2019).

299 «Esta ciudad se reinventa…»: entrevista a Barrera Rodríguez.

302 Caramanica vio lo bien que funcionaba aquel sistema: Ari Caramanica *et al.*, «El Niño Resilience Farming on the North Coast of Peru», en *Proceedings of the National Academy of Sciences*, vol. 117, n.º 39 (2020), págs. 24127-24137.

303 «Actualmente, lo único que crece…»: entrevista a Ari Caramanica, 8 de diciembre del 2020.

EPÍLOGO: EL PRINCIPIO

307 primero de elaboración casera y luego indicadas por el Gobierno: Matthew Magnani *et al.*, «A Contemporary Archaeology of Pandemic», en *Journal of Social Archaeology*, vol. 22, n.º 1 (2022), págs. 48-81.
307 coloridos mensajes de solidaridad: Dante Angelo *et al.*, «Private Struggles in Public Spaces: Documenting the COVID-19 Material Culture and Landscapes», en *Journal of Contemporary Archaeology*, vol. 8, n.º 1 (2021), págs. 154-184.
307 cucharas de madera: Science Museum Group, «Collecting COVID-19», https://www.sciencemuseumgroup.org.uk/projects/collecting-covid-19.
307 bolsas de basura de plástico usadas por el personal de enfermería estadounidense: Roger Catlin, «First Vial Used in U.S. Covid-19 Vaccinations Joins the Smithsonian Collections», en *Smithsonian*, 9 de marzo del 2021.

BIBLIOGRAFÍA SELECCIONADA Y LECTURAS ADICIONALES

CAPÍTULO 1

Muchas de las fuentes bibliográficas primarias sobre el descubrimiento del primer neandertal están disponibles gratis en línea, como Hermann Schaaffhausen, «On the Crania of the Most Ancient Races of Man», traducida al inglés por George Busk en *Natural History Review* (1861); y William King, «The Reputed Fossil Man of the Neanderthal», en *Quarterly Journal of Science* (1864). Recurrí a esos artículos, así como al capítulo 5 de Charles Lyell, *Geological Evidences of the Antiquity of Man* (John Murray, 1863), para reconstruir la escena del descubrimiento. Para consultar un nuevo análisis reciente sobre lo que se conserva del yacimiento prototipo neandertal, véase Schmitz *et al.*, «The Neandertal Type Site Revisited: Interdisciplinary Investigations of Skeletal Remains from the Neander Valley, Germany», en *Proceedings of the National Academy of Sciences* (2002).

La obra *Neanderthal Man: In Search of Lost Genomes* (Basic Books, 2014) [trad. esp. de Federico Zaragoza: *El hombre de Neandertal: en busca de genomas perdidos*, Alianza, 2015], de Svante Pääbo, ofrece una mirada entre bambalinas a la búsqueda de la secuenciación del primer genoma neandertal y todo el trabajo que condujo hasta ella. Entrevistar a Johannes Krause me ayudó asimismo a reconstruir el laboratorio antiguo de ADN y el descubrimiento de los genomas neandertal y denisovano.

El libro *Kindred: Neanderthal Life, Love, Death and Art* (Bloomsbury Sigma, 2020) [trad. esp. de Alberto Delgado Castro: *Neandertales: la vida, el amor, la muerte y el arte de nuestros primos lejanos*, GeoPlaneta, 2021], de Rebecca Wragg Sykes, es un análisis vívido y actualizado de la historia y la cultura neandertales que repasa cómo vivieron estos humanos, cómo cazaban y cómo trataban a sus muertos, entre otros aspectos. Las conversaciones con Paige Madison, así como su artículo «Characterized by Darkness: Reconsidering the Origins of the Brutish Neanderthal», en *Journal of the History of Biology* (2020), me ayudaron a comprender cómo el colonialismo y el racismo científico han influido en las creencias sobre los neandertales hasta bien entrado el siglo XX. Madison también ha escrito de forma exquisita sobre la práctica de lamer los huesos fósiles para datarlos: «Anthropology Is Far from Licking the Problem of Fossil Ages», en *Aeon*, 12 de julio del 2016.

Para un relato más detallado sobre cómo a finales del siglo XX cambiaron las hipótesis científicas vinculadas a las posibles relaciones entre neandertales y *Homo sapiens*, véase Chris Stringer, «The Development of Ideas About a Recent African Origin for *Homo sapiens*», en *Journal of Anthropological Sciences* (2022).

Es posible que en China se haya descubierto ya un cráneo denisovano. Véase Ann Gibbons, «Stunning "Dragon Man" Skull May Be an Elusive Denisovan—or a New Species of Human», en *Science*, 25 de junio del 2021.

CAPÍTULO 2

Mi fuente bibliográfica principal para crear el primer mapa de Doggerland, así como los cambios de sus ecosistemas en el transcurso de la Gran Inundación, fue el libro *Europe's Lost World: The Rediscovery of Doggerlandk*, de Vincent Gaffney, Simon Fitch y David Smith (Council for British Archaeology, 2008). El equipo de Gaffney y muchos otros arqueólogos de países de todo el mar del Norte han seguido buscando evidencias de Doggerland desde el primer proyecto de cartografiado. Para consultar el informe más reciente del equipo de Gaffney, véase *Europe's Lost Frontiers: Volume 1*, editado por Vince Gaffney y Simon Fitch (Archeopress, 2022). Para una visión del trabajo arqueológico llevado a cabo recientemente en Doggerland desde los Países Bajos, véase Andrew Curry, «Europe's Lost Frontier», en *Science*, 31 de enero del 2020.

Escribí por primera vez sobre el dique marino de Tel Hreiz para *Science* en el artículo: Lizzie Wade, «This 7000-Year-Old Wall Was the Earliest Known Defense Against Rising Seas. It Failed», 18 de diciembre del 2019. Ehud Galili describió su técnica para hallar emplazamientos submarinos en una entrevista que le hice para ese mismo texto. La fuente primaria de información sobre Tel Hreiz y su rompeolas es Ehud Galili *et al.*, «A Submerged 7000-Year-Old Village and Seawall Demonstrate Earliest Known Coastal Defence Against Sea-Level Rise», en *PLoS ONE* (2019). En Ehud Galili *et al.*, «Israel: Submerged Prehistoric Sites and Settlements on the Mediterranean Coastline—the Current State of the Art», en *The Archaeology of Europe's Drowned Landscapes* (Springer Cham, 2020), se recopila información sobre Atlit-Yam y Neve-Yam. *The Remembered Land: Surviving Sea-Level Rise After the Last Ice Age*, de Jim Leary (Bloomsbury, 2015), es un estudio imaginativo sobre el anegamiento de Doggerland y las posibles respuestas emocionales y espirituales de ese pueblo ante la pérdida de su hogar.

En los siglos XIX y XX, distintos misioneros y antropólogos blancos, además de David Unaipon, autor ngarrindjeri, escribieron diversas versiones de la historia ngarrindjeri sobre Ngurunderi y sus esposas. He recurrido a un resumen de esas distintas versiones recopiladas por Patrick Nunn en *The Edge of Memory: Ancient Stories, Oral Tradition and the Post-Glacial World* (Bloomsbury Sigma, 2019) y lo he complementado con información que compartió conmigo Mark Koolmatrie, un anciano ngarrindjeri que organiza recorridos basados en el conocimiento aborigen a través de su empresa Kool Tours. Las fuentes de referencia exactas para otros mitos se recogen en el apartado de las Notas, aunque si se busca una visión más general, la obra *The Edge of Memory* ofrece una recopilación exhaustiva de relatos sobre antiguas subidas del nivel del mar de toda Australia.

Los arqueólogos se están poniendo al día en cuanto al conocimiento aborigen del pasado más profundo de Australia y están empezando a buscar y a encontrar emplazamientos en el País del Mar. Para un resumen más reciente, véase Clare Watson, «Stepping Off Shore and into Sea Country», en *Hakai Magazine*, 2 de febrero del 2021.

CAPÍTULO 3

Reconstruí la experiencia de Dan Sandweiss y sus inesperados hallazgos de conchas de ostras en el valle del Santa como estudiante de posgrado a partir de varias entrevistas que le hice y también de su artículo «Oscillations: What Effect Does the Weather Have on the Development of Human Culture?», en *Phi Kappa Phi Forum* (2015). Para consultar un compendio reciente de las décadas de trabajo de Sandweiss en torno a El Niño, sus patrones cambiantes y sus posibles impactos culturales, véase Sandweiss y Kirk A. Maasch, «El Nino as Catastrophe on the Peruvian Coast», en *Going Forward by Looking Back: Archaeological Perspectives on Socio-Ecological Crisis, Response, and Collapse* (Berghahn Books, 2020).

A Paradise Built in Hell: The Extraordinary Communities That Arise in Disaster, de Rebecca Solnit (Penguin Books, 2009) [trad. esp. de David Muñoz Mateos: *Un paraíso en el infierno: las extraordinarias comunidades que surgen en el desastre*, Capitán Swing, 2020], es el relato histórico y periodístico definitivo sobre las «utopías del desastre» del siglo XX, además de un potente contrapunto a las arraigadas conjeturas culturales según las cuales la gente inevitablemente se enfrentará durante una crisis. La profunda investigación de Solnit y su vívida narración me resultaron de un valor incalculable en mi intento por imaginar cómo los pueblos del pasado reaccionarían durante un apocalipsis y con posterioridad.

The Dawn of Everything: A New History of Humanity, de David Graeber y David Wengrow (Farrar, Straus and Giroux, 2021) [trad. esp. de Joan Andreano Weyland: *El amanecer de todo: una nueva historia de la humanidad*, Ariel, 2022), ofrece un planteamiento nuevo y estimulante sobre por qué y cómo se formaron sociedades complejas en todo el mundo, y por qué, en opinión de los autores, los orígenes de esa complejidad se han entendido mal.

Para profundizar en el descubrimiento del monumento de Los Morteros, véase Sandweiss *et al.*, «GPR Identification of an Early Monument at Los Morteros in the Peruvian Coastal Desert», en *Quaternary Research* (2010). Para consultar información sobre el uso temprano de la arquitectura de adobe, véase Ana Cecilia Mauricio *et al.*, «The Earliest Adobe Monumental Architecture in the Americas», en *Proceedings of the National Academy of Sciences* (2021).

Si se quieren repasar detalles sobre la construcción, reconstrucción y abandono de Huaca Cortada, véase Jason Nesbitt, «El Niño and Second-Millennium BC Monument Building at Huaca Cortada (Moche Valley, Peru)», en *Antiquity* (2016).

CAPÍTULO 4

Mi reconstrucción del colapso de Harappa se basa principalmente en el trabajo de Gwen Robbins Schug y Cameron Petrie, así como en las entrevistas que les hice. El texto de Petrie «Diversity, Variability, Adaptation and "Fragility" in the Indus Civilization», en *The Evolution of Fragility: Setting the Terms* (McDonald Institute for Archaeological Research, 2019), es un repaso exhaustivo de la civilización del Indo, incluyendo su colapso. Adam S. Green, «Killing the Priest-King: Addressing Egalitarianism in the Indus Civilization», en *Journal of Archaeological Research* (2021), examina la larga historia de evidencias arqueológicas que constatan el gobierno cooperativo y la igualdad social de Harappa y las otras ciudades del Indo. Para una explicación de cómo creció y se desarrolló Harappa, así como para una visión ligeramente distinta de sus posibles jerarquías, véase Jonathan Mark Kenoyer, «Changing Perspectives of the Indus Civilization: New Discoveries and Challenges», en *Journal of the Indian Archaeological Society* (2011).

La dimensión, importancia e incluso existencia de un suceso del kiloaño 4,2 a escala mundial vinculado a la sequía siguen estando en cierto modo bajo debate, sobre todo entre geólogos y paleoclimatólogos; véase Paul Voosen, «Massive Drought or Myth? Scientists Spar over an Ancient Climate Event Behind Our New Geological Age», en *Science*, 8 de agosto del 2018. La comunidad arqueóloga debe ocuparse de analizar datos paleoclimáticos «locales» en busca de evidencias de sequías antiguas para asegurarse de si dicho suceso afectó a las sociedades que estén estudiando. Para consultar evidencias de un cambio climático zonal en el valle del Indo desde hace unos cuatro mil doscientos años (incluida la sequía), véase Petrie *et al.*, «Adaptation to Variable Environments, Resilience to Climate Change: Investigating Land, Water and Settlement in Indus Northwest India», en *Current Anthropology* (2017).

Robbins Schug recoge indicios de violencia ejercida en Harappa en distintos períodos en «A Peaceful Realm? Trauma and Social Differentiation at Harappa», en *International Journal of Paleopathology* (2012). Su artículo «Infection, Disease, and Biosocial Processes at the End of the Indus Civilization», en *PLoS ONE* (2013), aborda las evidencias de enfermedades en los diversos cementerios de la ciudad antes, durante y después del colapso.

Todas las fuentes primarias que cito sobre la peste negra están extraídas de *The Black Death*, obra traducida al inglés y editada por Rosemary Horrox (Manchester University Press, 1994). Es un regalo disponer de tantas voces procedentes de toda Europa recopiladas y traducidas en un solo libro, y Horrox hace un trabajo excelente de organización del material e introducción a las distintas secciones. La historia de los soldados mongoles que usaban los cuerpos infectados de sus compañeros muertos como armas procede del relato de Gabriele de'

Mussi incluido en el mencionado libro. Para una visión alternativa sobre cómo y por qué entró la plaga en Europa, véase Hannah Barker, «Laying the Corpses to Rest: Grain, Embargoes, and *Yersinia pestis* in the Black Sea, 1346-48», en *Speculum* (2021).

Puede encontrarse información sobre la excavación de las fosas comunes judías de Tàrrega en Anna Colet *et al.*, «The Black Death and Its Consequences for the Jewish Community in Tàrrega: Lessons from History and Archaeology», en *Pandemic Disease in the Medieval World: Rethinking the Black Death* (Arc Medieval Press, 2015). Dicho artículo incluye asimismo citas de fuentes primarias sobre la masacre.

Escribí por primera vez sobre el trabajo de Sharon DeWitte en torno a la desigualdad y la peste negra en un reportaje para *Science*: «From Black Death to Fatal Flu, Past Pandemics Show Why People on the Margins Suffer Most», 14 de mayo del 2020. Puede consultarse un repaso reciente a los muchos años de investigación y resultados de dicha autora, combinado con un útil contexto histórico, en DeWitte y Maryanne Kowaleski, «Black Death Bodies», en *Fragments* (2017). Para conocer las mejoras sanitarias posteriores a la peste negra, véase sobre todo DeWitte, «Stress, Sex, and Plague: Patterns of Developmental Stress and Survival in Pre- and Post-Black Death London», en *American Journal of Human Biology* (2018). Para consultar el contexto económico de Inglaterra previo a la peste negra, incluida la Gran Hambruna, véase *The Great Transition: Climate, Disease and Society in the Late-Medieval World*, de Bruce M. S. Campbell (Cambridge University Press, 2016). Campbell ofrece, además, un análisis de cómo varios factores ambientales condujeron a la rápida expansión de la plaga a mediados del siglo XIV.

CAPÍTULO 5

Mi descripción de la vida de un trabajador en Guiza, la ciudad de las pirámides, se basa en los artículos de Mark Lehner «The Pyramid Age Settlement of the Southern Mount at Giza», en *Journal of the American Research Center in Egypt* (2002), y «Labor and the Pyramids: The Heit el-Ghurab "Workers Town" at Giza», en *Labor in the Ancient World* (ISLET-Verlag, 2015). Richard Redding hizo un trabajo fascinante sobre la distribución de los recursos en el Imperio Antiguo de Egipto que incluía las tareas y la dieta de la gente que habitaba los pueblos de pastoreo del Bajo Egipto: «A Tale of Two Sites: Old Kingdom Subsistence Economy and the Infrastructure of Pyramid Construction», en *Archaeozoology of the Near East X* (Peeters, 2013). Para una interpretación más autorizada del gobierno del Imperio Antiguo y de los trabajos forzados en las pirámides, véase *The Rise and Fall of Ancient Egypt*, de Toby Wilkinson (Random House, 2010) [trad. esp. de Francisco José Ramos Mena: *Auge y caída del antiguo Egipto*, Debate, 2011].

La astrónoma Barbara Bell se cuenta entre las primeras personas de la comunidad científica en atribuir el colapso del Imperio Antiguo a un período de bajas crecidas del Nilo. Su artículo «The Dark Ages in Ancient History», en *American Journal of Archaeology* (1971), sigue influyendo en la egiptología y fue un precursor importante para los estudios del suceso del kiloaño 4,2. Incluye traducciones al inglés de muchos textos egipcios antiguos clave, como las *Admoniciones* de Ipuur.

En 1988 se publicaron dos trabajos seminales sobre lo que es (y no es) el colapso que siguen siendo vitales para comprender cómo se plantean los arqueólogos este relevante tipo de apocalipsis: *The Collapse of Complex Societies*, de Joseph Tainter (Cambridge University Press), y *The Collapse of Ancient States and Civilizations*, editado por Norman Yoffee y George L. Cowgill (University of Arizona Press). El libro *Understanding Collapse: Ancient History and Modern Myths*, de Guy D. Middleton (Cambridge University Press, 2017), es una importante incorporación reciente a los estudios del colapso e incluye capítulos sobre el Imperio Antiguo de Egipto, la civilización del Indo y el período Clásico maya.

Para un estudio exhaustivo de cómo los factores ambientales y políticos se entrelazaron para llevar al Imperio Antiguo al colapso, véase *Analyzing Collapse: The Rise and Fall of the Old*

Kingdom, de Miroslav Bárta (The American University in Cairo Press, 2019). Stephan Seidlmayer, «The First Intermediate Period (c.2160-2055 BC)», en *The Oxford History of Ancient Egypt* (Oxford University Press, 2000), ofrece una mirada estimulante y contraintuitiva sobre la creatividad y la libertad propiciadas por el colapso, y contiene asimismo amplias citas de los textos funerarios de Anjtifi.

No es frecuente que se hagan nuevas excavaciones arqueológicas del Imperio Antiguo o del Primer Período Intermedio, porque la mayor parte de los emplazamientos son inaccesibles. El proyecto de tesis doctoral de Matthew Douglas sobre Abidos, «Community and Society in Egypt in the First Intermediate Period: An Archaeological Investigation of the Abydos Settlement Site» (University of Pennsylvania, 2005), es una excepción muy bienvenida y reveladora.

Ellen Morris, con «"Lo, Nobles Lament, the Poor Rejoice": State Formation in the Wake of Social Flux», en *After Collapse: The Regeneration of Complex Societies* (University of Arizona Press, 2006), proporciona un análisis muy útil sobre cómo el colapso conllevó un sistema de clases más flexible en el antiguo Egipto y cambió las ideas del país en torno a los reyes. Para un estudio del Imperio Antiguo centrado en su notable estabilidad, más que en su colapso, véase Morris, «Ancient Egyptian Exceptionalism: Fragility, Flexibility and the Art of Not Collapsing», en *The Evolution of Fragility.*

Existe un debate sobre si de verdad Ipuur fue testigo directo del colapso del Imperio Antiguo y sus consecuencias, porque la copia más antigua que se conserva de sus *Admoniciones* data de siglos después del Primer Período Intermedio. Morris defiende con vehemencia y generosidad las experiencias apocalípticas de Ipuur en «Writing Trauma: Ipuwer and the Curation of Cultural Memory», en *"An Excellent Fortress for His Armies, a Refuge for the People": Egyptological, Archaeological, and Biblical Studies in Honor of James K. Hoffmeier* (Penn State University Press/Eisenbrauns, 2020).

CAPÍTULO 6

Los diarios de viaje de John Lloyd Stephens sobre sus visitas a las ruinas mayas fueron superventas ya en su tiempo y ahora están disponibles, gratis, en línea: *Incidents of Travel in Yucatan*, 2 volúmenes (Harper and Brothers, 1848) [trad. esp. de Justo Sierra O'Reilly y Jorge Quintana: *Viaje a Yucatán*, 2 vols., Imprenta del Museo Nacional de Arqueología, Historia y Etnografía, 1938]. Las láminas de Frederick Catherwood de la arquitectura y el arte mayas son impresionantes e hicieron tanto o más que los textos de Stephen por inspirar a futuros arqueólogos de la cultura maya.

La fuente de información más completa sobre Aké en los períodos Clásico y Posclásico es la tesis doctoral de Roberto Rosado-Ramírez, *Living with Ruins: Community Regeneration After Political Collapse at the Ancient Maya City of Ake, Yucatan, Mexico* (Northwestern University, 2021). Visité Aké y Mayapán con Rosado-Ramírez en julio del 2022. Vicente Cocon López y la comunidad de Ruinas de Aké mostraron una enorme generosidad en cuanto a tiempo y conocimiento.

Mis descripciones de la cultura del período Clásico, así como la cronología del colapso, se nutren de la tesis de Rosado-Ramírez y de decenas de entrevistas que he hecho a lo largo de muchos años de investigación sobre la arqueología maya. Para consultar relatos accesibles de la vida y la política durante el período Clásico, siglos antes del colapso, véanse Wade, «The Arrival of Strangers», en *Science*, 27 de febrero del 2020, y Erik Vance, «In Search of the Lost Empire of the Maya», en *National Geographic*, septiembre del 2016. Para obtener información sobre mercados y mercaderes mayas, véase Scott R. Hutson y Bruce H. Dahlin, «The Long Road to Maya Markets», en *Ancient Maya Commerce: Multidisciplinary Research at Chunchucmil* (University Press of Colorado, 2017).

The Terminal Classic in the Maya Lowlands: Collapse, Transition, and Transformation, editado por Arthur A. Demarest, Prudence M. Rice y Don S. Rice (University Press of Colorado, 2004), ofrece una recopilación exhaustiva de estudios sobre el colapso del período Clásico y su extensión por todo el mundo maya. Jason Yaeger, con «Collapse, Transformation, Reorganization», en *The Maya World* (Routledge, 2020), expone una mirada útil y reciente sobre el colapso, incluidas sus transformaciones políticas y económicas.

La cronología, la organización política y el colapso de Chichén Itzá siguen siendo elementos sorprendentemente confusos para un yacimiento tan importante y conocido. Para consultar diferentes visiones de la cronología de su colapso y del papel desempeñado por la sequía, véanse Julie A. Hoggarth *et al.*, «The Political Collapse of Chichén Itzá in Climatic and Cultural Context», en *Global and Planetary Change* (2016), y Yaeger y David A. Hodell, «The Collapse of Maya Civilization: Assessing the Interaction of Culture, Climate, and Environment», en *El Niño, Catastrophism, and Culture Change in Ancient America* (Dumbarton Oaks, 2008). El artículo de Yaeger y Hodell incluye asimismo resúmenes de datos paleoclimáticos sobre la sequía en las tierras bajas mayas.

Marilyn Masson y Carlos Peraza Lope han desempeñado una labor muy extensa sobre Mayapán; véase, por ejemplo, su libro *Kukulcan's Realm: Urban Life at Ancient Mayapán* (University Press of Colorado, 2014). Para un nuevo estudio sobre el colapso de esta ciudad, véase Douglas J. Kennett *et al.*, «Drought-Induced Civil Conflict Among the Ancient Maya», en *Nature Communications* (2022).

Para un examen más amplio sobre cómo las comunidades de Mesoamérica, especialmente en la zona maya, concebían las ruinas e interactuaban con ellas, véase Wade, «Ancient People Lived Among Ruins Too. What Did They Make of Them?», en *Science*, 30 de marzo del 2023.

CAPÍTULO 7

El relato de conquistadores más leído sobre la guerra hispano-azteca es la *Historia verdadera de la conquista de la Nueva Es-*

paña, de Bernal Díaz del Castillo. He recurrido a la vivaz traducción simplificada al inglés de J. M. Cohen (Penguin Books, 1963).

La idea de Moctezuma como un coleccionista voraz está extraída de *When Montezuma Met Cortés: The True Story of the Meeting That Changed History*, de Matthew Restall (Ecco, 2018) [trad. esp. de José Eduardo Latapí Zapata: *Cuando Moctezuma conoció a Cortés*, Taurus, 2019]. Este libro fue una de mis fuentes principales para reconstruir la conquista de México desde una perspectiva indígena, junto con *Fifth Sun: A New History of the Aztecs*, de Camilla Townsend (Oxford University Press, 2019) [trad. esp. de Mario Zamudio Vega: *El quinto sol: una historia diferente de los aztecas*, Grano de Sal, 2021], y *Collision of Worlds: A Deep History of the Fall of Aztec Mexico and the Forging of New Spain*, de David Carballo (Oxford University Press, 2020). Restall ofrece un astuto análisis de la propaganda de los conquistadores, y su *Seven Myths of the Spanish Conquest* (Oxford University Press, ed. actualizada, 2021) [trad. esp. de Marta Pino Moreno: *Los siete mitos de la conquista española*, Paidós, 2004] sigue siendo una lectura vital. Carballo se adentra en la historia del centro de México y de la península ibérica, así como en la arqueología de ambos lugares. Townsend reconstruye su historia de los aztecas a partir de los anales históricos escritos en náhuatl por eruditos indígenas tras la conquista. Estos textos son muy ricos y, hasta hace poco, eran una fuente de conocimiento infravalorada.

Para más información sobre la violencia española y el decisivo papel estratégico desempeñado por los aliados indígenas durante la conquista, véase *¿Quién conquistó México?*, de Federico Navarrete Linares (Penguin Random House Mexico, 2019). Para saber más sobre la intérprete Marina, conocida también como la Malintzin (o Malinche), véanse *Fifth Sun* y el anterior libro de Townsend, *Malintzin's Choices: An Indian Woman in the Conquest of Mexico* (University of New Mexico Press, 2006) [trad. esp. de Tessa Brisac: *Malintzin: una mujer indígena en la conquista de México*, Ediciones Era, 2020].

Escribí sobre la arqueología de Tlaxcallan y sus diferencias con respecto a Tenochtitlan para *Science* en «It Wasn't Just Greece: Archaeologists Find Early Democratic Societies in the Americas», 15 de marzo del 2017. Mi reportaje sobre el *tzompantli* se titula «Feeding the Gods: Hundreds of Skulls Reveal Massive Scale of Human Sacrifice in Aztec Capital», en *Science*, 21 de junio del 2018.

La novela gráfica seriada *Aztec Empire*, de Paul Guinan, disponible en línea e ilustrada por David Hahn, es un nuevo y emocionante relato de la guerra hispano-azteca. Sus ilustraciones de Tenochtitlan resultan imponentes, y la investigación histórica y arqueológica de Guinan, explicada en notas exhaustivas, es extraordinaria. Cuando se redactó este libro, la serie aún no había acabado; los episodios terminados están disponibles, gratis, aquí: https://www.bigredhair.com/books/aztec-empire/about/.

Escribí por primera vez sobre el trabajo de Kathleen Hull en torno a la supervivencia de los awanis tras una epidemia colonial en mi reportaje del 2020 para *Science* titulado «From Black Death to Fatal Flu, Past Pandemics Show Why People on the Margins Suffer Most». Para consultar más evidencias que refutan la desaparición masiva de nativos americanos por culpa de epidemias, véase *Beyond Germs: Native Depopulation in North America*, editado por Catherine M. Cameron, Paul Kelton y Alan C. Swedlund (University of Arizona Press, 2015). Pekka Hämäläinen pone asimismo en entredicho las conjeturas sobre cómo la enfermedad afectó a las comunidades nativas americanas en *Indigenous Continent: The Epic Contest for North America* (Liveright, 2022) [trad. esp. de Javier Romero Muñoz: *Continente indígena: la implacable pugna por Norteamérica*, Desperta Ferro, 2024].

CAPÍTULO 8

Escribí por primera vez sobre la Estate Little Princess y la arqueología de la esclavitud en el Caribe en «Caribbean Excavation Offers Intimate Look at the Lives of Enslaved Africans», en *Science*, 7 de noviembre del 2019. La escuela de trabajo arqueológico de campo de la Estate Little Princess la dirigen miembros de la Society of Black Archaeologists, y los estudiantes de Santa Cruz estaban bajo la supervisión de Alexandra Jones, la fundadora de Archaeology in the Community. Hice allí investigación de campo del 9 al 11 de julio del 2019, y en los años 2018 y 2019 entrevisté de forma exhaustiva a varios arqueólogos que trabajaban en otras islas.

Para un análisis de la vida de los «esclavos reales» en Christiansted, véase Alicia Odewale *et al.*, «In Service to a Danish King: Comparing the Material Culture of Royal Enslaved Afro-Caribbeans and Danish Soldiers at the Christiansted National Historic Site», en *Journal of African Diaspora Archaeology and Heritage* (2017). Para consultar información procedente de Barbados sobre la esclavitud y el papel de las plantaciones de azúcar en la creación del capitalismo, véase Douglas Armstrong, «Early Seventeenth Century Settlement in Barbados and the Shift to Sugar, Slavery, and Capitalism», en *Power, Political Economy, and Historical Landscapes of the Modern World* (State University of New York Press, 2019). Pueden encontrarse detalles sobre la cueva oculta y las ofrendas de hierro halladas en Barbados en Armstrong, «Cave of Iron and Resistance: A Preliminary Examination», en *Journal of the Barbados Museum & Historical Society* (2015).

CAPÍTULO 9

Fue John López quien me habló por primera vez de las inundaciones en la Ciudad de México colonial y de la existencia del Desagüe mientras en el 2009 ambos disfrutábamos de una beca Fulbright en esa metrópolis. Su trabajo sobre la historia de la gestión del agua en Tenochtitlan y Ciudad de México es fascinante y me ayudó a dar rienda suelta a mis ideas sobre el mundo moderno como un paisaje postapocalíptico. Para obtener información sobre cómo pudo haberse desarrollado el control colonial de las inundaciones sin el desastroso Desagüe, véase López,

«“In the Art of My Profession”: Adrian Boot and Dutch Water Management in Colonial Mexico City», en *Journal of Latin American Geography* (2012).

Reconstruí la escena de la inundación basándome en información tomada de Louisa Hoberman, «Bureaucracy and Disaster: Mexico City and the Flood of 1629», en *Journal of Latin American Studies* (1974), y también en más de una década de experiencias personales con las tormentas de la temporada de lluvias en Ciudad de México. Hoberman, «Technological Change in a Traditional Society: The Case of the Desagüe in Colonial Mexico», en *Technology and Culture* (1980), ofrece información histórica sobre el Desagüe. Pueden verse fotografías históricas del Gran Canal del Desagüe, en las que se aprecian sus dimensiones, aquí: https://elmirador.sct.gob.mx/manos-a-la-obra/el-desague-del-valle-de-mexico.

Jonathan Watts, «Mexico City's Water Crisis—from Source to Sewer», en *The Guardian*, 12 de noviembre del 2015, es una fascinante investigación en torno a las increíbles labores diarias llevadas a cabo por el sistema de aguas actual de Ciudad de México. Michael Kimmelman, «Mexico City, Parched and Sinking, Faces a Water Crisis», en *The New York Times*, 17 de febrero del 2017, presenta una visión aterradora de lo que podría estar esperando a la ciudad con la intensificación del cambio climático.

Nada, nadie: las voces del temblor, de Elena Poniatowska (Ediciones Era, 1988), es la crónica definitiva del terremoto de 1985 en Ciudad de México. Solnit escribe también sobre ese seísmo y sus efectos positivos para la sociedad civil mexicana en *A Paradise Built in Hell*.

Para conocer detalles sobre los canales antiguos de la Pampa de Mocan construidos para recoger las aguas de las crecidas de El Niño, véase Ari Caramanica *et al.*, «El Niño Resilience Farming on the North Coast of Peru», en *Proceedings of the National Academy of Sciences* (2020).

EPÍLOGO

Para consultar estudios arqueológicos de la cultura material de la pandemia por COVID-19, véanse Matthew Magnani *et al.*, «A Contemporary Archaeology of Pandemic», en *Journal of Social Archaeology* (2022), y Dante Angelo *et al.*, «Private Struggles in Public Spaces: Documenting the COVID-19 Material Culture and Landscapes», en *Journal of Contemporary Archaeology* (2021). Sobre los objetos vinculados al COVID-19 que se han recopilado en museos, véanse Roger Catlin, «First Vial Used in U.S. Covid-19 Vaccinations Joins the Smithsonian Collections», en *Smithsonian*, 9 de marzo del 2021, y Science Museum Group, «COVID-19 Collecting Project Final Report», https://www.sciencemuseumgroup.org.uk/projects/collecting-covid-19.

Para obtener información adicional sobre cómo los comisarios de los museos recopilan objetos para documentar crisis actuales, véase Ryan P. Smith, «How Smithsonian Curators Are Rising to the Challenge of COVID-19», en *Smithsonian*, 15 de abril del 2020.

ÍNDICE

Nota: los números de página en *cursiva* indican referencias a mapas.